气候和人类活动影响下的黄河水沙过程及河道演变

王随继　等/著

中国环境出版集团·北京

图书在版编目（CIP）数据

气候和人类活动影响下的黄河水沙过程及河道演变/王随继等著. —北京：中国环境出版集团，2021.10
ISBN 978-7-5111-4932-9

Ⅰ. ①气…　Ⅱ. ①王…　Ⅲ. ①黄河—含沙水流—研究②黄河—河道演变—研究　Ⅳ. ①TV152②TV882.1

中国版本图书馆 CIP 数据核字（2021）第 209715 号

出 版 人　武德凯
责任编辑　刘　焱
责任校对　任　丽
封面设计　宋　瑞

出版发行　中国环境出版集团
（100062　北京市东城区广渠门内大街 16 号）
网　　址：http://www.cesp.com.cn
电子邮箱：bjgl@cesp.com.cn
联系电话：010-67112765（编辑管理部）
发行热线：010-67125803，010-67113405（传真）

印　　刷　北京建宏印刷有限公司
经　　销　各地新华书店
版　　次　2021 年 10 月第 1 版
印　　次　2021 年 10 月第 1 次印刷
开　　本　787×960　1/16
印　　张　18.75
字　　数　300 千字
定　　价　67.00 元

前　言

黄河是中华文明最主要的发祥地之一，中国人将她亲切地称作“母亲河”。提起黄河，人们自然会联想到中华文明的源远流长和历久弥新，就像黄河水一样绵延万里、奔流不息。黄河，作为中国仅次于长江的第二大河，发源于青藏高原巴颜喀拉山北麓的约古宗列盆地，自西向东流经青海、四川、甘肃、宁夏、内蒙古、陕西、山西、河南和山东 9 个省（自治区）后注入渤海，汇集着沿途的产流，浇灌着沿途的土地，滋养着流域内外生息的民众。

黄河自西向东流经青藏高原、黄土高原、内蒙古高原、鄂尔多斯台地、华北平原等多样化的大型地貌单元，跨过了地表物质组成极不相同的典型区域，从海拔高程 4 000 米以上的“云间黄河”逐渐流向河口的海洋基准面。多变的气候状况、复杂的地形地势、多样化的汇水区和差异化的沙源区，无不展示着黄河流域环境的多样化和复杂化。流域固有的各种地表自然条件和气候条件，如何制约黄河的水沙输移和河道的发展演化，历来是地理学家和水利学家长期关注的科学问题。近几十年来，随着流域内人类活动的逐渐加强和影响范围的逐渐扩展，黄河的产输沙机制和河道演变机制因受到人类活动的干预而与过往的天然过程有所不同。

由于黄河地貌的多样性、环境的复杂性、水沙来源存在的区域差异性、气候变化的复杂性、人类活动干预的多样性等，对黄河流域的研究工作可以在诸多不同的方面开展。迄今已有的关于黄河的形成演变、冲淤演化等的研究成果数不胜数，其中，许多研究或在理论上或在实践上都取得了显著突破，为人们了解黄河的过去、现在和未来打开了一扇扇窗户。科学无止境，关于黄河仍然存在着一系列尚未得到彻底解决的科学问题，有待自然科学家和社会科学家去破解。

本书分析了气候变化和人类活动对黄河流域及其不同区间净产流量和净输沙量变化的贡献率，以及河型及其转化的多样化现象；探讨了黄河中下游河道月均输水输沙变化及暖季和汛期河道输沙效率变化特征；针对黄河下游河道，重点分析了不同河型段的沉积动力学特征、河床沉积速率变化、河相关系变化、河道断面参数变化及其对水沙过程的响应；拟合了黄河河口陆地面积冲淤变化与来沙量之间的定量关系；揭示了黄河水沙过程变化、河型转化、河道演变及河口冲淤变化的主控因素及其作用方式。期望这些研究工作能够成为破解黄河某些疑难问题的“垫脚石”。

本书中所列的主要研究工作得到国家重点研发计划项目“黄河下游河道与滩区治理”的资助，属于专题“黄河下游排洪输沙多因素耦合作用机理”的主要内容，也是课题“黄河下游输沙阈值及水沙调控作用潜力”（课题编号：2016YFC 0402503）的组成部分；与河型及河型转化有关的内容得到国家自然科学基金项目“黄河典型河段的河型演变及其驱动机制”（项目编号：40771031）的资助；与气候和人类活动对黄河流域径流量及输沙量变化的贡献率有关的研究工作得到国家重点基础研究发展计划（“973 计划”）项目“气候变化对我国东部季风区陆地水循环与水资源安全的影响及适应对策”下属专题（课题编号：2010CB 428404）的资助。在研究工作中还得到了中国科学院地理科学与资源研究所许炯心研究员、师长兴研究员、颜明博士、贺莉博士、闫云霞博士等的帮助，也得到了黄河勘测规划设计研究院有限公司教授级高级工程师安催花、付健、罗秋实等同仁以及河海大学丁赟教授的帮助，在此一并致以衷心的感谢！本书作者王随继现任职中国科学院地理科学与资源研究所副研究员和中国科学院大学岗位教授、刘慰就读中国科学院大学博士研究生，作者在此也对上述单位多年来在科研工作中提供的各种支持致以诚挚感谢！

本书是作者在总结上述研究成果以及相关研究成果的基础上形成的，全书共分 12 章。各章的著作者如下：第 1 章至第 7 章由王随继执笔；第 8 章由王随继和刘慰执笔；第 9 章由王随继执笔；第 10 章由刘慰和王随继执笔；第 11 章由王随继和刘慰执笔；第 12 章由王随继执笔。全书由王随继汇总统稿。限于作者水平，书中定有不少欠妥或谬误之处，敬请读者批评指正。

2021 年 3 月于北京

目 录

第1章 绪 论

作为地表最直观的汇水单元，河流流域系统的形成和演变受到地质地貌条件、地表物质组成，以及包括降水和气温在内的特定气候条件等各种相关自然因素的制约或控制。了解这些自然因素的变化及其作用机理，是研究河流水沙过程及河道演变的基础。近年来，逐渐增强的人类活动成为影响河流水沙过程及河道演变的自然因素之外的重要的人文因素。某些强烈的人类活动改变了部分河流水沙固有的天然过程，使冲积河道呈现出有别于以往的调整方式和演变趋向。

黄河流域作为横跨青藏高原、黄土高原、内蒙古高原、鄂尔多斯台地、华北平原等多种地貌单元的流域广阔的大型河流系统，其发育演变的各种制约因素的作用程度随着流域区段的不同而相差悬殊，具有明显的区域特色。本章首先介绍了黄河流域的自然状况，包括地貌和气候特征及其区域差异性、植被覆盖特征及其变化趋向。其次简述了黄河流域内影响大、涉及面广的人类活动，包括覆盖面积相对广泛的水土保持工程和对水沙过程影响较大的大型水利工程。这些直接或间接影响到黄河流域水沙过程及河道演变的自然因素及人文因素，是本书后面各章部分内容可能会涉及的论述基础或依据。最后简述了本项研究工作的主要内容和目标。

1.1 黄河流域地貌特征概述

以流域面积或者河流长度计，黄河均是我国仅次于长江的第二大河。它发源于青海省巴颜喀拉山北麓的约古宗列盆地，流经青海、四川、甘肃、宁夏、内蒙古、陕西、山西、河南、山东九省（自治区）后注入渤海。黄河流域面积为 75.2 万 km^2（不含内流区面积 4.2 万 km^2），主河道长为 5 464 km，落差为 4 480 m，全流域主河道的平均比降为 0.884‰。

1.1.1 黄河上游流域的地貌特征

黄河上游流域（以下简称黄河上游）是黄河位于内蒙古自治区托克托县的河口镇（或头道拐水文站）以上的流域部分。黄河上游的流域总面积为38.6万km^2（不含内流区面积），河道总长度为3 472 km，水面落差为3 496 m，分别占黄河全流域总面积、河道总长度和水面落差的51.3%、63.5%和78.0%，这就是说，黄河上游的流域面积超过了全流域的一半，而河道长度几乎达到全流域河道长度的2/3，地势的降低量几乎占全流域的 4/5。该河段汇入黄河干流且流域面积大于1 000 km^2的一级支流有43条，其中左岸汇入14条，右岸汇入29条（钱意颖等，1993；赵文林，1996）。其地貌单元类型多样，流经青藏高原东部、黄土高原西部地区、银川平原和河套平原，其间比邻腾格里沙漠、河东沙地，流经库布齐沙漠和鄂尔多斯台地。显然，黄河上游是黄河流域地貌、地势等变化中的非常重要的区段。

青海省果洛藏族自治州玛多县多石峡以上黄河河段为狭义的黄河源区，河道（包括湖区）长270.6 km，流域面积为2.28万km^2，分别占黄河河道总长度的5.0%和流域总面积的3.03%，属宽阔的山间盆地地貌单元，海拔高程在4 200 m以上。这里有黄河流经的两个重要高原淡水湖泊——扎陵湖和鄂陵湖，二者素有“黄河源头姊妹湖”之统一称谓。黄河从巴颜喀拉山北麓的卡日曲和约古宗列曲发源后，经星宿海和玛曲河（又名孔雀河），首先注入的湖泊即是扎陵湖，其湖面的总面积达526 km^2，平均水深约为9 m，蓄水量为46亿m^3。黄河流经扎陵湖之后注入的第二个湖泊则是鄂陵湖，其湖面的总面积为628 km^2，平均水深为17.6 m，最深处超过30 m，蓄水量为107亿m^3。该山间盆地地带的周边山势雄浑，西有雅拉达泽山，北有布尔汗布达山脉，东有阿尼玛卿山，南以巴颜喀拉山与长江流域为界。

由青海玛多至宁夏的下河沿河段，河道长2 211.4 km，流域面积为23.0万km^2，分别占黄河全流域河道总长度、流域总面积的 40.5%和 30.6%；河床高差为2 985 m，该河段的平均河道比降高达1.35‰，是黄河流域主河道上水力资源最为丰富的河段。龙羊峡以上流域属于广义的黄河源区，大部分位于青藏高原“歹”字形构造体系内；龙羊峡以下受祁吕贺“山”字形构造体系控制，地壳扭曲、褶皱发育，河谷两侧形成了一系列走向北西或近乎东西向的山脉。黄河流经这些山谷或沿着较大断裂带穿行，水流方向多与山地走向正交或斜交，河谷地带宽窄相间，呈现出山间盆地与峡谷相间分布的地貌形态。大型的山间盆地有玛曲河谷盆地等。该河段中最长的峡谷为拉加峡、最窄的峡谷为野狐峡、比降最陡的峡谷为龙羊峡。

在宁夏下河沿至内蒙古河口镇（头道拐）河段，河道长 990 km，流域面积为 13.2 万 km^2（不含内流区面积 4.2 万 km^2），分别占黄河总长度的 18.1%和总面积的 17.6%；河床高差 246 m，河道的平均比降为 0.25‰，以冲积河流为主，在石嘴山至磴口河段局部出现半冲积性河流。其中下河沿至石嘴山河段，黄河流经富饶的宁夏平原，河道长 317 km，河宽 400～3 000 m，河道的平均比降为 0.45‰，河床由砂卵石组成；河道类型主要有辫状河型和弯曲河型。石嘴山至磴口，黄河穿行于乌兰布和沙漠与鄂尔多斯台地之间，河长 88 km，河道比降为 0.29‰，河床缩窄，局部地段有基岩出露，水面宽 300～700 m，河道两岸常见连绵的起伏沙丘。磴口至头道拐，黄河流经内蒙古河套平原，河长 585 km，河宽 500～2 500 m，河道的平均比降为 0.13‰，水流相对缓慢；沿程出现了辫状河型、弯曲河型和托克托段的顺直河型（王随继，2008）。

黄河上游河段的多年平均径流量占黄河来水量的 54%，而多年平均悬移质来沙量只占到黄河来沙量的 8%，因此，上游段是整个黄河流域的主要汇水区。此外，黄河上游又具有明显的水沙异源特征，其水量几乎全部来自兰州以上，多年平均天然年径流量占黄河上游总水量的 99%（张世军等，2005）；而悬移质泥沙则主要来自兰州至青铜峡区间，特别是其支流祖厉河和清水河，这两条支流合计的多年平均悬移质来沙量占黄河上游来沙量的 54%（赵文林，1996）。

1.1.2 黄河中游流域的地貌特征

自头道拐至河南省郑州市的桃花峪（或铁谢断面）为黄河中游流域（以下简称黄河中游）。黄河中游河段的河道长度为 1 206.4 km，流域面积为 34.4 万 km^2，分别占黄河流域总长度的 22.1%和总面积的 45.7%；河床高差 890 m，河道的平均比降为 0.74‰。该河段汇入的流域面积大于 1 000 km^2 的一级支流有 30 条，其中左岸汇入 16 条，右岸汇入 14 条（钱意颖等，1993）。其中自头道拐至禹门口（龙门）河段为著名的黄河晋陕峡谷段，河道长 725 km，河床高差为 607 m，河道的平均比降为 0.84‰。晋陕峡谷位于鄂尔多斯地台与山西地台交界处，将黄土高原分割为东西两部分，构成峡谷型基岩为主的河道。本河段的河道比较顺直，河谷谷底宽度大多为 400～600 m。

晋陕峡谷两岸是广阔的黄土高原，沟谷、梁、峁等黄土地貌非常发育，黄土层厚而土质疏松，水土流失极为严重。该河段支流水系特别发育，流域面积大于 100 km^2 的支流有 56 条之多。该峡谷段的流域面积为 11 万 km^2，占黄河流域总面积的 15%。区间支流平均每年向黄河干流输送泥沙量多达 9 亿 t（这是据 20 世纪资料统计，近年来有所减少），占黄河流域年均输沙量的 56%，是黄河流域泥沙来源最多的地区。其中在无定河以北的榆林和鄂尔多斯地区的黄河中游的支流，大多流经砒砂岩地区，这些易被降雨、冻融、重力和水流或者单独侵蚀、或者复合侵蚀、或者接力式侵蚀的疏松砂岩地区（王随继，2004），不但是黄河的主要泥沙来源区，而且是黄河粗泥沙的关键来源区，是造成黄河下游河床淤积升高而成为悬河的泥沙主要来源区（钱意颖等，1993）。该峡谷下段的壶口瀑布，是黄河干流唯一的瀑布；末端龙门，左岸的龙门山与右岸的梁山隔河对峙，使河宽缩至 100 m 左右。

黄河流出龙门后，河谷陡然开阔、河面豁然变宽，水流变得较为平缓。从禹门口至潼关就是俗称的黄河北干流，河道长 125 km，河道的平均比降为 0.4‰，河床落差 52 m。河谷宽度介于 3～15 km，平均宽度达 8.5 km。该段河流的滩槽明显，滩面宽阔，滩地面积达 600 km^2，滩面高出水面 0.5～2.0 m。该段河道冲淤变化剧烈，主流摆动频繁，属砾质河床的辫状河型，成语“三十年河东，三十年河西”就是源于对此处河道频繁侧向迁移演变的描述。禹门口至潼关区间流域面积为 18.5 万 km^2，区间有位于右岸的黄河第一大支流渭河和黄河左岸的第一大支流汾河汇入。

自潼关起黄河转向东流，潼关至河南郑州市桃花峪为黄河中游末段，该河段的流域面积为 4.2 万 km^2，河道长 356 km，河床高差 231 m，河道的平均比降为 0.6‰；区间入汇的较大支流有洛河及沁河。其中三门峡以上 113 km 长的河段是较为开阔的黄土峡谷段；三门峡以下至孟津 151 km 长的河段位于中条山与崤山之间，是黄河最后的一个峡谷段，因是河南与山西的界河，也称晋豫峡谷；孟津以下是黄河由山区进入平原的过渡河段，南依邙山，北傍青风岭，部分地段修有堤防。

1.1.3 黄河下游流域的地貌特征

黄河流域自桃花峪至入海口为黄河下游流域（以下简称黄河下游）。流域面积为2.3万km^2，仅占黄河流域总面积的3.06%；河道长785.6 km，占黄河总长度的14.4%；落差94 m，河道的平均比降为0.111‰。下游河道横贯华北平原，绝大部分河段靠堤防约束。河道总面积达4 240 km^2。由于多年来大量泥沙的持续淤积，黄河下游河道逐渐淤高，河床平均高出大堤外部平原地面3～5 m，部分河段如河南封丘曹岗附近高出大堤外部平原地面可达10 m。黄河下游河道是世界上著名的“地上悬河”，成为其南部的淮河流域和北部的海河流域的分水岭。

黄河下游现行河道呈上宽下窄的河势格局，其中桃花峪至兰考东坝头河段的河道长度为136 km，系明清河道，两岸的堤防建设有近500年的历史；东坝头至陶城铺河段的河道长度为236 km，为1855年黄河在铜瓦厢决口改道后而形成的流路，是在决口后泛流了20多年后才逐渐修筑堤防、巩固河势后形成的新河道；现今陶城铺以下的黄河河道则沿袭了大清河的故道。

桃花峪—高村河段长206.5 km，两岸一般堤距5～14 km，最宽达20 km，河道宽浅，河心滩发育，水流散乱，主流游荡不定，冲淤变化剧烈，属于辫状河型（王随继，2008）（水利界通常称作游荡性河道）。由于水流受胶泥嘴、黏土质滩崖和防护工程的制约，河道形成若干节点，对河势有一定的控导作用。高村至陶城铺河段长165 km，堤距1.5～8.5 km，相对于其上游段的辫状河道，该河段主槽的摆幅较小，河道的平均弯曲度为1.3左右，属于弯曲河型（王随继，2010）（水利界称之为过渡性河段）。陶城铺至利津河段，长310 km，堤距0.4～5 km，两岸险工、控导工程密布，防护段长度占该河段总河长的70%，河道的平均弯曲度小于1.2，河势已基本被防护工程所控制，属于人工控制下的顺直河型（王随继，2010）（水利界称之为弯曲性河道）。

利津以下是黄河三角洲段。黄河河口位于渤海湾与莱州湾之间，滨海区海洋动力较弱，潮差一般在1 m左右，属潮流水动力弱、河流水动力强的河流主导的河口类型。由于黄河大量泥沙长期输送到其河口地区，绝大部分淤积在河口附近的滨海地带，导致河口不断向渤海延伸，并且经常因河道淤积而发生改道现象，塑造了广阔的黄河三角洲地貌。历史上黄河三角洲上的河道多次改道，其中1949

年以后曾经进行过三次人工改道。目前，黄河在其三角洲上的入海流路是 1976 年人工改道清水沟后逐步塑造的最新河道。

1.2 黄河流域气候和植被特征简述

1.2.1 黄河流域气候特征

1）气温区域变化特征

黄河流域气温季节差别大，上游青海省久治县以上的河源地区为“全年皆冬”的低温地区；久治至兰州区间呈现“长冬无夏、春秋相连”的气温特征；兰州至龙门区间为“冬长夏短”的气温特征；流域其余地区呈现“四季分明”的气温特征。

温差悬殊是黄河流域气温区域变化的一大特征。随着黄河流经三级地势阶梯，自西向东由冷变暖，气温的东西向梯度明显大于南北向梯度。年平均气温为–4℃左右的最低气温中心处于黄河源区的巴颜喀拉山北麓；年平均气温为 12～14℃的高值区则位于黄河下游山东省境内。

黄河流域气温的年较差比较大，总体特征是北纬 37°以北地区的年较差为 31～37℃，北纬 37°以南地区的大多为 21～31℃。黄河流域气温的日较差也比较大，尤其在中上游的高纬度地区，全年各季气温的日较差为 13～16.5℃，均处于国内日较差的高值区或次高值区。

2）降水的区域和季节性变化特征

黄河流域大部分地区的年降水量为 200～650 mm，其中在流域中上游南部地区和下游地区的年降水量大于 650 mm。流域内年降水量最大的地区为受地形影响较大的秦岭山脉北坡地带，其年降水量可达 700～1 000 mm；而在内陆的宁夏和内蒙古的部分地区，其年降水量小于 150 mm。黄河流域的年降水量区域差别大，南部和北部的年降水量之比大于 5，这是我国其他河流流域中难以见到的高差值降水的区域分布现象。

黄河流域降水的季节性特征总体上表现为冬干春旱、夏秋多雨。其中 6—9 月的降水量占全年降水量的 70%左右。流域降水量的年际变化也十分悬殊，年降水量的最大值与最小值之比为 1.7～7.5，变差系数为 0.15～0.4。

多沙粗沙区地面物质组成主要为沙黄土，在沟谷坡面有老黄土、红土及基岩出露。显然，地表物质易遭侵蚀。同时本区气候干旱，降雨少而集中，干旱、风沙等自然灾害时有发生。多年平均降水量为 350～550 mm，降水年际分布不均，年际变化率在 30%～50%，年内降水集中且以大雨或者暴雨形式出现，7—9 月的降水量占全年降水量的 60%～70%，最大日降水量占年降水量的 1/10～1/9（王光谦等，2006）。黄河流域多沙粗沙区之所以有巨量的泥沙被输送到黄河干流，主要是降水量年内分配极不均衡、降水强度差别极大，暴雨、大暴雨时常发生，加上地表由易被侵蚀的物质组成所致。

3）空气湿度和蒸发特征

黄河中上游地区是国内湿度偏小的地区，特别是上游的宁夏、内蒙古地区以及龙羊峡以上地区，年平均水汽压不足 6 hPa；兰州至石嘴山区间的相对湿度小于 50%。

黄河流域蒸发量大，年蒸发量达 1 100 mm，其中上游的甘肃、宁夏地区以及内蒙古中西部地区属国内年蒸发量最大的地区，最大年蒸发量可超过 2 500 mm。

1.2.2 黄河流域植被覆盖特征

黄河流域在 20 世纪 90 年代末有耕地 1.79 亿亩[①]，林地 1.53 亿亩，牧草地 4.19 亿亩，这三类土地分别占流域总面积的 15.9%、13.6%和 37.1%。全流域植被覆盖度平均达到了 50.7%，其中森林覆盖度仅为 13.6%。林地和草地的空间分布极不均衡，其中草地主要分布在黄河源区，其次为耕地面积占比较为有限的陡坡地，而林地主要分布在流域南部地带。作为黄河粗泥沙主要来源区的多沙粗沙区，沟深坡陡，地形破碎，沟壑密度平均为 2～5 km/km^2，地面坡度小于 5°的面积仅占 13.8%，5°～25°的占 47.3%，25°以上的占 38.9%。植被类型以灌丛草原为主，平均林草覆盖度仅为 20%左右，其中森林植被更为稀少（王光谦等，2006）。这样低的林草覆盖度，加上暴雨多发和地表物质易蚀，是引起该区侵蚀模数大、含沙量高的原因之一。

近年来，随着水土保持工作的力度加大和持续开展，黄河流域植被覆盖度有所好转。有研究表明，21 世纪初以来，黄河流域的植被覆盖总体上呈缓慢增长趋势，

① 1 亩≈666.67 m^2。

表现为植被覆盖度增大的面积大于植被覆盖度降低的面积（张亚玲等，2014）。黄河中游地区的植被覆盖度在2000—2013年间明显变大，其中多沙粗沙区植被覆盖度的增大尤其明显（刘昌明等，2016），这可能是近年来黄河中下游泥沙明显减少的成因之一。此外，植被覆盖度在黄河源区和渭河流域都有显著增加。

植被覆盖度受到降水量和气温变化的影响。不同类型的植被对于气温和降水的响应也不尽相同。黄河源区大部分地区植被生长受降水影响强于气温（孙庆龄等，2016），黄河中游植被对于降水的变化具有正向响应，而对气温的响应较为复杂（刘旻霞等，2018）。实际上，黄河流域近年来的气候变化并不明显，因此，该流域植被覆盖度的增大也受到人类活动的影响。自1999年以来在传统农业区普遍实施的退耕还林工程，对于相关地区的植被恢复具有显著促进作用。在黄河源区植被覆盖度的增大还与有效保护草地的牧业政策的实施和放牧方式的优化有关。

1.3 黄河流域主要人类活动概述

1.3.1 黄河主要支流水土保持工程简介

自20世纪70年代以来，黄河流域广泛开展了一系列的水土保持工作，如为改善坡地立地条件而开展的大规模的梯田建设，为减少陡坡和沟坡地带的水土流失而实行的植林种草工程，为防治黄土高原沟壑地区的水土流失而实施的沟道淤地坝建设工程，等等。这些水土保持工程的实施，对于减少黄河流域支流泥沙向黄河干流的输入作用显著。

统计资料显示，截至20世纪末年，仅在黄河流域31条重点一级支流开展的水土保持骨干工程建设就展现出了丰硕的成果，共建成大型水库11座，中型水库100座，小型水库1796座，总库容达到104.1亿m^3，控制流域面积8.5万km^2；骨干工程1 006座，总库容10.6亿m^3，控制流域面积0.78万km^2；淤地坝6.66万座，已淤面积达18.2万km^2，已拦蓄泥沙98亿m^3。此外，还有数量众多的水窖旱井、涝池塘坝和沟头防护工程等。这些在支流开展的水土保持工程有效地减少了泥沙输出，为21世纪初以来黄河下游泥沙的大幅减少做出了贡献。

1.3.2 黄河干流主要大型水库简介

黄河干流上不同时期建成的各类水库和水利枢纽有 28 座，其中对黄河干流径流和泥沙影响较大的有龙羊峡水库、刘家峡水库、三盛公水利枢纽、三门峡水库、小浪底水库等。

龙羊峡水库（1986 年建成）位于青海省海南藏族自治州共和县和贵南县交界的龙羊峡峡谷进口约 2 km 处，大坝以上的河道长度为 1 687.2 km，控制流域面积 13.142 万 km^2，占黄河流域总面积的 17.48%。该水库坝高 178 m，总库容 247 亿 m^3，水面面积 383 km^2。龙羊峡水库是黄河干流库容最大的水库，自建成以来与其他水库的联合调度，使得汛期进入黄河下游的径流量明显受到调节；此外，尽管龙羊峡大坝以上的来沙量很小、龙羊峡水库拦沙量有限，然而，因为其水流调节作用显著，这间接影响到黄河下游年来沙量的减少。

刘家峡水库（1968 年建成）位于甘肃省临夏回族自治州永靖县境内，距刘家峡峡谷出口约 2 km 处，大坝以上河道长度为 2 020.2 km，控制流域面积 18.18 万 km^2，约占黄河流域总面积的 24.17%。该水库坝高 147 m，总库容 57 亿 m^3，有效库容量 41.5 亿 m^3。水库所在河段的多年平均流量 877 m^3/s，最大水头 114 m。

三盛公水利枢纽（1961 年建成）位于内蒙古自治区巴彦淖尔市磴口县巴彦高勒（原三盛公）镇东南，该枢纽以上的流域面积为 31.4 万 km^2。是一座以灌溉为主，兼有航运、公路运输、发电及工业供水和渔业养殖综合利用的闸坝工程。该水利枢纽因是闸坝工程，不具备大型水库能够拦蓄径流泥沙的作用，仅是用来将黄河干流的河水分流一部分到河套灌区，其对黄河水量减少的影响是分流作用，对黄河沙量减少的影响是分沙（分流所带的泥沙）。

三门峡水库（1960 年 9 月建成）是黄河干流的第一个大型水利枢纽工程。位于黄河中游下段干流上，两岸连接豫、晋两省，在河南省三门峡市（原陕县会兴镇）东北约 17 km 处。坝址以上流域面积 68.8 万 km^2，占全流域面积的 91.49%。三门峡水库的坝高 106 m，总库容 96.4 亿 m^3。该水库建成伊始就按照“蓄水拦沙”模式运行（最高蓄水位 332.58 m），仅一年半时间，该水库就淤积泥沙 15.3 亿 m^3，有 93%的来沙淤积在库内，这时水库的排沙比仅为 6.8%（胡春宏等，2008）。渭河口形成拦门沙坝，直接威胁到关中平原的防洪安全，为此，1962 年 3 月水库开始按照“滞洪排沙”模式运行，至1964年10月，库区泥沙淤积总量已达47亿 m^3。建成后仅仅4年时间，三门峡水库因大量泥沙淤积而损失的库容占总库容的48.8%。为增大水库排沙能力对大坝进行了两次改造，水库的泄流能力加大，1966—1973年潼关高程下降了2 m；1973年11月起，三门峡水库的运行模式再改为“蓄清排洪”模式，并持续至今。三门峡水库的来水来沙具有几个明显的阶段变化（胡春宏等，2008）：1960—1968年年均来水量463亿 m^3，年均来沙量14.5亿t；1968年10月—1986年10月，刘家峡和龙羊峡水库相继投入运行，三门峡水库的年均来水量减为372亿 m^3，年均来沙量减为11.2亿t；1986—2000年，年均来水量再减至262亿 m^3，年均来沙量再减至8.61亿t。

小浪底水库（1999年建成）位于河南省洛阳市以北40 km的黄河干流上，南岸属孟津县，北岸属济源市，上距三门峡大坝130 km，坝址以上流域面积69.42万 km^2，占黄河流域总面积的92.31%，是黄河干流上的一座集减淤、防洪、防凌、供水灌溉、发电等为一体的大型综合性水利工程。大坝高154 m，总库容126.5亿 m^3，淤沙库容75.5亿 m^3，调水调沙库容10.5亿 m^3，长期有效库容51亿 m^3，千年一遇设计洪水蓄洪量38.2亿 m^3，万年一遇校核洪水蓄洪量40.5亿 m^3。汛期防洪限制水位254 m，防凌限制水位266 m。防洪最大泄水流量为17 000 m^3/s，正常死水位（海拔230 m）泄水流量略大于8 000 m^3/s。小浪底水库正常蓄水位时淹没面积277.8 km^2。小浪底水库是黄河干流库容仅次于龙羊峡水库的黄河第二大水库，自建成以来，对于黄河下游径流的年内分配以及泥沙量的大减影响显著。

1.3.3　利用黄河水灌溉的大型灌区简介

利用黄河水灌溉的大型灌区主要有宁夏引黄灌区、内蒙古黄河灌区、河南引黄灌区、位山引黄灌区等。下面分别对其进行简单介绍，以便了解这些灌区对黄河水的利用程度。

宁夏引黄灌区是我国四大古老灌区之一，已有两千多年的灌溉历史，素有“塞上江南”之美誉。该灌区涉及青铜峡市、银川市、石嘴山市等市所辖的总计12个县（市）和20多个国有农场、国有林场和国有牧场，灌溉土地面积为36.2万 hm^2。

内蒙古黄河灌区是中国著名的大灌区之一。其范围西起乌兰布和沙漠东缘，东至呼和浩特市东郊，北界狼山、乌拉山、大青山，南倚鄂尔多斯台地，包括河套、土默川、黄河南岸灌区。1949年已有引黄干渠10条，灌溉面积约为19.43万hm^2。1961年后自黄河三盛公枢纽建成开始引水，形成了保尔套勒盖、后套和三湖河3个灌域，设计灌溉面积73.7万hm^2；1988年河套灌区配套工程开始实施，配套面积达21.11万hm^2。现今的实际灌溉面积为62.4万hm^2，灌渠总长度达991 km，排水渠道总长达791 km。灌区年引黄水量约50亿m^3，占黄河过境水量的七分之一。

河南引黄灌区范围涉及三门峡、洛阳、郑州、新乡、安阳、开封等9个省辖市。截至2007年年底，河南省共有大、中型引黄灌区27个，设计灌溉面积137.6万hm^2，有效灌溉面积为61.2万hm^2，约占设计面积的44.5%，实际灌溉面积仅为设计面积的30.0%。

位山引黄灌区位于山东省西部聊城地区，1958年建成，1981年改建，是中国6个特大型灌区之一。设计灌溉面积36万hm^2，引黄闸设计引水流量323 m^3/s。

此外，还有汾河灌区和引沁灌区等，其中汾河灌区位于山西省中部太原盆地，灌溉水引自黄河一级支流汾河，设计灌溉面积9.97万hm^2，有效灌溉面积8.79万hm^2。

所有这些罐区每年都会从黄河干流或其支流引水灌溉，引水的同时也引走了部分泥沙，这对于黄河径流量，尤其是宁蒙河段和黄河下游河段的水沙变化具有显著影响，是人类活动影响河流输水输沙量变化的主要方式之一。

1.4 本研究工作的主要内容和目标

本研究工作的主要内容包括以下六个方面：①气候和人类活动对黄河流域及其典型区间内年净产水量和年净输沙量的相对贡献率；②月均输水输沙变化特征及暖季和汛期河道输沙效率变化特征；③冲积河型的多样化及不同河型的沉积动力学特征和沉积速率变化；④汛期河相关系变化及其所反映的河道调整趋势；⑤水库运行对冲积河道演变的影响及河道断面参数变化对水沙过程的响应；⑥河口陆地面积冲淤变化与来沙量变化的定量关系。本研究工作的主要目标是揭示黄河流域水沙年际变化的关键影响因素及定量化其影响程度；揭示月均水沙量在年代际尺度上的变化趋势及成因；揭示河型转化、河道演变及河口陆地面积变化的各自主控制因素。

上述研究内容涉及黄河流域不同的空间尺度和不同的时间尺度。其中空间尺度主要有全流域尺度、以典型区间为代表的河段尺度，以及以典型水文站观测值分析为主的断面尺度三类。研究工作用到的数据的时间序列以 1960—2015 年为主，部分研究内容的最新时间延伸至 2017 年甚至 2019 年；涉及的时间尺度包括年代际时间尺度、年际时间尺度和月际时间尺度三类。期望从这些不同的时间尺度和空间尺度上对黄河水沙过程及河道演变的解析，有助于进一步了解黄河流域水沙变化的阶段性特征及主要影响因素的相对影响程度；进一步了解黄河下游河道演变过程中河道形态调整的新特点、新趋势及其成因；感知黄河干流存在的多样化的河型及多类转化模式，进而了解不同河型形成和演变的主要控制因素及其作用方式。

第 2 章　气候和人类活动对径流量变化的贡献率

世界干旱、半干旱地区许多河流的年径流量近年来显著减少，降水量的减少和（或）蒸散量的增加是其直接影响因素。然而，作为一种间接影响因素，类型多样、强度趋大的人类活动在全球范围内引起了许多流域水文过程的变化，导致出现了一系列水资源短缺问题（Zhang et al.，2001；Li et al.，2007）。因此，定量解耦气候和人类活动对江河径流量变化的相对贡献率具有重要的理论价值和现实意义。

2.1　径流量变化影响因素研究现状

近几十年以来，由于人口的增加和全球经济的迅速发展，人类对可再生水资源的需求迅速增加，因而，许多地区都面临着水资源短缺问题（Vörösmarty et al.，2000）。例如，尽管世界 1/3 的淡水资源集中在亚洲（Shiklomanov，2001），但由于过去几十年中该大陆的淡水减少和人口增长，人均可供水量从 77 000 m^3/a 减少到<1 000 m^3/a（McCarthy et al.，2001）。在中国，随着近 30 年来经济、人口的增长和城市化的快速发展，可再生水资源短缺已逐渐成为一个严重的社会问题（Wang et al.，2006a）。

了解不断变化的环境中径流的产生和变化对于有效管理水资源至关重要（Askew，1987；Burn，1994；Arnell，1999；Drogue et al.，2004；Xu，2011）。环境变化可分为两类：气候驱动的变化和人类驱动的变化（Xu，2011）。世界上许多地区的径流变化通常受到气候变化和人类活动的共同影响。因此，量化气候变化和人类活动对径流变化的贡献是水文学面临的一个重要课题。

黄河为约 1.07 亿人提供淡水资源，而这些人口约占中国总人口的 8.7%

（Wang et al.，2006a）。许多研究表明，自 20 世纪 50 年代以来，黄河径流量明显减少（Yang et al.，1998；Wang et al.，2006a；Wang et al.，2006b；Wang and Li，2011），而流域人口逐渐增加、经济迅速发展（Wang et al.，2006a），这使得黄河流域水资源短缺问题更为严峻。有研究认为，黄河径流量减少是降水减少和人类活动（主要是引水、水土保持措施）增强的结果（朱晓原，张学成，1999；王岗，范昭，2002；Miao et al.，2011；Xu，2011，Wang and Li，2011）。除 Miao 等（2011）少数研究外，定量研究降水和人类活动对黄河流域及其不同子流域径流变化的贡献率相对较少。个别研究结果表明，气候和人类活动对黄河下游部分河段径流变化的相对影响程度大大超出了人们的预期，一些研究结果还存在商榷之处。因此，有关黄河下游甚至全流域的气候和人类活动对径流变化的贡献需要做更多的研究和分析，正如 Xu（2011）所指出的，如何量化气候和人类活动对径流变化的贡献仍然是一个尚未解决的科学问题。

本章期望阐述黄河流域 7 个不同区段在不同时期中径流净产量的变化趋势。其目标是：①根据 1950—2009 年各断面的年径流量数据确定突变年份，并根据各区间径流净产量变化将整个时段划分为基准期和措施期；②基于王随继等（2012）提出的在 SCRAQ 方法基础上改进的累积量斜率变化率（SCRCQ），量化不同因素对径流变化的影响程度；③通过对黄河流域 7 个河段及其全流域降水量和蒸散量在措施期相对于基准期的变化特征，评估降水量、蒸散量和人类活动对流域及其不同区段径流净产量变化的贡献率。该项研究对于水资源管理和规划工作具有较为重要的参考作用。

2.2 黄河流域典型区段划分及其依据

为了研究黄河流域不同区域的年径流净产量，需要根据地貌特征、气候特征、农田灌区分布和业已设立的长期观测断面等方面综合考虑。黄河发源于青藏高原，穿越黄土高原、内蒙古高原和华北平原而流入渤海，其地貌单元具有多样化特征，这是分区的主要依据之一。黄河主河道全长 5 464 km，不含其中的内流区域的总流域面积为 752 443 km^2，利津站多年平均径流量为 $464\times10^8\ m^3/a$、多年平均流量为 1 822 m^3/s。黄河流域大部分地区位于干旱和半干旱气候区，年平均降水量

478 mm（Wang et al.，2006b）。根据其地质环境和地理环境，该流域通常分为上、中、下游三个特征明显的河段。上游（头道拐以上）长 3 472 km，流域面积约为 39 万 km^2，河床高差为 3 496 m；中游（头道拐至铁谢）长 1 206 km，流域面积约为 34 km^2，河床高差为 890 m（Wang and Li，2011）。下游（铁谢以下）长 786 km，流域面积约为 2 万 km^2，河床高差为 120 m（钱意颖等，1993）。整个黄河流域有 1 260 万 hm^2 农田，其中 40%的农田利用黄河水灌溉（Xia et al.，2002），这是影响黄河不同区段径流净产量的关键因素之一。

黄河主河道设立较早并进行长期水文观测的水文站较多，结合流域地貌特征、气候条件和灌溉农田主要分布区等，利用唐乃亥、兰州、头道拐、龙门、潼关、花园口、利津等 7 个水文站将黄河流域划分为 7 个区段：唐乃亥以上、唐乃亥—兰州、兰州—头道拐、头道拐—龙门、龙门—潼关、潼关—花园口、花园口—利津，分析这些不同区段的径流净产量变化特征和变化趋势（图 2-1）。

前 3 个区段（唐乃亥以上、唐乃亥—兰州、兰州—头道拐）属黄河上游（图 2-1），其中唐乃亥以上区段位于青藏高原（海拔＞3 000 m），以草原为主，气候以寒冷和半干旱为特征；唐乃亥—兰州区段位于青藏高原向黄土高原的过渡带（河床的海拔高程＞1 500 m），以坡耕地为主，为半干旱气候。兰州—头道拐区段位于黄土高原西北缘和沙漠边缘地带，干旱气候，有河套灌区和银川灌区等（河床的海拔高程＞1 000 m）。

头道拐—龙门和龙门—潼关区段，以及潼关—花园口区段大部分河段属于黄河中游（图 2-1），地处黄土高原，以旱作农田为主，部分为灌溉农田，分别为干旱、半干旱和半湿润气候。花园口—利津区段属黄河下游，地处冲积平原区，为湿润气候。关于这些区段的详细信息列于表 2-1，其中年均降水量的统计时期为 1951—2010 年。

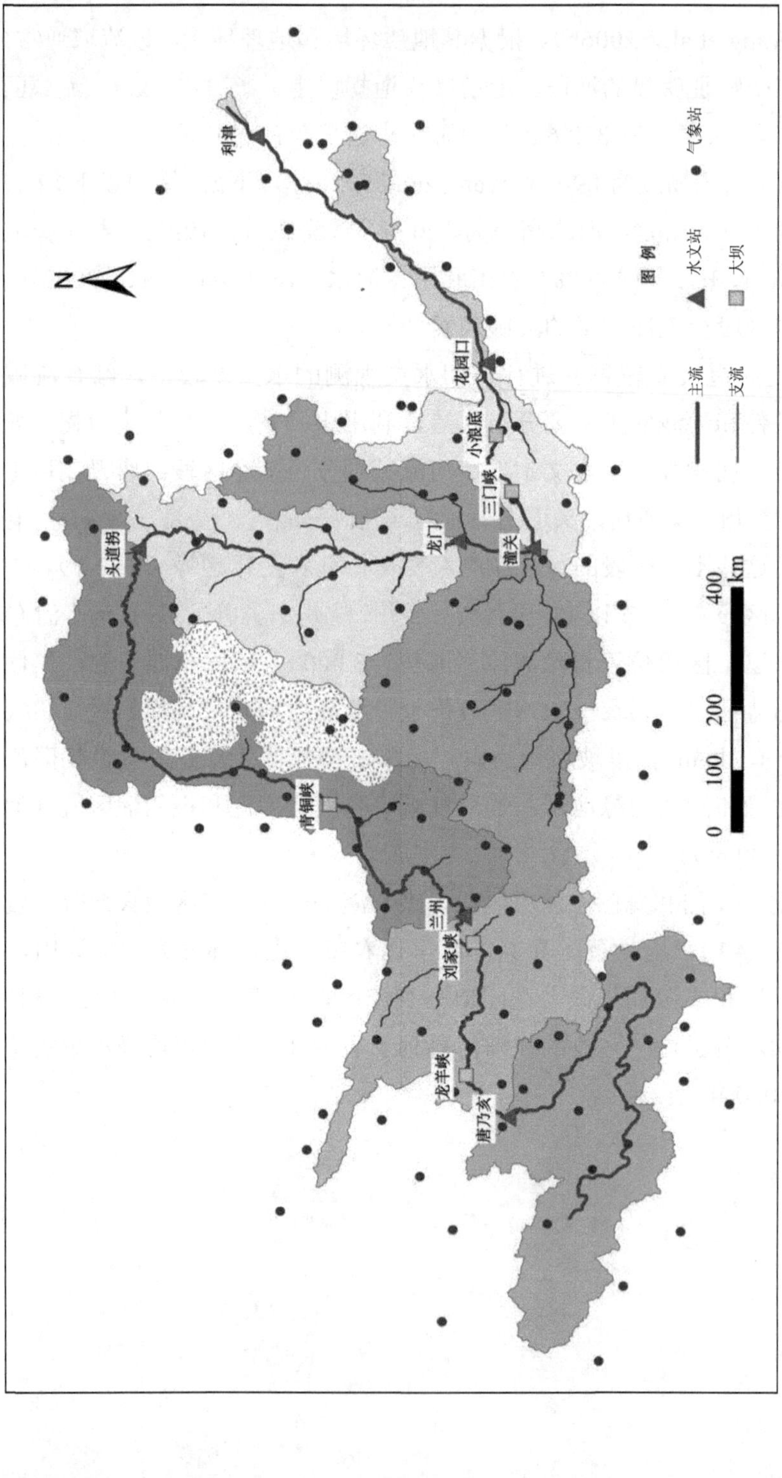

图 2-1　黄河流域形态、主支河道分布、主要水文站和大型水库及气象站分布位置

表 2-1　黄河流域不同区段详细信息

区段	河长/km	高差/m	面积/10^4 km^2	年均输出径流量/10^8 m^3	年均降水量/mm
唐乃亥以上	1 192	2 168	12.197	200.025	503.65
唐乃亥—兰州	482	1 169	10.058	308.673	429.77
兰州—头道拐	1 239	527	14.535	215.043	277.97
头道拐—龙门	638	605	12.965	261.967	440.36
龙门—潼关	164	55	18.459	344.275	539.38
潼关—花园口	622	234	4.790	378.900	628.95
花园口—利津	303	85	2.199	310.084	687.73

2.3　数据资料和研究方法介绍

2.3.1　数据来源

本书利用了唐乃亥、兰州、头道拐、龙门、潼关、花园口和利津 7 个水文站的年径流量数据，数据序列涵盖 1950—2009 年。这些水文站的年径流量数据 2000 年前的收集自黄河流域水文资料，2000 年后的收集自中国水利部水文泥沙通报。各区段的年径流净产量是用该区段出口水文站的当年径流量减去该区段入口水文站的同年径流量来计算的，表示给定区段内总产流量减去同区段内的总耗水量。

年降水量资料收集自中国气象局网气象数据共享（http://www.cma.gov.cn），各区段的年平均降水量可由区段内各气象站资料的算术平均值计算得出。但是，它没有考虑到气象站在空间分布上的不均衡性，因而采用各气象站的降水量的算数平均值误差不是最小。本书利用 ArcGIS 软件对研究时期内所有年份中约 140 个气象站（图 2-1）的年降水量数据都进行克里格空间插值，总共获得了 60 幅降水空间变化的插值图（1950—2009 年），在此基础上，逐一求得不同年份的不同区段或全流域的年平均降水量。

为计算突变年份前后的年平均潜在蒸散量，根据调查资料计算了黄河流域各断面 20 世纪 80 年代初和 90 年代末的森林覆盖度（中国科学院黄土高原调查队，1992；黄河中上游管理局，2001），20 世纪 80 年代初的森林覆盖度可以被认为是基准期（各区段径流净产量突变年份之前）的平均森林覆盖度，因为这一时期人工林覆盖率的增加是有限的。在措施期（各区段径流净产量突变年份之后），随着流域人工林的不断增加使得区内森林覆盖度也有所增加，利用 90 年代末的森林覆盖度作为措施期的平均森林覆盖度。

2.3.2 研究方法

本章采用的方法主要有累积距平方法和累积量斜率变化率方法。前者用于确定 1950—2009 年黄河流域及其各区段径流净产量变化的突变年份（图 2-2），后者用于量化气候变化和人类活动对各区段径流净产量变化的贡献率。

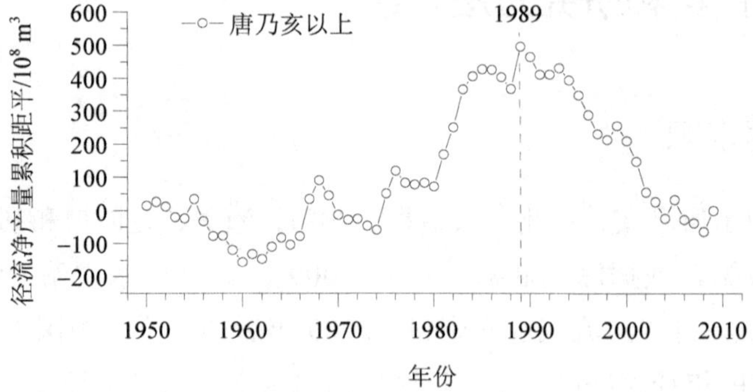

a 径流净产量累积距平

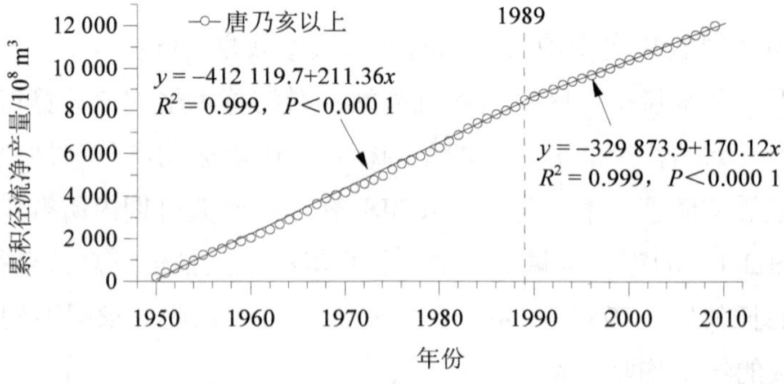

b 累积径流净产量

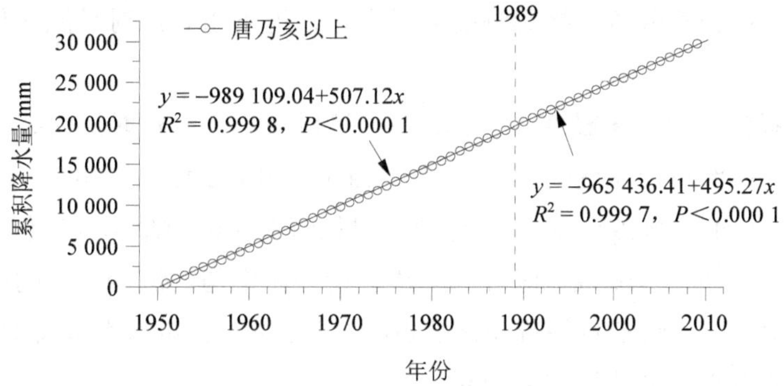

c 累积降水量

图 2-2　黄河流域唐乃亥以上区段的径流量和降水量年际变化特征、突变年份表征及相应的拟合

2.3.2.1　累积距平方法

累积距平方法用于识别离散数据如连续降水、蒸散和径流数据等的变化趋势（Ran et al.，2010）。对于离散序列数据点 X_t 的累积距平可以表示为

$$X_t = \sum_{i=1}^{t}(x_i - x_m)，t=1，2，\cdots，n，\quad x_m = 1/n\sum_{i=1}^{n}x_i \tag{2-1}$$

式中，x_m 为数据序列的平均值，n 为离散点的数目。累积距平方法可用于分析一系列离散数据的波动幅度和潜在拐点。具体而言，正或负距平分别表示相应的数据点高于或低于给定数据序列的平均值（Wang and Li，2011）。在本章中，变量 x 代表每个区段的径流净产量、降水量或者潜在蒸散量。

2.3.2.2　累积量斜率变化率方法（SCRCQ）

累积量斜率变化率方法（SCRCQ）是由王随继等（2012）提出的累积量斜率变化率比较方法（SCRAQ）扩展而来，以使该方法适用于某一时期内给定流域或者区段内潜在的负径流净产量，即考虑到出口水文站的径流量小于同期入口水文站的径流量这一情况。SCRCQ 方法所用到的参数与 SCRAQ 方法中用到的相同但表达式不同。流域径流变化的影响因素包括气候（降水、蒸散）、地下水补给和人类活动。降水量和蒸散量直接影响径流量变化，地下水补给对径流变化有一定影响，尤其是雨季。

降水对径流变化的贡献率（单位：%）可以表示为给定时期内某一流域或区段内的降水变化率与径流变化率的比率（Wang et al.，2012 a，2012b；王随继等，2013；Wang et al.，2015）。同样，蒸散量对径流变化的贡献率（单位：%）也可以表示为某一时期某一流域或区段内的蒸散量变化率与径流变化率的比率。根据水量平衡原理，人类活动对径流变化的贡献（单位：%）可以表示为100%减去降水、蒸散和地下水补给的贡献率之和。

假设突变年份前后年份与累积径流净产量线性关系的斜率分别为 S_{Rb} 和 S_{Ra}（$10^8 m^3/a$）（图 2-2b），突变年份前后年份与累积降水量线性关系的斜率分别为 S_{Pb} 和 S_{Pa}（mm/a）（图 2-2 c），则径流变化率和降水变化率可分别表示为（$S_{Ra}-S_{Rb}$）/$|S_{Rb}|$ 和（$S_{Pa}-S_{Pb}$）/$|S_{Pb}|$，相对于基准期，措施期降水量对径流量变化的贡献率（C_P，单位：%）则可以表示为

$$C_P = 100 \times \frac{(S_{Pa}-S_{Pb})/|S_{Pb}|}{(S_{Ra}-S_{Rb})/|S_{Rb}|} \tag{2-2}$$

同样地，假设突变年份前后流域或者区段内年份与累积潜在蒸散量线性关系的斜率分别为 S_{Eb} 和 S_{Ea}（mm/a），则潜在蒸散量的变化率可以表示为（$S_{Ea}-S_{Eb}$）/$|S_{Eb}|$。因此，相对于基准期，潜在蒸散量对措施期径流量变化的贡献率（C_E，单位：%）可以表示为

$$C_E = -100 \times \frac{(S_{Ea}-S_{Eb})/|S_{Eb}|}{(S_{Ra}-S_{Rb})/|S_{Rb}|} \tag{2-3}$$

根据水量平衡原理，人类活动对径流量变化的贡献率（C_H，单位：%）可以表示为

$$C_H = 100 - C_P - C_E - C_G \tag{2-4}$$

式中，C_G 为地下水对径流量变化的贡献率。

一方面，黄河流域由于一年中旱季（11 月—次年 5 月）和雨季（6—10 月）不同，地下水补给对年径流变化影响不大。另一方面，开采地下水会导致地下水

补给引起径流变化。然而，这种影响可以看作是人类活动的一部分。因此，公式（2-4）中的地下水补给在研究区可视为 0。

由于年潜在蒸散量资料难以获得，本章采用公式（2-5）计算潜在蒸散量对径流变化的贡献率。

$$C_E = 100 \times (\bar{E}_a - \bar{E}_b) / \bar{E}_b \tag{2-5}$$

公式中，$\bar{E}_a$ 和 $\bar{E}_b$ 分别为突变年份前后的年平均潜在蒸散量。函数（$\bar{E}_a - \bar{E}_b$）/ $\bar{E}_b$ 表示突变年份后年平均潜在蒸散量相对于突变年份之前的变化率。$\bar{E}_a$ 和 $\bar{E}_b$ 可根据 Zhang 等（2001）提出的 ET 公式（2-6）来计算。

$$ET = \left(f \frac{1 + 2\dfrac{1410}{p}}{1 + 2\dfrac{1410}{p} + \dfrac{p}{1410}} + (1-f) \frac{1 + 0.5\dfrac{1100}{p}}{1 + 0.5\dfrac{1100}{p} + \dfrac{p}{1100}} \right) p \tag{2-6}$$

公式（2-6）中仅有两个自变量 p 和 f，分别表示流域或者区段内的平均降水量和平均森林覆盖度。该研究中，p 表示黄河全流域或者不同区段内的年平均降水量（mm/a），f 表示径流量突变年份之前和之后的平均森林覆盖度。

2.4　径流量变化影响因子贡献率估算

2.4.1　断面年径流量及区段年径流净产量变化

对比黄河唐乃亥、兰州、头道拐、龙门、潼关、花园口和利津等 7 个水文站 1950—2009 年的年径流量变化特征（图 2-3），可以发现，20 世纪 80 年代以后，这些水文站（尤其是龙门站）以下的 3 个水文站的年径流量随时间的推移呈现明显下降趋势，直至企稳略微回升。所有这些水文站的最小年径流量都出现在 1997—2002 年。

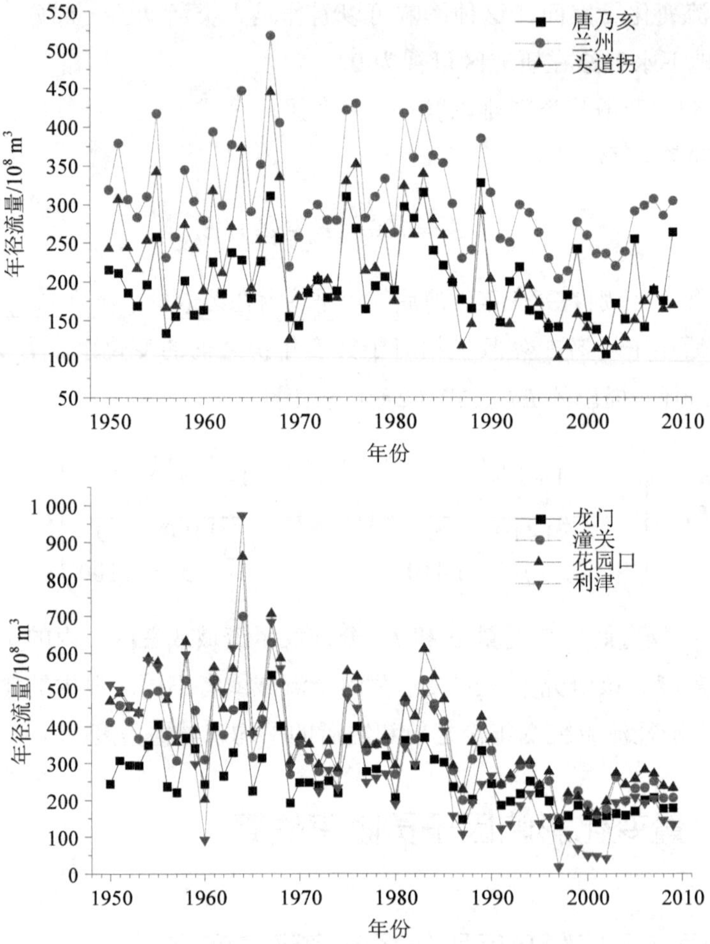

图 2-3 黄河唐乃亥、兰州、头道拐、龙门、潼关、花园口和利津 7 个水文站的年径流量变化特征

黄河流域以上述 7 个水文站为下端点划分出的 7 个区段的年径流净产量变化趋势如图 2-4 所示。兰州—头道拐和花园口—利津两个区段的年径流净产量自 1965 年以来均为负值，表明这两个区段的出口径流量总是小于进口径流量，区段内的地表水资源消耗量大于净产流量。其他区段各自的年径流净产量几乎均为正值，表明这些断面的出口径流量总是大于进口径流量，区段内的地表水资源消耗量小于区段内的净产流量。除唐乃亥以上区段外，其余区段的年径流净产量变化总体上均呈下降

趋势。径流净产量减少量最大的时段和区段为 1950—1975 年间和 2003 年以后的兰州—头道拐区段，以及 1976—2002 年的花园口—利津区段（图 2-4）。1950—2009 年黄河流域上述 7 个区段内的年平均径流净产量分别为 $308.67\times10^8\,m^3$、$108.65\times10^8\,m^3$、$-93.27\times10^8\,m^3$、$46.56\times10^8\,m^3$、$82.31\times10^8\,m^3$、$34.63\times10^8\,m^3$ 和 $-68.82\times10^8\,m^3$。

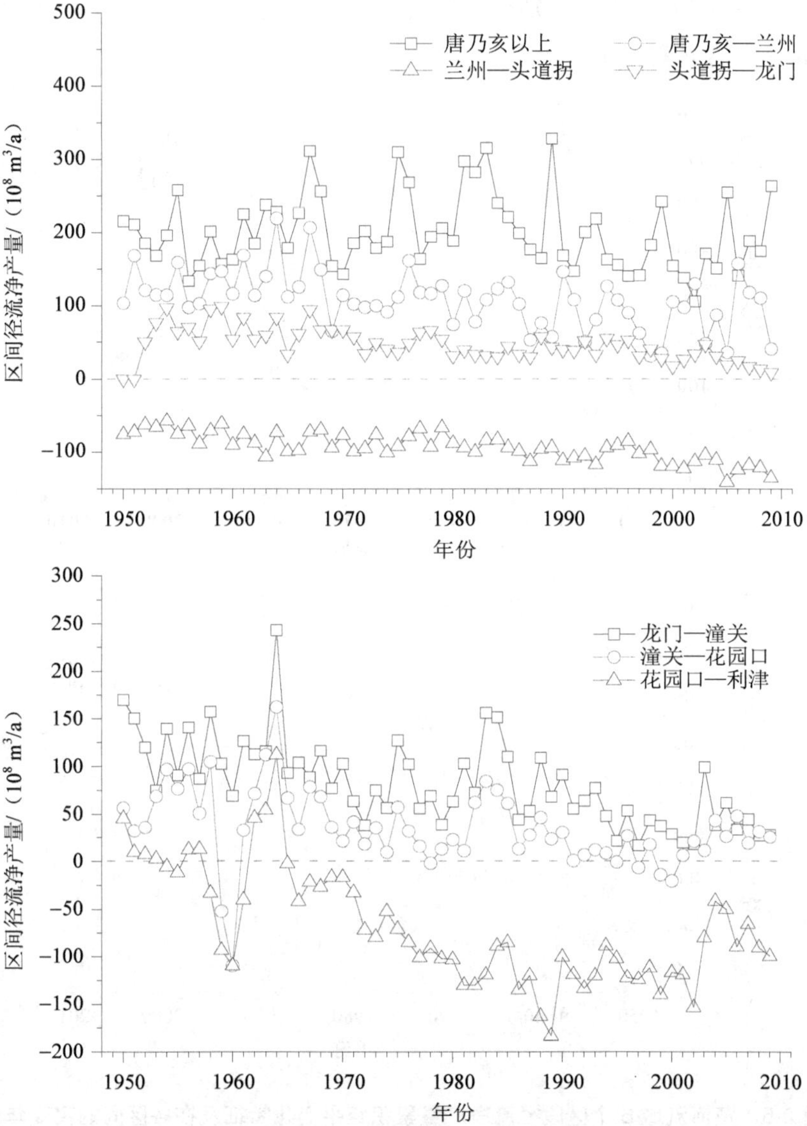

图 2-4　黄河流域 7 个区段的径流净产量年际变化趋势

2.4.2　年份与径流、降水累积量之间的线性关系

唐乃亥以上区段的径流净产量累积距平如图 2-2a 所示，所有其他区段的径流净产量累积距平如图 2-5 所示。1985 年是黄河流域径流净产量变化的主要突变年份，1989 年、1979 年和 1971 年分别是唐乃亥以上、头道拐—龙门和花园口—利津段径流净产量变化的突变年份。

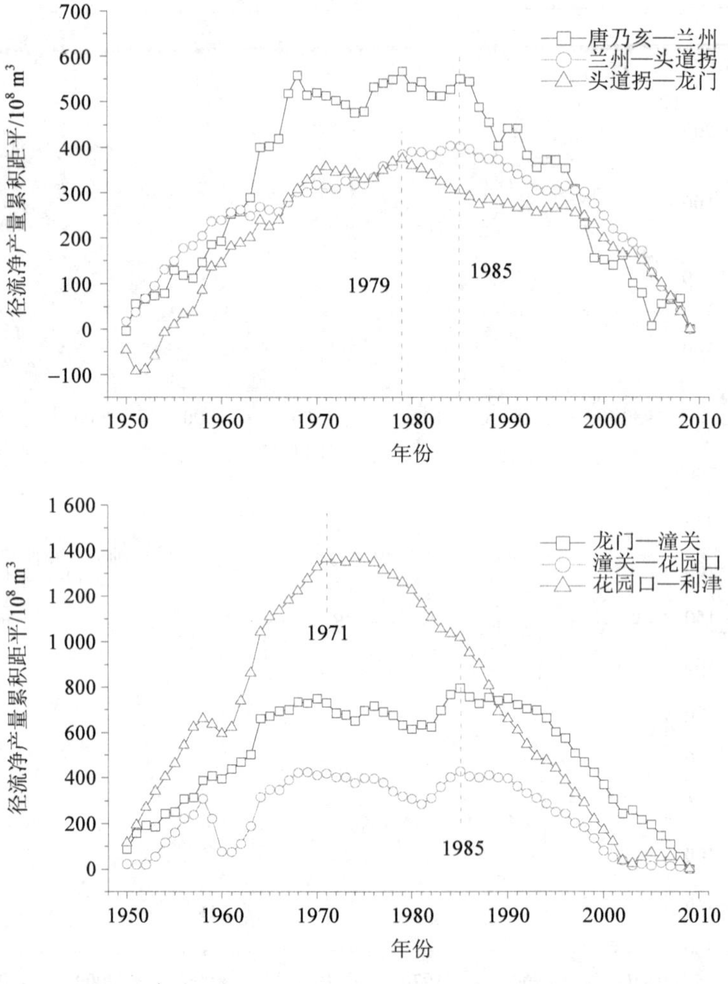

图 2-5　黄河流域 6 个区段径流净产量累积距平变化特征及在各区间的突变年份

图 2-2b 为唐乃亥以上区段内累积径流净产量的年际变化，图 2-6 为所有其他区段的累积径流净产量的年际变化，同时，还给出了突变年份前后两个时期（即基准期和措施期）内年份与累积径流净产量之间的最佳线性拟合关系。所有拟合关系的相关系数均大于 0.98。表 2-2 中列出了如图 2-2b 和图 2-6 所示的每个区间在基准期和措施期内其所拟合的线性关系的斜率 S_{Ra} 和 S_{Rb} 的具体参数。

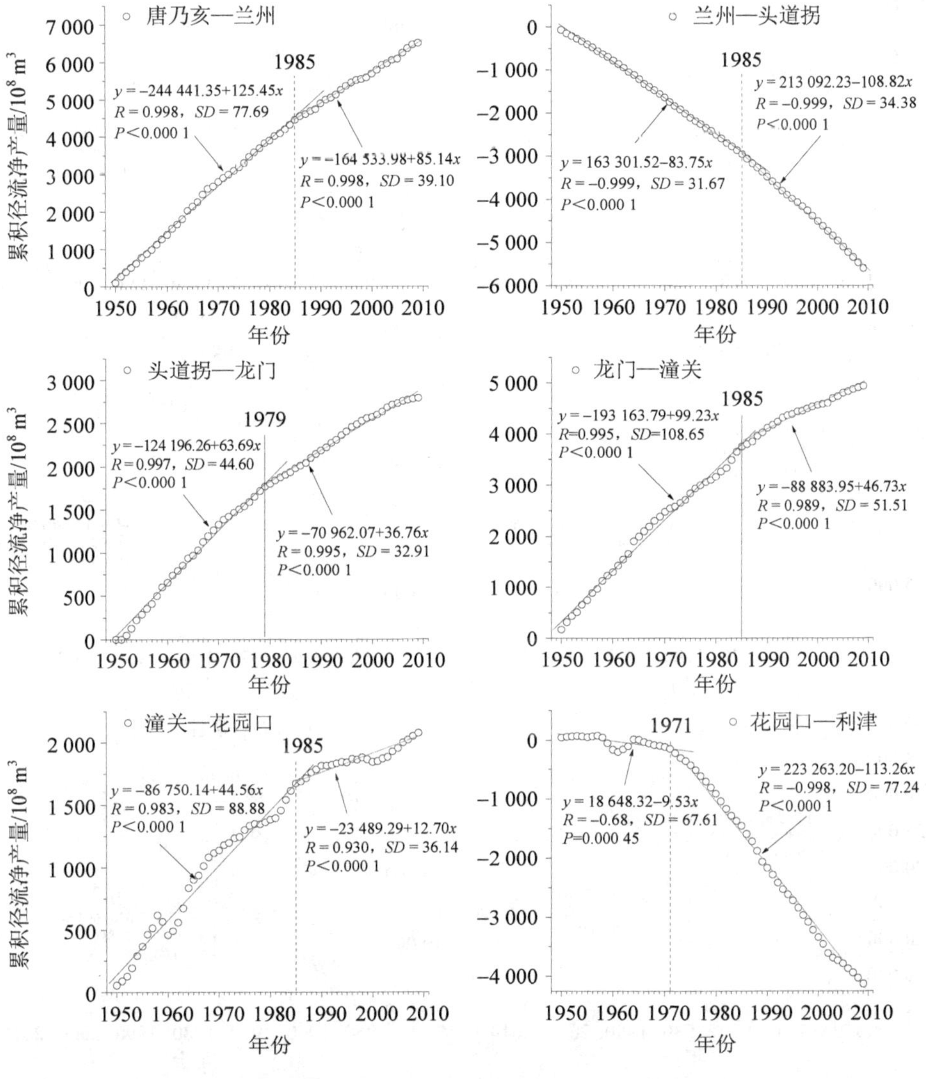

图 2-6 黄河流域 6 个区段累积径流净产量年际变化及其与年份之间的线性拟合关系

唐乃亥以上区段和其他 6 个区段的累积降水量的年际变化分别如图 2-2c 和图 2-7 所示，同时图示了突变年份前后（即基准期和措施期）年份与累积降水量之间的最佳线性拟合关系。所有这些关系的相关系数均大于 0.98。由这些线性关系所提取的斜率 S_{Pa} 和 S_{Pb} 的具体参数见表 2-2。

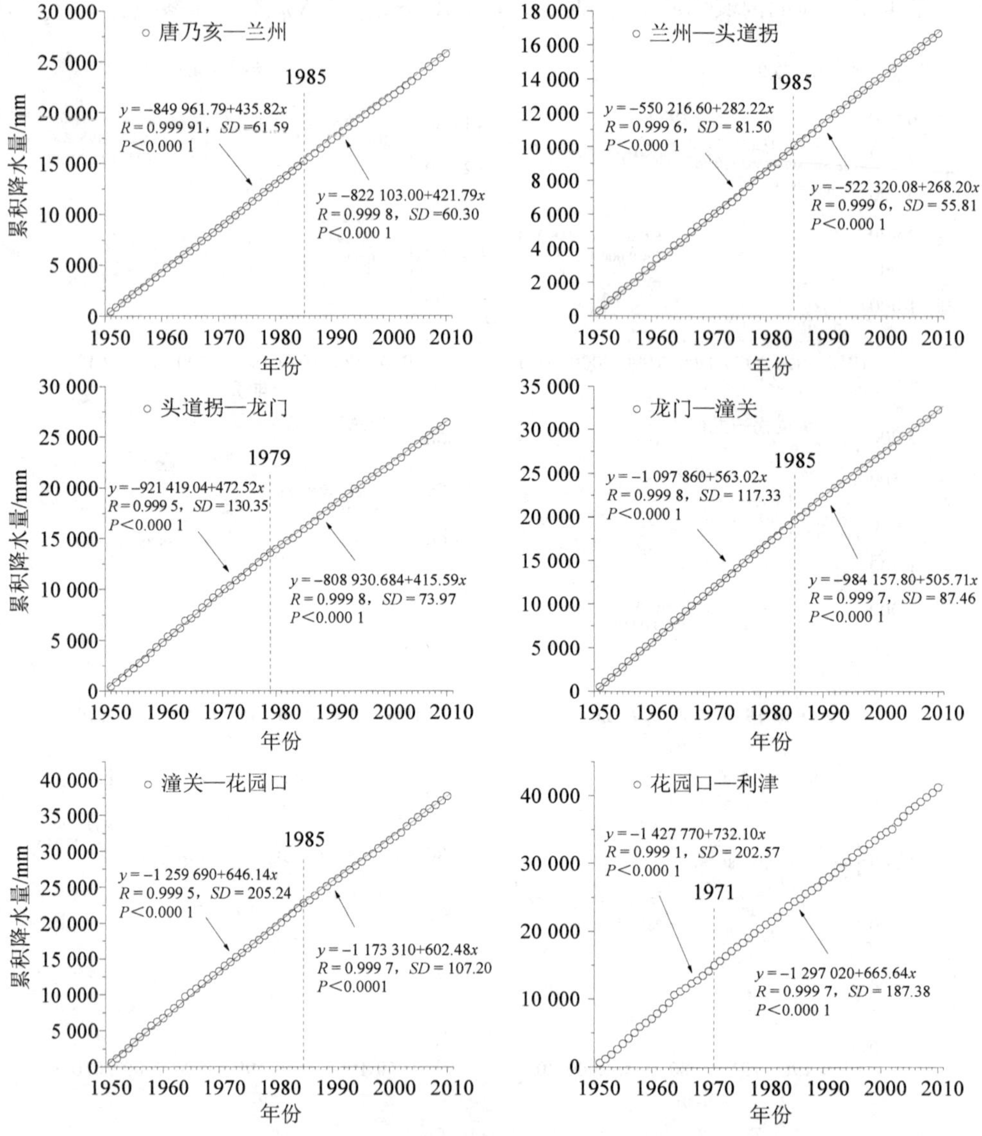

图 2-7 黄河流域 6 个区段累积降水量年际变化及其与年份之间的线性拟合关系

表 2-2 黄河流域不同区间年份与累积径流净产量以及年份与累积降水量之间拟合关系的斜率

区段	面积/ 10^4 km^2	时期	S_{Rb}/ (10^8 m^3/a)	S_{Ra}/ (10^8 m^3/a)	S_{Pb}/ (mm/a)	S_{Pa}/ (mm/a)
唐乃亥以上	12.197	1950—1989 年	211.36		507.12	
		1990—2009 年		170.12		495.27
唐乃亥—兰州	10.058	1950—1985 年	125.45		435.82	
		1986—2009 年		85.14		421.79
兰州—头道拐	14.535	1950—1985 年	−83.75		282.22	
		1986—2009 年		−108.82		268.20
头道拐—龙门	12.965	1950—1979 年	63.69		472.52	
		1980—2009 年		36.76		415.59
龙门—潼关	18.459	1950—1985 年	99.23		563.02	
		1986—2009 年		46.73		505.71
潼关—花园口	4.79	1950—1985 年	44.56		646.14	
		1986—2009 年		12.7		602.48
花园口—利津	2.199	1950—1971 年	−9.53		732.10	
		1972—2009 年		−113.26		665.64

注：降水量的计算时期为 1951—2010 年。

由于缺乏各区段内的年潜在蒸散量数据，无法得到类似累积降水量年际变化的相似散点分布和线性拟合关系。各区段内年平均潜在蒸散量按公式（2-6）计算。为此，分别以 20 世纪 80 年代初和 90 年代末的森林覆盖度作为基准期和措施期的平均森林覆盖度。上述 7 个区段在 20 世纪 80 年代初的森林覆盖度分别为 0.05、0.119 6、0.002 8、0.053 7、0.112 7、0.059 3 和 0.043，在 90 年代末的森林覆盖度分别为 0.049、0.148、0.017、0.193、0.216、0.313 和 0.082（表 2-3），据此计算的上述不同区段在措施期和基准期的年平均潜在蒸散量见表 2-3。

表 2-3 黄河流域不同区段不同时期年均潜在蒸散量

区段	时期	森林覆盖度	年均降水量/mm	$\bar{E}_a$ /（mm/a）	$\bar{E}_b$ /（mm/a）
唐乃亥以上	1951—1989 年	0.050	506.78	418.35	
	1990—2010 年	0.049	497.85		412.83
唐乃亥—兰州	1951—1985 年	0.120	434.20	375.47	
	1986—2010 年	0.148	423.56		369.41
兰州—头道拐	1951—1985 年	0.003	288.17	264.41	
	1986—2010 年	0.017	263.68		244.93
头道拐—龙门	1951—1979 年	0.054	468.86	394.98	
	1980—2010 年	0.193	413.71		364.41
龙门—潼关	1951—1985 年	0.113	562.41	455.99	
	1986—2010 年	0.216	507.13		429.43
潼关—花园口	1951—1985 年	0.059	651.07	499.19	
	1986—2010 年	0.313	597.98		494.39
花园口—利津	1951—1971 年	0.043	716.68	529.07	
	1972—2010 年	0.082	672.14		512.31

注：各河段基准期（第一期）森林覆盖度是根据中国科学院黄土高原调查队在 20 世纪 80 年代初的基础调查数据计算（中国科学院黄土高原调查队，1992），措施期（第二期）为黄河中上游管理局在 20 世纪 90 年代的调查数据（黄河中上游管理局，2001）。

需要说明的是，基于气象因子计算出年潜在蒸散量再通过其年际累积量来求取突变年份前后的斜率值，从而用来计算其变化率是更为精确的。Wang 等（2015）已经对此进行过成功的尝试。因为黄河流域的植被覆盖度很低，其多年来的变化量也很小，因此本章所用到的方法在解答黄河流域蒸散量变化上也是可信的，虽然并没有根据气象因子计算的结果那么精确。

2.4.3 气候变化和人类活动对径流变化的贡献率

根据表 2-2 和表 2-3 所列参数和累积量斜率变化率方法［公式（2-2）～公式（2-4)］，计算了黄河流域各区段内降水、潜在蒸散量和人类活动对径流净产量变化的贡献率，所得结果见表 2-4。降水量和潜在蒸散量对突变年份之后各区段径流净产量变化的影响分别为正向和负向（表 2-4）。7 个区段内的降水量变化的贡献率（C_P）为 0.83%～28.49%，自头道拐—龙门区段起向上游和向下游都呈现出逐渐减小这一空间变化趋势。潜在蒸散量的贡献率（C_E）为–0.96%～–7.74%，除花园口—利津区段外，其余区段中自头道拐—龙门区段起向上游和向下游均呈现下降趋势。同时，降水量的最大贡献率和潜在蒸散量的最小贡献率都出现在头道拐—龙门这一区段。人类活动对这 7 个区段内径流净产量变化的贡献率为 79.25%～102.34%，最大值出现在花园口—利津区段，最小值出现在头道拐—龙门区段。

表 2-4　气候变化和人类活动对黄河流域各区段以及全流域径流净产量变化的贡献率　单位：%

区段	对不同区段径流净产量变化的贡献率				对全流域径流净产量变化的贡献率			
	C_P	C_H+C_E	C_E	C_H	C_P	C_H+C_E	C_E	C_H
唐乃亥以上	11.98	88.02	–1.32	89.34	1.30	9.58	–0.14	9.72
唐乃亥—兰州	10.02	89.98	–1.61	91.59	1.40	12.62	–0.23	12.85
兰州—头道拐	16.60	83.40	–7.37	90.77	1.70	8.55	–0.76	9.31
头道拐—龙门	28.49	71.51	–7.74	79.25	2.21	5.54	–0.60	6.14
龙门—潼关	19.24	80.76	–5.82	86.58	3.90	16.36	–1.18	17.54
潼关—花园口	9.45	90.55	–0.96	91.51	1.03	9.88	–0.10	9.98
花园口—利津	0.83	99.17	–3.17	102.34	0.22	25.71	–0.82	26.53
合计					11.76	88.24	–3.83	92.07

将各影响因子对径流净产量变化的贡献率乘以该区段径流净产量变化占流域总径流变化的比例，即可确定该区段各影响因子对整个黄河流域总径流变化的贡献率（表 2-4）。各影响因子对整个流域径流变化的总贡献量是将 7 个区段中相应因子的贡献率相加而获得的。从表 2-4 可以看出，突变年份之后，各区段降水量变化和蒸散量变化对黄河全流域内径流量变化的贡献率分别为 0.22%～3.90%和–1.18%～–0.10%，而各区段人类活动对全流域径流量变化的贡献率为 6.14%～26.53%。整个流域的降水量和潜在蒸散量变化以及人类活动对黄河全流域径流净产量变化的贡献率分别为 11.76%、–3.83%和 92.07%。

2.5 气候和人类活动对黄河径流量变化的影响机制

2.5.1 单一测站径流量与区间径流净产量

以往的一些研究在年尺度或年代尺度上分析了黄河主河道不同水文站的径流量变化情况，并讨论了其影响因素（李春晖等，2009；张建云等，2009），但是，很少有人去分析黄河流域特定区段的径流净产量变化及其影响因素。水文站的径流量变化与水文站之间区段的径流净产量的变化并非同一概念，因而，某水文站的径流量变化并不能反映某一区段径流净产量的实际变化。其实际情况是，某个水文站所观测到的径流量变化反映的是该水文站断面以上该流域的所有汇水区域的总的径流净产量变化，而不是站间径流净产量的变化。本章利用黄河流域各典型且连续的区段的径流净产量来分析其各自区间的变化趋势，并量化了其主要影响因素的贡献率，显然具有更清晰的逻辑和更为可信的结果。

2.5.2 各区间径流净产量出现不同突变年份的原因

一些研究以 1950—1960 年作为黄河不同子流域的基准期（Miao et al.，2011），虽然对比各年代的径流量变化特征是可取的，但这一基准期的确定则明显具有主观性。其他一些研究结果表明，黄河中游不同一级支流的径流量变化存在不同的突变年份，例如无定河为 1971 年（Xu，2011），窟野河为 1973 年（赵晓坤等，2010），渭河为 1992 年（王生雄等，2008），而皇甫川流域径流量变化则具有 1979 年和 1998 年两个较为明显的突变年份（王随继等，2012）。由于不同流域的降水变化和人类活动的强度不尽相同，不同流域的基准期也不同。李春晖等（2009）的研究表明，黄河 6 个主要测站的径流变化的突变年份在 1985—1994 年，表明同一流域的不同河段其径流量变化的基准期也会不同。

该研究表明，黄河不同河段径流净产量变化的突变年份也有所不同（图 2-2 和图 2-5）。唐乃亥—兰州、兰州—头道拐、龙门—潼关、潼关—花园口区段的突变年份为 1985 年（图 2-5），表明这 4 个断面的径流净产量变化同年出现拐点。唐乃亥以上区域、头道拐—龙门区段、花园口—利津区段的突变年份分别为 1989

年、1979 年和 1971 年，它们各不相同，也不同于其他 4 个区段的径流净产量变化的突变年份。突变年份反映了影响因子相对强度的变化，将径流净产量变化分为早期气候驱动阶段（有限的人类活动）和晚期人类驱动阶段（以人类活动为主）两个变化阶段，其中后一阶段的明显特色是，人类采取了各种能够采取的措施以达到水土保持的目的，同时以提高生产率为目的而改变土地利用方式、水资源利用量和利用方式。黄河流域内径流净产量变化的突变年份以花园口—利津区段最早、唐乃亥以上区段最晚，其中花园口至利津段位于黄河下游，受人类活动影响较其他河段更早和更为强烈，相比之下，唐乃亥以上区段位于黄河源区，这里地势高，人烟稀少，广大区域内主要为牧区，人为影响径流净产量变化的强度相对有限，且导致的突变年份相对较晚。

2.5.3 降水量变化对径流净产量变化的影响程度

不同区段内降水量变化对径流净产量变化的影响各有不同。在花园口至利津区段内降水量变化对其径流净产量变化的影响程度很小，其贡献率仅为 0.83%。这是因为该区段内的降水量相对稳定，且无明显的变化趋势，同时，因为该区段面积很小，故区间降水的总变化量很小，这对于区间径流量的巨大变化难以产生明显影响。唐乃亥以上、唐乃亥—兰州、潼关—花园口区段的降水量减少的贡献率相近，变化范围为 9.45%～11.98%。兰州—头道拐和龙门—潼关两个区段的降水量在其突变年份之后明显减少，降水量变化对其各自的径流净产量变化的贡献率分别为 16.6%和 19.24%。黄河流域在黄土高原北部的头道拐—龙门区段的降水量在突变年份后减少的比例最大，降水量变化对其径流净产量变化的贡献率达到 28.49%。从黄河流域这 7 个区段的空间布局来看，降水量变化对径流净产量变化的贡献率以中部的头道拐—龙门区段最大，且向上游和下游呈现递减趋势。降水量变化对整个黄河流域的径流净产量变化的贡献率为 11.76%，这显然不是引起黄河流域径流净产量变化的主导因素。

有研究表明，1970—2008 年气候变化对黄河上游、中游、下游水量减少的贡献率分别为 17%、71%和 72%（Miao et al.，2011），其有关黄河上游所获得的数值与本研究工作针对该河段的研究结果相似，然而，其所获得的有关黄河中下游河段的数值远高于本研究所得的结果。潜在原因之一或许是，Miao 等（2011）所获得的降水量贡献率是针对水文站的径流量变化数值计算得到的，如前所述，这些水文站的径流量变化无法准确反映该断面以上不同区段的径流净产量变化，仅可以反映该断面以上全部汇水区域的产流量变化。此外，他们给出的基准期并非基于序列变化方法由突变年份所求得，而是具有一定主观性。由于 SCRCQ 方法获得的所有线性关系都具有很高的相关系数，因此本研究求得的有关黄河流域及其不同区段内降水量变化对其相应区域径流净产量变化的贡献率的计算结果更为合理、更为可信。

2.5.4 潜在蒸散量对径流净产量变化的影响

干旱、半干旱气候区潜在蒸散量主要受到降水量和森林覆盖度的影响（Zhang et al.，2001），潜在蒸散量与降水量以及潜在蒸散量与森林覆盖度之间存在正相关关系。黄河几乎所有河段的年平均降水量都在减少，而整个流域内的森林覆盖度在措施期仅增加到 13%（基准期的森林覆盖度约为 8.9%），这二者对于潜在蒸散量的变化具有部分抵消作用，这导致黄河流域或者其内部各区段在突变年份后的潜在蒸散量变化较小。因此，潜在蒸散量变化对黄河流域及其内部各区段径流净产量变化的贡献率较小（–7.74%～–0.96%）。

由上述分析可见，潜在蒸散量变化也不是黄河流域及其内部不同区段径流净产量变化的主控因素。

2.5.5 人类活动对径流净产量变化的影响

该研究结果表明，黄河流域内部大部分区段的人类活动对其径流净产量变化的影响平均约为 90%，而整个黄河流域人类活动对径流净产量变化的影响为 92.07%。这表明，人类活动已成为黄河各区段和整个流域的径流净产量变化的主要影响因素。人类活动对花园口—利津断面径流净产量变化的贡献率甚至超过 100%（达到 102.34%），说明潜在蒸散量变化对径流净产量变化的负贡献超过了降水量变化对径流净产量变化的正贡献。

人类活动对黄河流域不同区段径流净产量变化的影响方式不同。唐乃亥以上地区人口较少（Miao et al.，2010），人为引水和用水造成的直接水资源耗费相对较弱。1989 年以后，随着畜牧业的快速发展，该区段径流净产量的减少主要受草地超载的影响。草地超载导致部分草地沙化，水源涵养功能减弱，实际蒸散量增加，导致区段内径流净产量减少。此外，由于本区段内经济发展起步较晚，其径流净产量变化的突变年份（1989 年）也较其他各区段的更晚。

唐乃亥—兰州、兰州—头道拐、潼关—花园口和花园口—利津 4 个区段的径流净产量的减少主要受到灌溉土地面积增加和灌溉水量增加，以及工业用水和干流引水等的影响。唐乃亥至兰州段径流净产量减少主要受工业用水和支流流域逐渐加强的水土保持的影响。在兰州至头道拐段，1968 年青铜峡水库、刘家峡水库相继建成后，尤其是 1986 年龙羊峡水库建成后，径流净产量减少主要受黄河灌溉用水的影响（Wang et al.，2011）。在花园口至利津区段，灌溉面积在 20 世纪 70 年代和 80 年代扩展到流域外（Yang et al.，2004），引水灌溉使该区段内径流净产量明显减少（而且几乎年年为负值），同时，由于该区段内灌溉农业发达、灌溉水量和强度早年就处于高位，后期由于受控于黄河流域水量分配制度的约束而对用水增量有所限制，故该区段的径流净产量变化的突变年份（1971 年）最早。

头道拐—龙门和龙门—潼关两个区段内径流净产量的减少主要受水土保持措施的影响。这两区段地处水土流失严重的黄土高原地区，为了改善环境，当地自 1949 年以来就开始了水土保持实践（刘震，2005）。在 20 世纪 70 年代和 80 年代逐步实施了一系列区域性水土保持总体规划和建设实践（如植树造林、种草、修建水平梯田和淤地坝等），改变了当地的微地貌，增强了拦截降水的能力，从而延缓和减少了这两个区段的径流净产量（Miao et al.，2011）。此外，拦河坝截流、引水灌溉等实际上使区段内的部分径流量通过蒸散等参与到大气循环，这意味着人类活动也改变了黄河流域不同区段内的一部分水循环途径。

2.6　小结

利用 1950—2009 年黄河流域沿程 7 个主要测站的径流观测数据和 1951—2010 年黄河流域及周边 140 个气象站的降水量资料，利用累积距平方法确定了以这些水文站为下边界的 7 个区段的径流净产量变化的突变年份，定量分析了降水量、潜在蒸散量和人类活动对各区段内径流净产量变化的贡献率。

（1）7 个区段内径流净产量变化的突变年份有所不同。唐乃亥以上、头道拐

—龙门、花园口—利津区段的突变年份分别为1989年、1979年和1971年，其余4个区段的突变年份均为1985年。利用突变年份将整个研究时期划分为气候驱动期（基准期）和人为驱动期（措施期）。

（2）黄河流域沿程彼此相邻的唐乃亥以上、唐乃亥—兰州、兰州—头道拐、头道拐—龙门、龙门—潼关、潼关—花园口、花园口—利津7个区段内降水量变化对径流净产量变化的贡献率分别为11.98%、10.02%、16.60%、28.49%、19.24%、9.45%和0.83%，而潜在蒸散量的贡献率分别为–1.32%、–1.61%、–7.37%、–7.74%、–5.82%、–0.96%和–3.17%，人类活动的贡献率分别为89.34%、91.59%、90.77%、79.25%、86.58%、91.51%和102.34%。整个黄河流域的降水量变化对其径流量变化的贡献率为11.76%，潜在蒸散量变化的贡献率为–3.83%，而人类活动贡献率为92.07%。

（3）20世纪80年代以来，人类活动已成为影响黄河径流净产量变化的主导因素，要实现黄河流域水资源的可持续利用，必须改变人类活动的方式和强度。

第 3 章 气候和人类活动对输沙量变化的贡献率

河流径流量的减小势必会降低河流的输沙量，水沙同步减小是全球干旱-半干旱地区江河近期的显著特征之一，这一现象在黄河流域尤为明显。本章期望在分析黄河流域及其不同区间内净输沙量变化特征和变化趋势的基础上，揭示气候和人类活动对净输沙量变化的相对贡献率，进而分析人类活动对输沙量变化的影响方式。该项工作有助于揭示黄河流域及其不同区间净输沙量的变化机制，可以为流域管理措施的制定提供借鉴。

3.1 流域产输沙变化研究回顾

任何河流的形成都是基于地貌条件、气候条件和下垫面等多种因素协同作用下的自然演变过程。流域内无论是地表片流还是河川径流都是在重力作用下水流的天然流动过程，而水流的流动必然具有不同程度的动能，因而会侵蚀和搬运与其水动力相适应粒级的碎屑物质，还会通过溶解作用带走一些物质的离子。水流以机械作用侵蚀和搬运碎屑物质就是通常所说的水流侵蚀产沙和输沙过程。虽然地貌条件是河流汇水区域形成的先决条件，但它在水文尺度上却几乎没有明显的变化，除非发生地震、滑坡等突发事件；流域内下垫面主要包括岩石、土壤、植被等，气候和人类活动都可以对其造成一定影响。因此，在地质或者地貌时间尺度上，影响流域侵蚀产沙输沙的自然因素主要是气候因子。人类社会从原始农业社会进入机械化农业时代和工业化时代，人类活动改造自然的能力和程度明显增强，对于流域侵蚀产沙及河流输沙的既有过程会造成相当大程度的干扰，从而使河流侵蚀产沙输沙的控制因素由单纯的气候因素变成气候和人类活动双重作用的共同控制。

气候条件是河流侵蚀产沙输沙的非常重要的影响因素之一，因为降水是形成地表径流的主要方式之一，此外，冰川融化和冰雪消融等也是补给河川径流的方式，但这也与气候密切相关。气温的高低和风力的强弱等加上降水的多寡，会影响到地表水流的蒸发状况，从而形成各种各样产沙状况极不相同的地貌环境，如无地表径流、难以形成水力侵蚀和水流产沙输沙的干旱沙漠环境；降水量年内分配差异大、降水强度变化大的半干旱气候区的严重水土流失区；热带雨林超强降水、高湿热气候区的弱侵蚀产沙环境；等等。因此，在研究江河泥沙变化及其归因分析中，气候变化，尤其是降水量和气温变化，是不可回避的重要方面。人类活动诸如在大江大河修建大坝、流域植林种草、坡地梯田建设、支流沟谷的淤地坝建设，以及农田灌溉和跨流域引水等，在对涉及地区的径流量造成明显影响的同时，也会极大程度上对河流产输沙量及其变化趋势造成很大影响。因此，在注重气候因素的同时，近年来人类活动的影响也是河流产输沙变化研究中逐渐受到关注的非自然因素。

与水土保持相关的学者长期关注气候对江河泥沙变化的影响，并对近年来气候和人类活动对河流产输沙变化的相对影响程度进行过初步的定量研究。例如，一些学者关注并分析了含沙量高、输沙量大的黄河中游流域的水沙变化趋势，认为该区的产沙量与降水量等气候因素之间的相关性在近几十年来明显较低，而人类活动已经成为影响该区产输沙变化的主要原因（许炯心，2010）。一些学者研究了整个黄河流域的输沙量变化趋势，认为黄河的输沙量从 20 世纪 70 年代末或者 80 年代初起呈现出显著减少趋势，主导因子是逐渐增强的人类活动，尤其是灌溉引水和水库建设是引起输沙量减少的关键人为因素（Miao et al.，2010；Mu et al.，2012）。

在国内外其他河流输沙量变化的研究中，人们同样开始关注除了气候因素之外的人类活动所带来的影响。Walling（2003；2009）通过对全球主要江河侵蚀产沙和泥沙输移变化趋势的研究得出：气候变化对江河较长的时间尺度上的产输沙变化起着主要作用，但在距今较短时间尺度上，江河输沙量变化则受气候变化和人类活动双重影响。虽然，人们对江河水沙变化研究主要针对水资源短缺的干旱和半干旱地区的河流，这些河流往往由于气候变化和人类活动叠加的影响作用导致径流量的大幅度减小，以及相应的输沙量变小而广受关注，但是，一些河流（如珠江）受全球变暖的影响，其流域可以继续维持气温、降水量和径流量都增加的趋势。虽然这类流域内仍有人类活动的影响存在，而河流的输沙量仍然会增加（戴仕宝等，2007）。这就需要构建适宜的研究方法来定量区分气候和人类活动对不同类型江河的输沙量变化的贡献率。

气候变化和人类活动对江河输沙量变化的影响复合交叠、难以区分，故而定量区分气候变化和人类活动对江河输沙量变化的影响成为当前水文研究的热点之一（Miao et al.，2011；Wang et al.，2012a，2012b；王随继等，2012；王随继等，2013；Ahn and Merwade，2014；Wang et al.，2015；王彦君等，2015；田义超等，2019）。虽然解耦气候变化和人类活动定量影响江河输沙量变化的方法目前还没有非常完善的，但是，一些研究者还是对此做出了积极尝试并取得了可喜结果（Wang et al.，2012a，2012b；Wang et al.，2015）。Gao 等（2011）分析了气候变化和人类活动对黄河中游输沙量减少的贡献率分别为 12.2%和 87.8%；Wu 等（2012）的研究结果表明，气候变化和大坝建设对珠江流域输沙量减少的贡献率分别为 10%和 90%。由此可见，在一些江河输沙量变化中，人类活动的影响已经到了不可忽视的程度。

黄河流域因其地貌特征和气候特征空间差别大，加之跨越青藏高原、黄土高原、内蒙古高原和华北平原等地势三级阶梯，同时因其植被覆盖特征和农牧业分布区在空间上具有的分带性，因而，不但其不同区间内的产水量具有较大差别，而且其产沙量也呈现出空间上的分异性。虽然黄河流域或者其内部个别区段的产沙量和河流输沙量已经被进行过必要的研究，但是，对于黄河全流域由源区至入海口比邻分布的多个区间内的净产沙量和河流净输沙量时空变化的对比研究及其成因分析都很少涉及。而详细地研究净输沙量在这些区间的时间序列变化和空间差异性对比，有助于我们进一步认识黄河流域产沙量和输沙量变化的阶段性特征和区段性特征，为进一步制定有效的与排洪输沙相关的管理措施提供其科学依据。

3.2　主要水文站输沙量变化特征

以黄河主河道设立的唐乃亥、兰州、头道拐、龙门、潼关、花园口和利津等 7 个水文站的相关数据来分析 1950—2009 年黄河流域内不同控制面积范围内的输沙量变化特征和变化趋势。各站输沙量年际变化特征如图 3-1 所示。由年际变化曲线图可知，位于黄河源区、控制流域面积约 12.2 万 km^2 的唐乃亥水文站的年均输沙量在这些水文站中最小，且波动幅度很小，其最大值为 1989 年 0.41×10^8t，次大值为 1981 年的 0.326×10^8 t；1967 年、1975 年和 1999 年分别为 0.233×10^8 t、0.277×10^8 t 和 0.222×10^8 t，其余年份的都小于 0.2×10^8 t；2006 年以后持续小于 0.05×10^8 t。

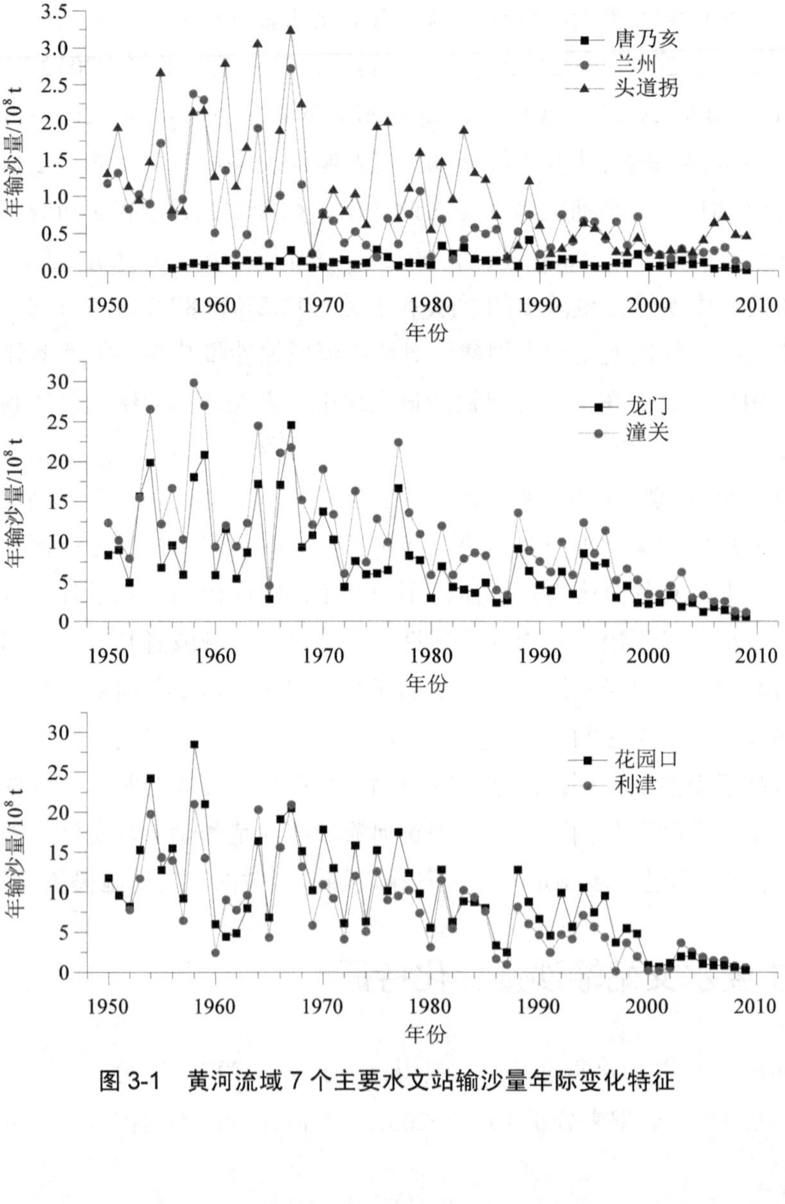

图 3-1 黄河流域 7 个主要水文站输沙量年际变化特征

兰州和头道拐两个水文站在 1968 年之前波动明显，在 1967 年分别达到最大值 2.72×10^8 t 和 3.23×10^8 t，之后明显降低。除龙门外、潼关、花园口和利津 3 个水文站在 1960—1963 年大幅降低，主要受到三门峡大坝建成拦沙的影响。由于三门峡水库的冲沙运行，此后输沙量明显回升。这 3 个水文站的输沙量总体上都呈现出相似的波动性降低的趋势。

上述水文站所控制面积和各水文站年均输沙量及年均含沙量如表 3-1 和图 3-2 所示。其中黄河上游唐乃亥、兰州和头道拐 3 个水文站年均输沙量和年均含沙量在空间上的变化彼此之间具有非常好的一致性，而黄河中游的龙门站和潼关站以及黄河下游的花园口站和利津站，上述两类数值表现出明显的分化性（图 3-2）。其中年均输沙量和年均含沙量的最大值都在潼关站，分别为 $10.514\,4\times10^8$ t 和 30.54 kg/m^3，最小值依然是在唐乃亥站。从唐乃亥站到头道拐站上述两类泥沙数值在平稳增加；从头道拐站到龙门站大幅度增加；龙门站到潼关站的年均输沙量增幅明显高于年均含沙量的增幅。自潼关站向下至利津，两类泥沙数值大致协调性地呈现减小趋势。

表 3-1　黄河流域主要水文站的控制面积及其年均输沙量、含沙量对比

水文站	集水面积/km^2	统计时期	年均输沙量/10^8 t	年均径流量/10^8 m^3	年均含沙量/(kg/m^3)
唐乃亥	121 972	1956—2009 年	0.118 7	200.025	0.59
兰州	222 551	1950—2009 年	0.627 3	308.673	2.03
头道拐	367 898	1950—2009 年	1.048 5	215.403	4.87
龙门	497 552	1950—2009 年	7.239 5	261.967	27.64
潼关	682 141	1950—2009 年	10.514 4	344.275	30.54
花园口	730 036	1950—2009 年	9.122 6	378.900	24.08
利津	752 032	1952—2009 年	7.317 9	310.084	23.60

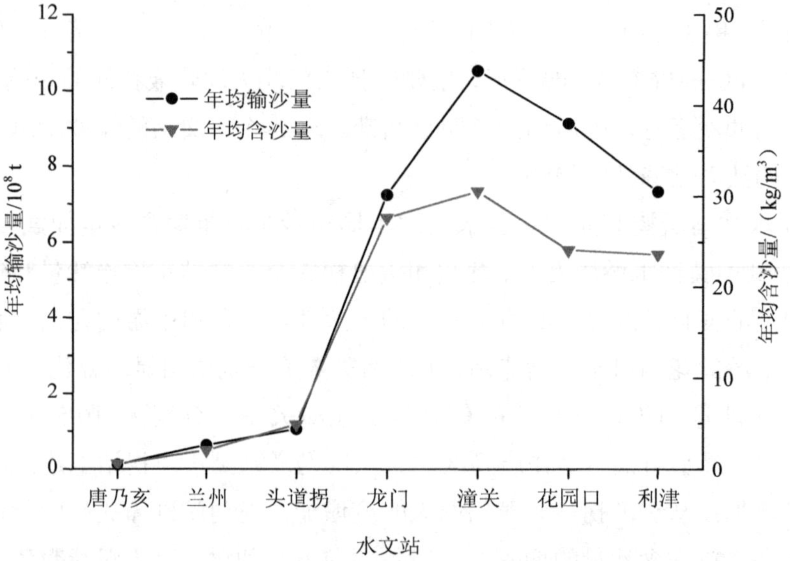

图 3-2 黄河流域 7 个主要水文站年均输沙量和年均含沙量

3.3 不同区段河流年净输沙量变化特征

3.3.1 不同区段河流净输沙量的年际变化

黄河流域唐乃亥以上、唐乃亥—兰州、兰州—头道拐、头道拐—龙门、龙门—潼关、潼关—花园口和花园口—利津 7 个区段内河流净输沙量年际变化如图 3-3 所示。

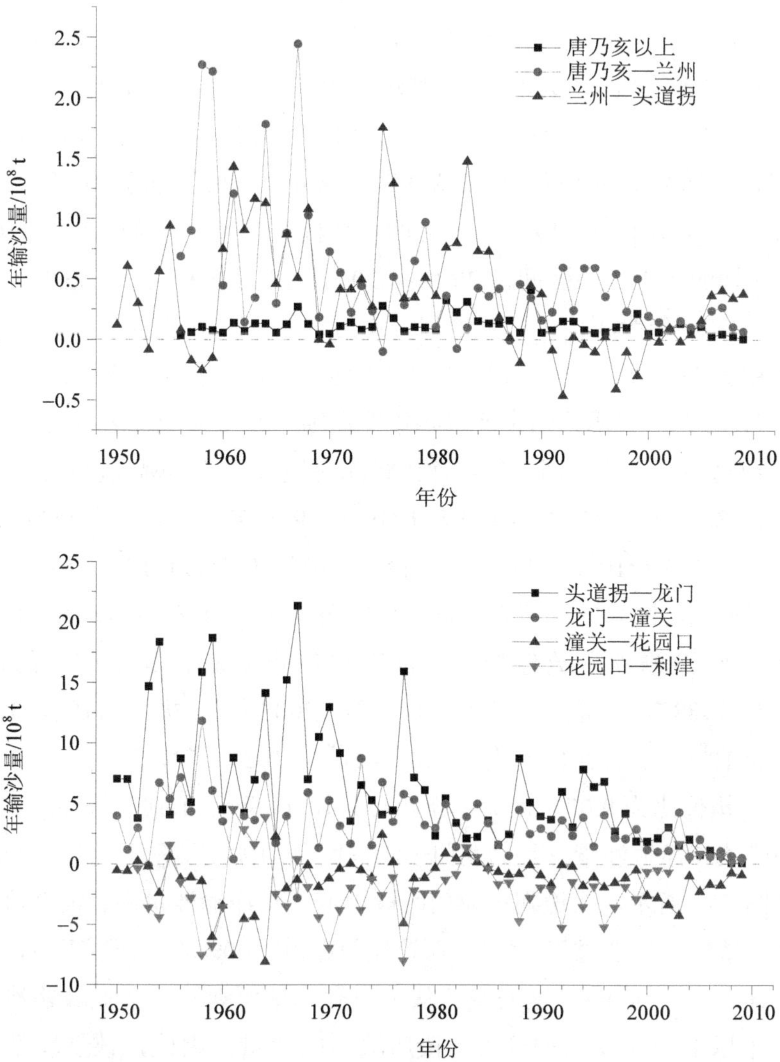

图 3-3　黄河流域 7 个区段内河流净输沙量年际变化

在黄河上游的 3 个区段中，唐乃亥以上区段的河流年净输沙量与唐乃亥水文站的输沙量相同，因为二者具有相同的流域面积。唐乃亥—兰州区段的河流年净输沙量在 1968 年之前数值大、波动大，最大值达到 2.44×10^8 t（1967 年），但最小值仅为 $0.147\,8\times10^8$ t（1962 年），极值比（即最大值与最小值之比）高达 16.5，极值差（即最大值与最小值之差）为 2.292 2×10^8 t；1968 年之后的年净输沙量明显变小且低幅波动，介于–0.074×10^8 t（1982 年）和 0.971 2×10^8 t（1979 年）之间，极值差为 1.045 2×10^8 t，约为前一时期极值差的一半。兰州—头道拐区段的河流年净输沙量在 1986 年之前波动幅度大，最大值为 1.752×10^8 t（1975 年），最小值为–0.25×10^8 t（1958 年），极值差为 2.002×10^8 t；1986 年之后年净输沙量介于–0.46×10^8 t（1992 年）和 0.444×10^8 t（1989 年）之间，变幅相对较小，极值差为 0.904×10^8 t，不到前一时期的一半；该区间在 20 世纪 90 年代以净淤积为主，这时的河流年净输沙量除在 1990 年为正值外，其他年份均为负值。

黄河中游头道拐—龙门和龙门—潼关两个区段的河流年净输沙量在各年份均为正值（图 3-3），表明这两个区段各年的侵蚀产沙量大于各区段的泥沙淤积量。1978 年之前这两个区段的河流年净输沙量相对较大且波动幅度也较大，其最大值分别为 21.368×10^8 t（1967 年）和 11.861×10^8 t（1958 年），最小值分别为 1.978×10^8 t（1972 年）和–2.798×10^8 t（1967 年），极值差分别为 19.39×10^8 t 和 14.659×10^8 t，其中头道拐—龙门区段的河流年净输沙量的极值比为 10.8。1978 年之后，这两个区段的河流年净输沙量数值变小、波动幅度也变弱，其中前者的最大值为 8.754×10^8 t（1988 年），最小值为 0.108×10^8 t（2008 年），极值比高达 81.06，极值差为 8.646×10^8 t；后者的最大值为 5.006×10^8 t（1984 年），最小值为 0.552×10^8 t（2009 年），极值比为 9.07，极值差为 4.454×10^8 t。除了个别年份外，头道拐—龙门区段的河流年净输沙量总是比龙门—潼关区段的大，实际上也是 7 个区段中最大的。如图 3-4 所示，头道拐—龙门区段内河流年净输沙量占黄河全流域的百分比在绝大多数年份都超过了 50%，而该比值超过 100%的年份也不少，甚至在两个年份都超过了 1 000%。这表明，从黄河利津站所观测的全流域输沙量来看，其中有一半以上的为龙门—潼关区段所输出的沙量，因此，该区段是黄河流域主要产沙区和关键输沙区。当然，由于该区段的泥沙颗粒相对于其他区间的更粗，难以被河流全部顺利地输移至河口，因而是黄河下游淤积泥沙的主要组成部分，是以前黄河下游悬河形成过程中关键的粗泥沙物质的贡献者。如今，虽然三门峡水库失去了拦沙功能，但小浪底水库的拦沙功能强大、预留的泥沙淤积库容巨大，相信该区段的粗泥沙至少在以后数十年内难以流出小浪底大坝而淤积在下游河道。

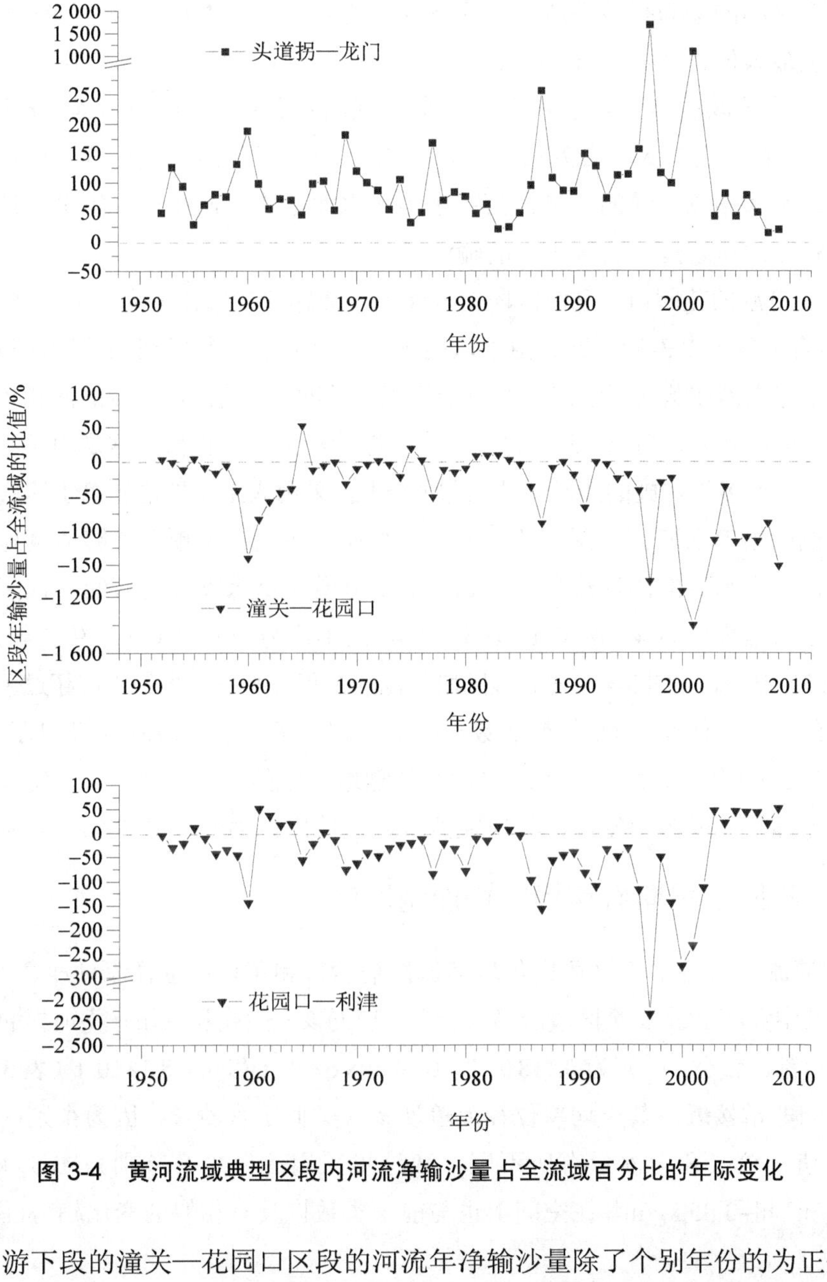

图 3-4　黄河流域典型区段内河流净输沙量占全流域百分比的年际变化

中游下段的潼关—花园口区段的河流年净输沙量除了个别年份的为正值外，绝大多数年份的都为负值（图 3-3），表明该区段是黄河中游的主要泥沙淤积区，这是因为 1960 年建成的三门峡水库和 1999 年建成的小浪底水库都位于该区段，而这两个水库的接力拦沙造成了年净输沙量为负值的常态化趋势。该区段河流年净输沙量最大值为 2.4×10^8 t（1975 年），最小值为 -8.1×10^8 t（1964 年），极值差为 10.5×10^8 t。该区段年净输沙量占黄河全流域的百分比在绝大多数年份都是负值（图 3-4），在三门峡大坝合龙后的最初 5 年，该区段年净沉积泥沙量接近流域出口水文站利津站输沙量的一半，而在小浪底水库建成后，在许多年份，该区段的年净沉积泥沙量超过了流域出口的输沙量。

黄河下游的花园口—利津区段，其河流年净输沙量总体上为负值，在 1961—1964 年为正值（图 3-3），这是由于三门峡大坝合龙后大量拦截的泥沙，同时相对清澈的出库水流在黄河下游河床造成较为强烈的冲刷，使得该区段的河流年净输沙量变为正值；此外，自 2003 年以来河流年净输沙量也为正值，这是由于小浪底水库建成后连续多年实施的清水冲沙引起的结果，采用人工调控措施以小浪底水库含沙量较低的出库水流去冲刷下游河床，使得河床在人工干预下能够适度地冲刷降低，以便提升河道的洪峰流量而达到削减部分潜在洪水灾害的目的。该区段河流年净输沙量最大值为 4.56×10^8 t（1961 年），最小值为 -8.01×10^8 t（1977 年），极值差为 12.57×10^8 t。从图 3-4 可见，该区段的泥沙沉积量几乎一半的年份超过了流域输出沙量的一半，而在 2000 年前后数年间更是超过了一倍，1997 年超过了 20 倍。此外，自 2003 年起，由于小浪底水库有计划地实施的人工冲沙运行，使该区段发生由泥沙净沉积变为净侵蚀，年净输沙量占流域出口输沙量的 20%～50%。

3.3.2 不同区段河流年均净输沙量比较

黄河流域上述 7 个区段内年均河流净输沙量和年均单位径流输沙量如表 3-2 所示。其中黄河上游 3 个区段唐乃亥以上、唐乃亥—兰州和兰州—头道拐的年均净输沙量值都比较小，分别为 $0.118\,7\times10^8$ t、$0.508\,6\times10^8$ t 和 $0.368\,1\times10^8$ t（表 3-2），且彼此之间非常接近；其年均单位径流输沙量（类似于含沙量，因为个别区段此值出现负值，这又和含沙量有所不同，故这里采用此概念）分别为 0.59 kg/m^3、4.68 kg/m^3 和 -3.95 kg/m^3，在空间上也与前一类数据具有相似的变化趋势（图 3-5）。

表 3-2　黄河流域各区段年均净输沙量和单位径流输沙量统计

区段名称	区段集水面积/km²	统计数据时间序列	年均净输沙量/10^8 t	年均净产流量/10^8 m³	单位径流输沙量/（kg/m³）
唐乃亥以上	12.197	1956—2009 年	0.118 7	200.025 0	0.59
唐乃亥—兰州	10.058	1950—2009 年	0.508 6	108.648 3	4.68
兰州—头道拐	14.535	1950—2009 年	0.368 1	−93.270 0	−3.95
头道拐—龙门	12.965	1950—2009 年	6.191 0	46.563 3	132.96
龙门—潼关	18.459	1950—2009 年	3.274 8	82.308 3	39.79
潼关—花园口	4.790	1950—2009 年	−1.391 8	34.625 0	−40.20
花园口—利津	2.199	1952—2009 年	−1.750 5	−68.815 7	25.44

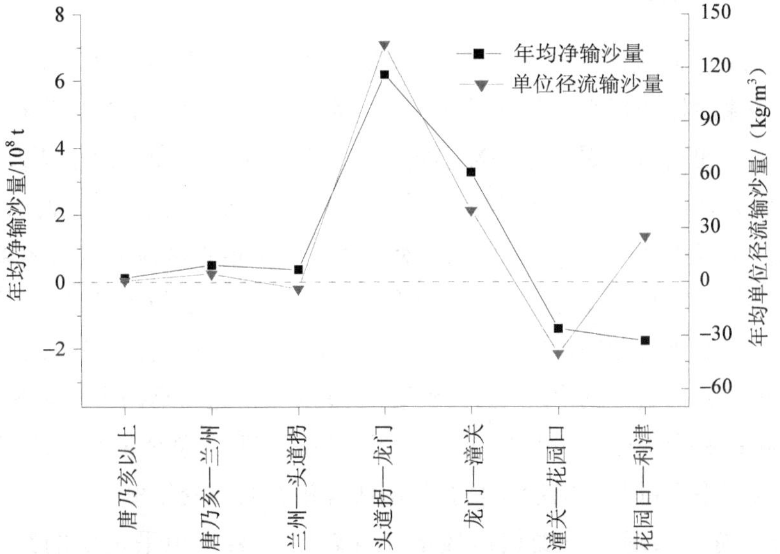

图 3-5　黄河流域 7 个区段内河流年均净输沙量及年均单位径流输沙量

相对于黄河上游，黄河中游的头道拐—龙门区段的年均净输沙量和年均单位径流输沙量都急剧升高，分别达到 6.191×10^8 t 和 132.96 kg/m³（表 3-2）；龙门—潼关区段的上述两类数值分别为 $3.274\ 8\times10^8$ t 和 39.79 kg/m³；潼关—花园口区段的则分别为 $-1.391\ 8\times10^8$ t 和 −40.20 kg/m³。无论是年均净输沙量还是年均单位径流输沙量，在整个黄河中游的 3 个区段沿程都呈现出类似的显著减小趋势（图 3-5）。

黄河下游花园口—利津区段内的年均净输沙量和年均单位径流输沙量分别为$-1.750\ 5\times10^8$ t 和 25.44 kg/m^3（表 3-2）。相较于前 6 个区段上述两类数值变化具有很好的同步性，该区段这两类数值则出现显著分化，其中年均净输沙量延续了中游 3 个区段的减小趋势，仅减小幅度明显放缓，而年均单位径流输沙量相比潼关—花园口区段的低值则显著跃升，以致使得该值仅小于中游的前两个区段的而明显大于上游 3 个区段的同类数值（图 3-5）。

3.4 净输沙量变化影响因素的贡献率分析

3.4.1 不同区段年净输沙量累积距平变化曲线

黄河流域不同区段的年净输沙量累积距平如图 3-6 所示。唐乃亥以上区段，由于其年净输沙量值很小，故而其累积距平数值与其他区段的相比也很小，使得其累积距平曲线相对平缓、趋势性不明显。这其实是同一图中由于其他区段的累积距平值较大，而使纵坐标整体上被压缩所导致的。若单独绘制唐乃亥以上区段的年净输沙量累积距平图，则会呈现出类似兰州—头道拐区段的峰值显著的曲线，故而可获得年净输沙量在该区段的突变年份为 1989 年，这与唐乃亥以上区段的径流净产量的突变年份相同。在唐乃亥—兰州和兰州—头道拐两个区段，其年净输沙量累积距平的峰值分别出现在 1978 年和 1985 年，这与这两个区段内径流净产量的突变年份都为 1985 年相比，前者接近，后者相同。总体来看，黄河上游这 3 个区段的径流净产量和净输沙量具有相同或者相近的突变年份。

黄河中游的头道拐—龙门区段的年净输沙量累积距平呈现的突变年份为 1978 年（图 3-6），这与该区段径流净产量的突变年份 1979 年大致相当。龙门—潼关区段的年净输沙量累积距平呈现的突变年份为 1985 年，这与该区段径流量突变年份相同。

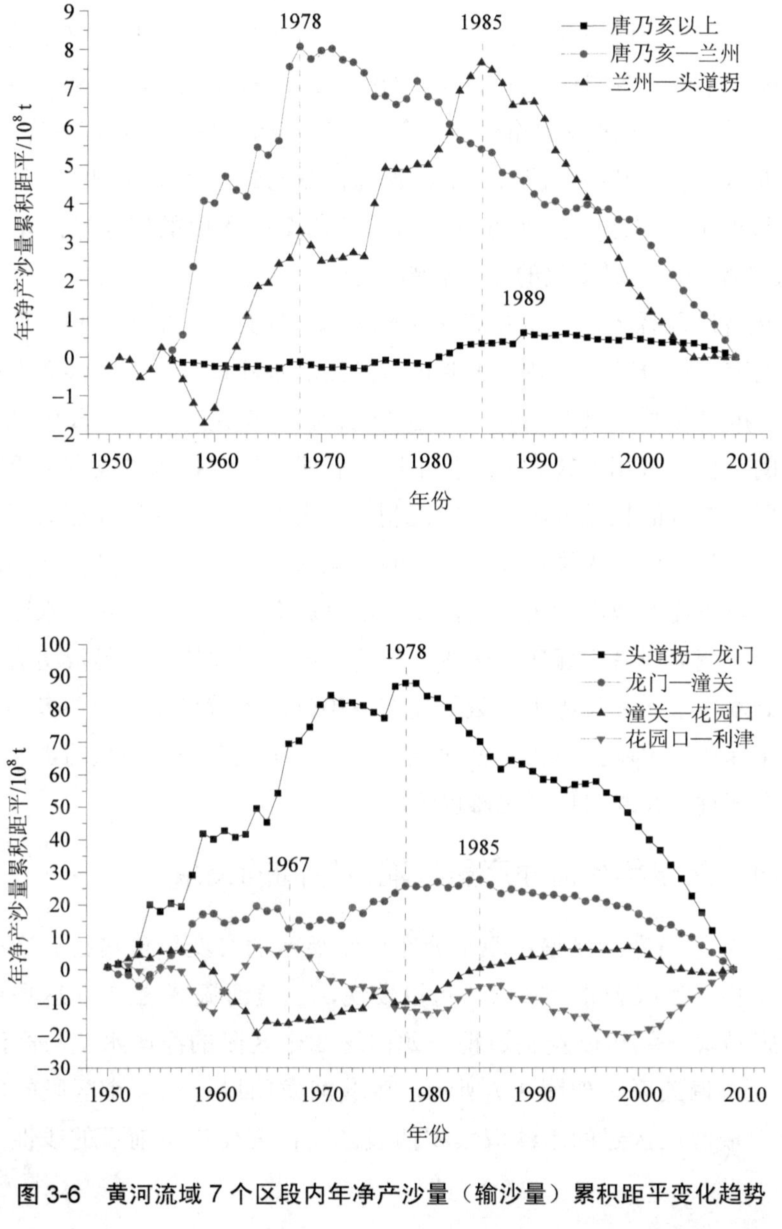

图 3-6 黄河流域 7 个区段内年净产沙量（输沙量）累积距平变化趋势

黄河中游末段的潼关—花园口区段以及黄河下游的花园口—利津区段，其年净输沙量累积距平曲线呈多峰、多谷状交替分布（图 3-6），从中可以发现有几个不明显的突变年份，各自区段突变年份的径流净产量变化都与 1985 年完全不同。这实际上表明，这两个区段的输沙量完全受到三门峡水库和小浪底水库的多阶段、多模式的人为控制，其中河流天然的冲淤泥沙量与这些人工控制的冲淤泥沙量相比已经显得微不足道了，因而可以认为，这两个区段内的年净输沙量几乎受到 100%的人工控制，气候变化的相对影响趋于 0。

从上述各区段径流净产量和泥沙净产量时间序列上的突变年份可知，二者在一些区段的突变年份基本一致，表明这些区段的水沙过程受到气候和人类活动相对影响的强度变化基本具有同时和同趋势性特征。但是，一些区段中径流和泥沙时间序列的突变年份相差较大，数量不同，表明二者受控因素具有多重性特征、各类因素影响二者的权重分配和作用机制有较大差异。这种现象在大型水库的修建和运行中尤为突出。大型水库对径流的影响通常是短期的，其拦蓄的水量在当年或者因为发电需要或者因为灌溉需要大部分就会被释放，这对于水库下游水文站的年径流量变化或者水库所在区段的径流净产量变化影响不是很明显，但是，大坝拦截到水库中的泥沙绝大多数不能在当年就向下游释放（即使多年后也难以重新向下游释放），因此，水库拦沙对区段净产沙量或者净输沙量的影响是直接而深远的，在某种意义上可以说是难以逆转的。

3.4.2 典型区段年径流净产量与输沙量间的关系

从前述的年净产沙量累积距平分布曲线显示的突变年份与径流净产量变化的突变年份相一致或者相差较大，可以发现，在黄河流域这 7 个区段中，唐乃亥以上、唐乃亥—兰州以及头道拐—龙门这 3 个区段的净产水量与产沙量之间具有很好的协调关系。如图 3-7 所示，由黄河龙门以上的 4 个区段的年径流净产量和年净输沙量构建的水沙双累积曲线之间在突变年份前后的线性关系有所不同。

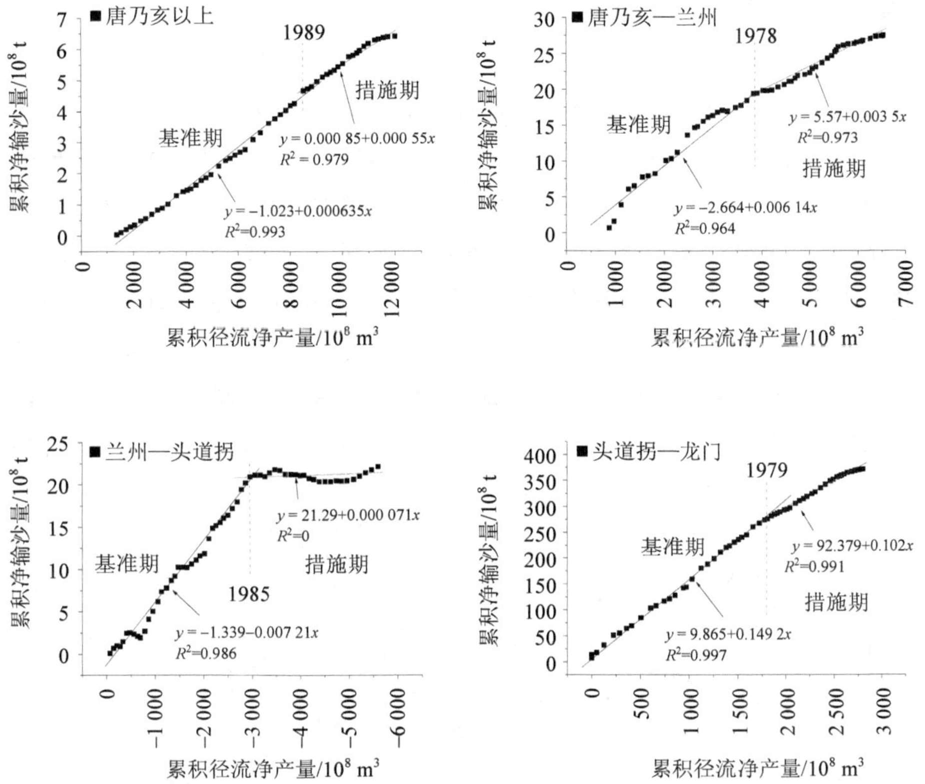

图 3-7　黄河龙门以上 4 个区段径流净产量和净输沙量双累积曲线及其拟合关系

在唐乃亥以上区段，线性关系的斜率由突变年份之前的 0.000 635 变为 0.000 55，略有减小，其决定系数（R^2）分别为 0.993 和 0.979，也略有减小。在唐乃亥—兰州区段，其线性关系的斜率由 0.006 14 减小为 0.003 5，而其决定系数由 0.964 略增为 0.973。在兰州—头道拐区段，累积径流净产量和累积净输沙量之间在突变年份之前呈现良好的负线性关系，其决定系数高达 0.986，但在突变年份之后其累积径流净产量和累积净输沙量之间的相关性很差，其斜率比突变年份前减小两个数量级，并且也几乎接近于 0，其决定系数约为 0，显然，该区段内在 1985 年之后的净输沙量和径流净产量受到非自然因素的极大影响，使得二者偏离固有的内在天然联系。在头道拐—龙门区段，其线性关系的斜率由 0.149 2 变为 0.102，减幅明显，表明单位水体输沙量也略微减少，水沙关系的相关性略微降低

（决定系数由 0.997 微减至 0.991）。

黄河龙门以下 3 个区段以及全流域的径流净产量和净输沙量间的双累积曲线及其在突变年份前后的线性拟合关系如图 3-8 所示。龙门—潼关区段的双累积曲线在突变年份前后变化不明显，斜率由 0.041 微增至 0.048，决定系数几乎相等，总体上看突变年份之后的沙量增幅比水量增幅略微大一些。潼关—花园口区段的径流净产量和净输沙量双累积曲线呈负线性相关，在突变年份之前的斜率为–0.038，之后为–0.109，其斜率的绝对值增大，表示该区段单位水体的泥沙淤积量比突变年份之前的明显增加。花园口—利津区段的径流净产量和净输沙量双累积曲线之间为正线性相关，在突变年份前后的线性关系式的斜率分别为 0.042 和 0.016，斜率明显减小，表明单位水体的输沙量也明显减小，反映二者之间相关性大小的决定系数略有增大。

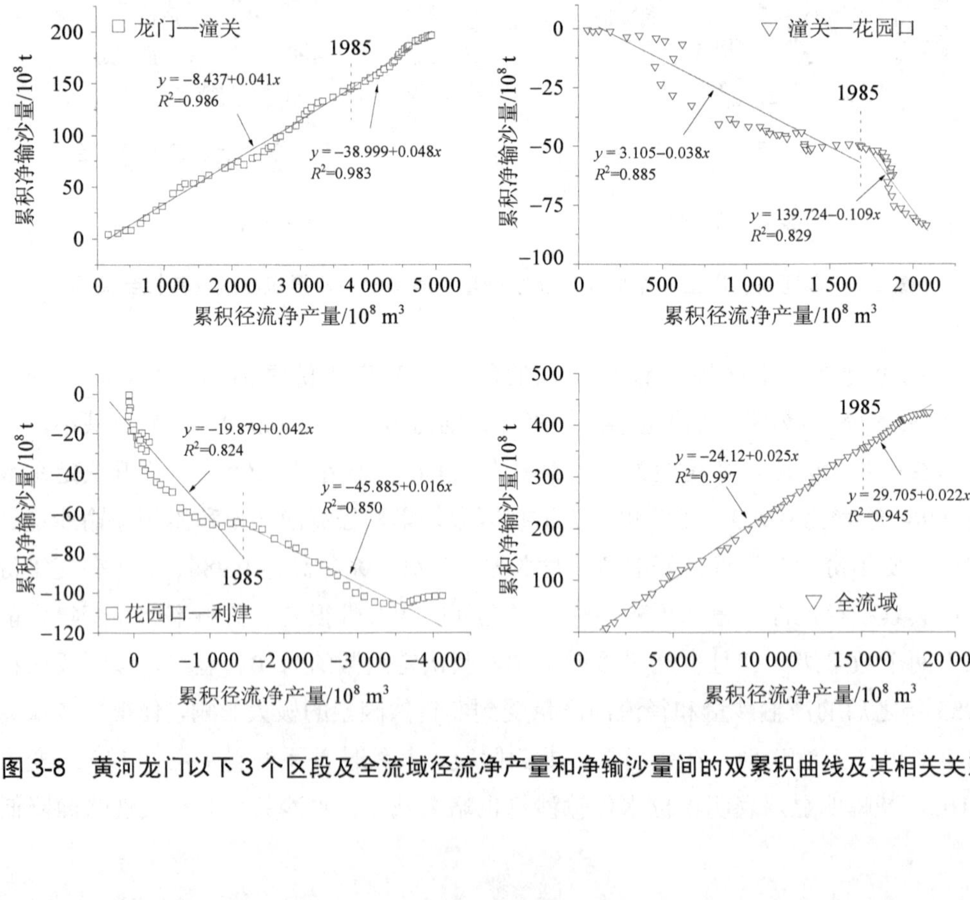

图 3-8 黄河龙门以下 3 个区段及全流域径流净产量和净输沙量间的双累积曲线及其相关关系

以利津水文站的年径流量和年输沙量作为黄河全流域的年径流净产量和净输沙量，由此构建的双累积曲线（图 3-8）表明，在 1985 年突变年份之前，线性关系式的斜率为 0.025，之后变为 0.022，有所减小，而线性关系式的决定系数也略有减小，表明二者之间的天然关系有所削弱。

3.4.3　输沙量变化主控因子影响程度定量计算方法

计算气候因素和人类活动对流域或者给定区段内输沙量变化的相对贡献率要比单纯求取其对径流量变化的贡献率复杂一些，因为在输沙量的归因分析时常常要涉及径流量变化的一些研究结果。如何才能较为精确地估算流域或者给定区段输沙量变化的气候和人类活动的相对贡献率？这里有两种方法可以采用，一是累积量斜率变化率方法；二是利用净产流量和净输沙量双累积曲线的相关系数作为比例因子，乘以气候和人类活动对径流量变化的各自贡献率，由此可以获得气候和人类活动对流域或者区段净输沙量变化的贡献率。其中后者是本书首创的计算方式，是借助累积量斜率变化率方法和双累积曲线方法相结合的间接计算方法，可以称作“水沙累积量比例关联”方法。

如前所述，累积量斜率变化率方法（SCRCQ）（Wang et al.，2012a，2012b；王随继等，2012；王随继等，2013；Wang et al.，2015；王彦君等，2015；田蕾，王随继，2018）在定量计算流域或其内部不同区段径流量变化的气候和人类活动相对影响程度时效果很好，将该方法的相关公式中径流量参数替换为输沙量参数即可用来估算（净）输沙量变化的不同因素的贡献率。这些公式表达的详细说明如下：

依据累积量斜率变化率分析方法所遵循的原理（Wang et al.，2012a，2012b；王随继等，2012），以水文时间序列数据如输沙量的累积量为因变量，气候因子如降水量、潜在蒸散量的累积量为不同的自变量进行斜率变化率分析，经过简单运算即可得到气候因子对输沙量变化的贡献率。

假设流域的降水量为 P，累积降水量与年份之间的线性关系式在突变年份前后的斜率分别为 S_{Pb} 和 S_{Pa}，其单位为 mm/a；流域的潜在蒸散量为 E，累积潜在蒸散量与年份之间线性关系式在突变年份前后的斜率分别为 S_{Eb} 和 S_{Ea}，其单位为 mm/a；流域的输沙量为 S，累积输沙量与年份之间的线性关系式在突变年份前后

的斜率分别为 S_{Sb} 和 S_{Sa}，其单位为亿 t/a。需要指出的是，年输沙量单位可以根据流域的实际输沙量的大小以应用起来较为方便而自行选定，例如 t/a、万 t/a、亿 t/a 等，因为求取的是累积量随年份而变化的斜率，故该单位的不同不会影响到斜率的具体数值大小。如果研究对象不是某一完整流域而是其内部的某个或者某些区段，则计算过程中所用到的降水量、潜在蒸散量和输沙量都必须是该区段内的净值。

如果降水量对流域输沙量（或者区段净输沙量）变化的贡献率以 C_{SP} 表示（单位为%），则其计算公式可表述如下：

$$C_{SP} = 100 \times \frac{(S_{Pa} - S_{Pb}) / |S_{Pb}|}{(S_{Sa} - S_{Sb}) / |S_{Sb}|} \tag{3-1}$$

如果潜在蒸散量对流域输沙量（或者区段净输沙量）变化的贡献率以 C_{SE} 表示（单位为%），则其计算公式可表述如下：

$$C_{SE} = -100 \times \frac{(S_{Ea} - S_{Eb}) / |S_{Eb}|}{(S_{Sa} - S_{Sb}) / |S_{Sb}|} \tag{3-2}$$

如果人类活动对流域输沙量（或者区段净输沙量）变化的贡献率以 C_{SH} 表示，则其计算公式可表述如下：

$$C_{SH} = 100 - C_{SP} - C_{SE} \tag{3-3}$$

类似的一些研究工作也是对累积量斜率变化率方法进行适当拓展，进而运用到流域或给定区段输沙量变化归因的定量化分析中（田义超等，2019），并获得了可信度较高的研究结果。

水沙累积量比例关联方法的计算公式，采用水沙累积量比例关联方法来计算输沙量变化各影响因素的贡献率则更为简单，其关键计算步骤有两个，其一是利用累积量斜率变化率方法计算出气候因子和人类活动对径流净产量变化的贡献率；其二是利用双累积曲线方法拟合出突变年份之后时期的径流净产量和净输沙量双累积曲线的线性拟合关系，求得其相关系数或者决定系数（R_{rs}），其在此的意义是，净输沙量变化中比例为 R_{rs} 的部分是直接由径流量变化所引起的；其三是用该系数值乘以气候因子（如降水量和蒸散量）变化对径流量变化的各自贡献率值，即可得到气候因子对流域或者给定区段净输沙量变化的贡献率，基于水量平衡原理（可忽略地下水变化的影响）即可求得人类活动的贡献率。各因素对净输沙量变化的贡献率（单位为%）的计算公式表达如下：

$$C_{Ps} = C_{Pr} \times R_{rs} \tag{3-4}$$

$$C_{Es} = C_{Er} \times R_{rs} \tag{3-5}$$

$$C_{Hs} = 100 - C_{Ps} - C_{Es} \tag{3-6}$$

公式（3-4）～公式（3-6）中，C_{Pr} 和 C_{Er} 分别表示降水量和蒸散量对径流量变化的贡献率；R_{rs} 表示突变年份之后时期累积径流量和累积输沙量间的线性拟合关系的决定系数（或者相关系数）值；C_{Ps} 和 C_{Es} 分别表示降水量变化和蒸散量变化对流域输沙量变化或者区段净输沙量变化的贡献率；C_{Hs} 表示人类活动对流域输沙量变化或者区段净输沙量变化的贡献率。

3.4.4　各区段年净输沙量变化影响因素的贡献率

黄河源区唐乃亥以上区段以及其他 6 个区段内累积年均输沙量（同年净产沙量）变化曲线及其在突变年份前后的线性拟合关系式分别如图 3-9 和图 3-10 所示。这些拟合关系式在突变年份前后的斜率值列于表 3-3。唐乃亥—兰州和花园口—利津区段净输沙量的突变年份与其径流净产量的突变年份不一致，但其年份差不是很大，可以近似用径流量突变年后的降水量变化率和蒸散量变化率来计算净输沙量变化的气候和人类活动的贡献率。

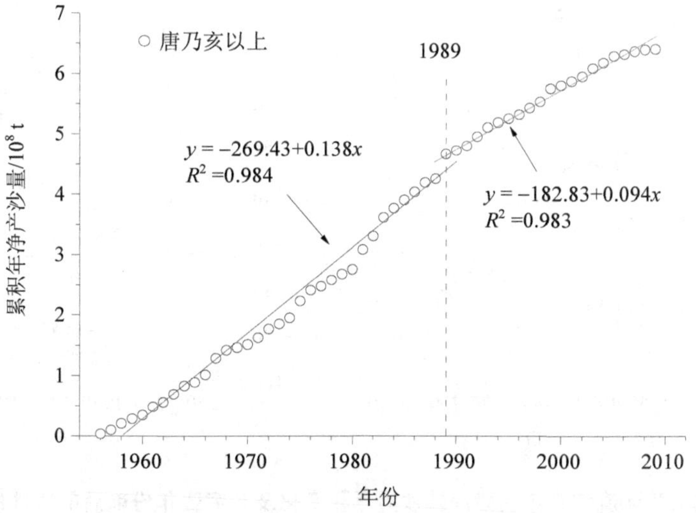

图 3-9　唐乃亥以上区段年净输沙量累积变化及相关的线性拟合关系

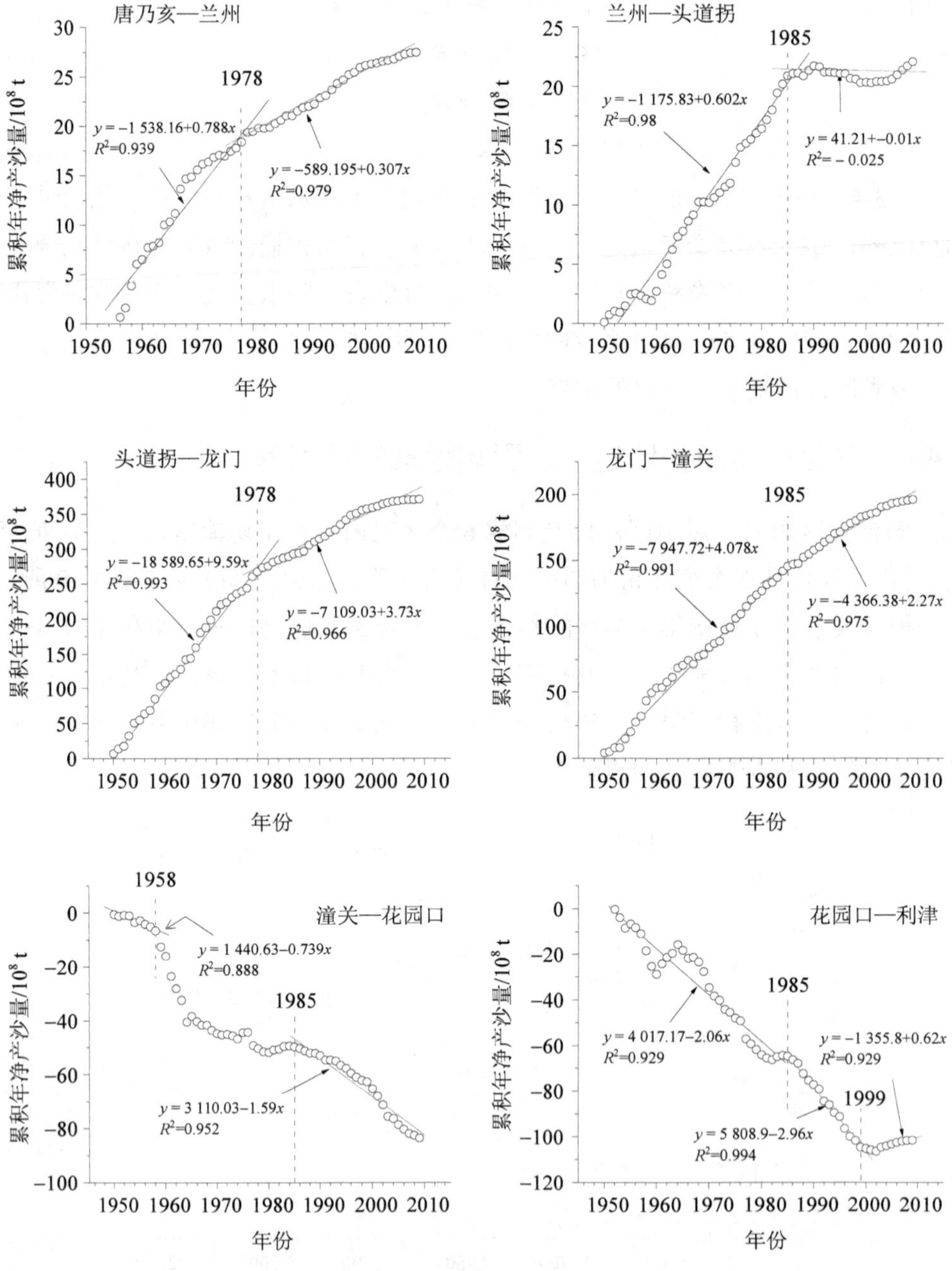

图 3-10　黄河流域 6 个区段净输沙量累积变化及其突变年份前后的线性拟合关系

对于潼关—花园口区段，由于存在 1960 年建成的三门峡水库和 1999 年建成的小浪底水库，它们在不同时期的泥沙人工调控模式多样且复杂，对区段净输沙量的影响难以总是用线性关系来拟合，尤其是 1959—1985 年间（图 3-10）年净输沙量已经受到人类活动的强烈干预，因此，该区段选取三门峡水库修建之前的 1950—1958 年作为判断该区段净输沙量变化的基准期（表 3-3），如此处理再进行计算所获得的结果更接近于实际情况。

表 3-3　黄河流域不同区段突变年份前后累积净输沙量与年份之间拟合关系的斜率

区段	突变前时期	S_{Sb} /（10^8 t/a）	突变后时期	S_{Sa} /（10^8 t/a）
唐乃亥以上	1950—1989 年	0.138	1990—2009 年	0.094
唐乃亥—兰州	1950—1978 年	0.788	1979—2009 年	0.307
兰州—头道拐	1950—1985 年	0.602	1986—2009 年	–0.01
头道拐—龙门	1950—1978 年	9.59	1979—2009 年	3.73
龙门—潼关	1950—1985 年	4.078	1986—2009 年	2.27
潼关—花园口	1950—1958 年	–0.739	1986—2009 年	–1.59
花园口—利津	1950—1958 年	–2.06	1986—1999 年	–2.96
			2000—2009 年	0.62

考虑到花园口—利津区段在 2000 年之后的区段净输沙量累积值呈现出增大趋势，这相对于之前呈现出的减小趋势发生了反转，故对该区段突变年份之后的措施期又细化为两个时期（1986—1999 年和 2000—2009 年）分别计算各有关影响因素的贡献率，如此可以获得气候和人类活动对该区段净输沙量减小和增大两类变化情况的影响程度。

基于表 3-3 的净输沙量斜率值、表 2-2 中降水量斜率值和表 2-3 潜在蒸散量在突变年份前后的平均值，将这些数值分别代入公式（3-1）和公式（3-2）可计算出措施期降水量和蒸散量变化对区段净输沙量变化的贡献率，利用公式（3-3）可得到相应时期人类活动的贡献率（表 3-4）。

表 3-4 基于累积量斜率变化率方法（SCRCQ）计算的气候变化和人类活动对黄河流域各区段净输沙量变化的贡献率

单位：%

区段	突变后时期	对区段净输沙量变化的贡献率		
		C_{Ps}	C_{Es}	C_{Hs}
唐乃亥以上	1990—2009 年	7.3	–4.1	96.8
唐乃亥—兰州	1979—2009 年	5.3	–2.6	97.4
兰州—头道拐	1986—2009 年	4.9	–7.2	102.4
头道拐—龙门	1979—2009 年	19.7	–12.7	92.9
龙门—潼关	1986—2009 年	23.0	–13.1	90.2
潼关—花园口	1986—2009 年	5.9	–0.8	95.0
花园口—利津	1986—1999 年	20.8	–7.3	86.5
	2000—2009 年	–7.0	2.4	104.5

由表 3-4 可知，降水量变化对花园口以上各区段净输沙量变化的贡献率为 5.3%～23.0%，其中最大值出现在龙门—潼关区段，而最小值出现在唐乃亥—兰州区段。蒸散量对上述区段净输沙量变化都显示为负影响，其贡献率为–13.1%～–0.8%，其中负影响最大的在龙门—潼关区段、最小的在潼关—花园口区段。人类活动对这 6 个区段净输沙量变化的贡献率为 90.2%～102.4%，其中最大值出现在兰州—头道拐区段，而最小值出现在龙门—潼关区段。上述结果表明，气候变化对兰州—头道拐区段净输沙量变化总体上呈现出很小的负影响，而人类活动的贡献率则超过了 100%；在不考虑黄河下游河道的情况下，气候变化（降水量和蒸散量的综合影响）对于头道拐—龙门、龙门—潼关这两个区段净输沙量变化的影响最大，但总体上仍然小于 10%。

对于黄河下游的花园口—利津区段，在措施期 1986—1999 年间，降水量变化、蒸散量变化对该区段净输沙量减小的贡献率分别为 20.8%和–7.3%，人类活动的贡献率为 86.5%；在措施期 2000—2009 年间，降水量变化、蒸散量变化和人类活动对该区段净输沙量增大的贡献率分别为–7.0%、2.4%和 104.5%。显然，该区段无论是输沙量净减少和净增加，人类活动都是最主要的干预因素，并且起到了决定性作用。

下面，利用黄河流域这 7 个区段内径流净产量突变年份之后的措施期的累积径流净产量和累积净输沙量间线性关系的决定系数（图 3-7、图 3-8）作为降水量和蒸散量影响净输沙量的比例系数，利用表 3-4 所列的降水量和蒸散量变化对区段径流净产量变化的贡献率数值，基于公式（3-4）和公式（3-5）分别求取降水量变化和蒸散量变化对区段净输沙量变化的贡献率，利用公式（3-6）求取人类活动对区段净输沙量变化的贡献率。由该方法计算得到的黄河流域 7 个不同区段及整个流域（利津以上区域）内降水量变化和蒸散量变化以及人类活动对区段净输沙量变化的贡献率如表 3-5 所示。

表 3-5　基于水沙累积量比例关联方法计算的影响因子对黄河流域及各区段净输沙量变化的贡献率

区段	R_{rs}	对区段径流净产量变化的贡献率/%			对区段净输沙量变化的贡献率/%		
		C_{Pr}	C_{Er}	C_{Hr}	C_{Ps}	C_{Es}	C_{Hs}
唐乃亥以上	0.979	11.98	−1.32	89.34	11.7	−1.3	89.6
唐乃亥—兰州	0.973	10.02	−1.61	91.59	9.7	−1.6	91.8
兰州—头道拐	0.0	16.60	−7.37	90.77	0.0	0.0	100.0
头道拐—龙门	0.991	28.49	−7.74	79.25	28.2	−7.7	79.4
龙门—潼关	0.983	19.24	−5.82	86.58	18.9	−5.7	86.8
潼关—花园口	0.829	9.45	−0.96	91.51	7.8	−0.8	93.0
花园口—利津	0.85	0.83	−3.17	102.34	0.7	−2.7	102.0
利津以上	0.945	11.76	−3.83	92.07	10.0	−3.3	93.3

由表 3-5 可见，降水量变化对区段净输沙量变化的贡献率介于 0～28.2%，其最大值和最小值分别在头道拐—龙门区段和兰州—头道拐区段；蒸散量变化的贡献率为−7.7%～0，其最大值和最小值分别在兰州—头道拐区段和头道拐—龙门区段；人类活动的贡献率为 79.4%～102%，其最大值和最小值分别在花园口—利津区段和头道拐—龙门区段。降水量变化、蒸散量变化和人类活动对黄河流域（利津以上）净输沙量变化的贡献率分别为 10.0%、−3.3%和 93.3%。

由图 3-11 可见，利用累积量斜率变化率方法和水沙累积量比例关联方法计算的降水量、蒸散量和人类活动对花园口以上 6 个区段净输沙量变化的贡献率数值彼此都位于对角线（x=y）附近，表明同类数值间差别不大。其中由两种不同方法计算得到的降水量贡献率值最为接近，其线性拟合关系的斜率近似等于 1，表明变化趋势一致。

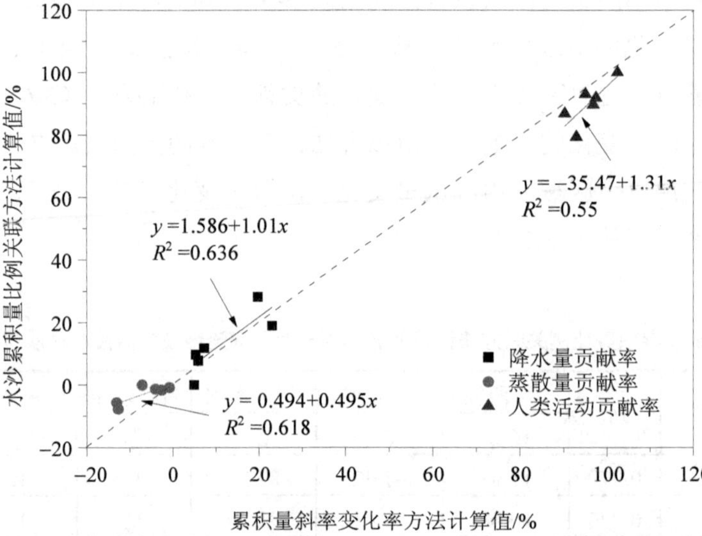

图 3-11　两种方法计算的三类因子对花园口以上 6 个区段净输沙量变化的贡献率比较

总而言之，在计算流域输沙量或区段净输沙量变化的影响因子的贡献率时，这两种方法都具有较好的适用性。虽然据二者所计算的具体值间有一定的差别，但三类因子贡献率相对大小的态势应该是一致的，即用其中一种方法计算的某个影响因子的贡献率是三类影响因子间最大（或者最小）的，则用另一种方法计算的该影响因子的贡献率值也相应是最大（或者最小）的。

前面分析了这两种计算方法在计算结果上的相似性，下面简要分析二者之间的主要区别。累积量斜率变化率方法计算影响因子贡献率的公式与径流净产量影响因子贡献率计算公式的形式一致、易于理解，但物理机制尚不明确；而水沙累积量比例关联方法体现着水沙运动的内在规律，在内在机制方面易于理解，即水量的减少导致沙量的减少，但在涉及类似黄河下游花园口—利津区段措施期可能存在水量减少而沙量增加的这类现象时，则难以仅据此方法而清晰阐释其机理。

3.5 净输沙量变化的人类活动影响分析

黄河输沙量大、含沙量高，自黄河改道至目前的流路以来，经过一百多年来的流域丰富的泥沙持续供给，使黄河下游河道以强烈的淤积抬高变为悬河而闻名于世。20 世纪六七十年代，每年进入黄河下游的 16 亿 t 泥沙中，约有 4 亿 t 淤积在河床上，使河底以平均每年 10 cm 的速率抬高，给防洪带来很大的压力（许炯心，2002）。如何减轻黄河下游的淤积，一直是中国治黄工程师和河流地貌学家关注的焦点之一。减轻黄河中游的土壤侵蚀，也是中国水土保持工作者一直以来持之以恒地进行各种水土保持工程建设的奋斗目标。

在经过几十年对黄河流域持续性的、大范围的水土保持工程建设，包括植林种草、梯田修建、淤地坝建设等，以及在干流兴建大型水库等，输送到黄河下游的泥沙量在近年来明显降低（图 3-1），黄河流域不同区段的侵蚀产沙量自 20 世纪八九十年代以来都有不同程度的减少（图 3-3）。在气候等自然因素变化并未对黄河水沙条件产生较大影响的情况下，人类活动对减少黄河不同区段的侵蚀量和净输沙量有着极大的影响，其贡献率最小也达到 79%，最大甚至高达 102%，全流域平均高达 93.3%。当然，在净输沙量发生突变之前的 20 世纪 80 年代以前，在干旱贫瘠的黄河中上游地区，人类为了扩大耕地面积、获得更多粮食收益而进行过开荒种地、毁林种田等生产建设活动，加剧了黄河流域及其不同区段的侵蚀产沙量（唐克丽等，1994）和净输沙量，引起了严重的土壤流失、河道淤积等泥沙灾害。好在黄河流域的人类活动逐渐由“改造自然，为我所用”演变为“适应自然并与自然和谐相处”的行为模式，许多重要的大型水利工程建设也是基于兴利除弊的目的，其结果是导致黄河流域及其不同区段产沙量和净输沙量明显降低，使得流域生态环境明显改善，人类的生存环境更为宜居。当然，这里还存在着并不理想的结果，例如，减少区段净输沙量的主要方式是在区段消耗了过多的水资源，这不宜于其下游流域水资源的可持续利用。

人类活动作为黄河流域及其不同区段净输沙量减少的关键影响因素和主要贡献者，其减沙的作用方式主要表现在两个方面。其一是，减少了区段径流净产量，从而减少了区段净输沙量；其二是，淤地坝和大型水库建设，直接拦截了其上游区域的大量来沙（许炯心，2002，2004，2006；王随继，冉立山，2008）。

在黄河源区的唐乃亥以上地区，人类活动对该区段净输沙量减小的作用方式是间接地由畜牧业的发展造成草原超载，草地超载导致部分草地沙化，导致区段内径流净产量减少，从而导致径流输沙能力降低和区段净输沙量减小（Miao et al.，2010；Wang et al.，2012a）。

唐乃亥—兰州、兰州—头道拐、潼关—花园口和花园口一利津4个区段内，灌溉土地面积增加和灌溉水量增大，以及工业用水和干流引水等人类活动引起区段径流净产量减少，从而导致净输沙量减小。此外，在兰州至头道拐段净输沙量减少，原因是青铜峡水库拦截了大量泥沙，青铜峡大坝的建设同时增高了大坝上游的基准面，使得河道比降减小、水动力变弱，水流挟带的部分泥沙在大坝上游河段发生淤积；该区段黄河灌区在引水的同时也将相当一部分泥沙引出黄河主河道，而灌区排出的水流挟沙能力低，这也会导致这些引出主河道的泥沙在灌区范围内沉积。凡此种种，都是人类活动所造成的，因而人类活动是导致这些区段净输沙量减小的直接因素（杨赉斐等，2002；王随继等，2010）。

在潼关—花园口区段的黄河干流先后建成了三门峡和小浪底这两座大型水库，这两个水库的拦沙能力大、作用明显，是分别造成20世纪60年代初期和21世纪00年代初期该区段净输沙量明显减小的关键因素。这也是该区段净输沙量减小过程中人类活动作为最为重要的影响因素的体现。

在花园口至利津区段，灌溉面积在20世纪七八十年代扩展到流域外（Yang et al.，2004），引水灌溉使该区段径流净产量明显减少，这导致一部分泥沙随灌溉水流离开主河道而淤积在田间，还因为径流量的减小使得河流水动力变弱，导致一部分泥沙难以被水流输移而沉积在河道中，从而导致该区段净输沙量明显减小。显然，该区段净输沙量的减小也是人类活动引起的，例如计算结果显示，人类活动对该区段净输沙量减小的贡献率高达102%，而气候因素的综合影响为负向的，即该区段单纯的气候变化导致区段净输沙量有所增加。黄河下游河道花园口—利津区段年净输沙量在2000年以来具有增加趋势，这是小浪底水库建成后利用蓄积的水量进行清水冲沙而引起的，这也是人类活动影响区段净输沙量变化的主要方式（许炯心，2006；Zahar et al.，2008）。

头道拐—龙门和龙门—潼关两个区段净输沙量的减少主要受到各种水土保

持措施的影响。这两个区段位于水土流失非常严重的黄土高原地区，以改善当地环境为目的的水土保持实践自 1949 年之后就开始了。水土保持措施在 20 世纪 80 年代逐步完善、实施面积持续扩展，拦截降水和延缓坡面汇流的能力持续增强，尤其是在黄土高原广泛实施的淤地坝建设，直接拦蓄水沙作用非常明显（赵文林，1996；左仲国，2002；王随继，冉立山，2008；许炯心，2004a，2010）。各种水土保持措施的实施可以延缓和减少这两个区段的径流净产量（刘震，2005；Miao et al.，2011），相应地减小了区段产沙量和净输沙量。

总之，在河流发展演变的历史进程中，河流全流域或者其内部不同区段的净输沙量大小及其变化趋势是包括降水量、蒸散量等气候因子在内的自然因素所控制的，但是，随着流域内部人口数量的增加和出于生活条件改善的需要，人类活动对于水资源的利用强度逐渐加大、对流域地表微地貌的改变日渐深刻，尤其是大型水库的修建及沟道淤地坝的大量建设，导致区段径流净产量减少、拦沙量增大，使得流域及其内部不同区段净输沙量的变化逐渐偏离自然过程，人类活动逐渐变为主导因素，甚至成为关键控制因素。此外，大型水库的清水冲沙等人工控制的不同运行方式，也可以导致大坝以下河道在不同河段发生严重冲刷，引起区段净输沙量的阶段性增加。目前，在分析流域或者其内部不同区段水沙量的变化过程及其变化趋势的影响因素时，人类活动成为不可避免的关键影响因素而需要进行深入细致的分析。

3.6　小结

基于黄河流域沿程分布的唐乃亥、兰州、头道拐、龙门、潼关、花园口和利津等 7 个水文站 1950—2009 年的年输沙量观测数据，分析了上述各站输沙量年际变化特征；并利用累积距平方法确定了以这些水文站为下边界的 7 个区段（唐乃亥以上、唐乃亥—兰州、兰州—头道拐、头道拐—龙门、龙门—潼关、潼关—花园口和花园口—利津）净输沙量变化的突变年份；利用累积量斜率变化率方法和水沙累积量比例关联方法分别计算了黄河流域上述 7 个区段净输沙量变化的气候和人类活动的相对贡献率，得出以下主要结论。

（1）7 个区段内净输沙量变化的突变年份有所不同。唐乃亥以上、唐乃亥—

兰州和兰州—头道拐区段，其年净输沙量累积距平的峰值分别出现在 1989 年、1978 年和 1985 年，头道拐—龙门、花园口—利津区段的突变年份分别为 1978 年和 1985 年，分别与相应区段径流净产量的突变年份相同或相当。龙门—潼关区段的年净输沙量累积距平呈现的突变年份为 1985 年，这与该区段的径流突变年份相同。潼关—花园口区段以及黄河下游的花园口—利津区段，其年净输沙量累积距平曲线呈多峰、多谷状交替分布，突变年份与该区段径流净产量有所不同。为了与径流净产量突变可以比较，各区段净输沙量变化的突变年份都采用相应区段内径流净产量的突变年份。

（2）基于累积量斜率变化率方法计算获得的黄河流域唐乃亥以上、唐乃亥—兰州、兰州—头道拐、头道拐—龙门、龙门—潼关、潼关—花园口 6 个区段内降水量变化对净输沙量变化的贡献率分别为 7.3%、5.3%、4.9%、19.7%、23.0%和 5.9%；潜在蒸散量的贡献率分别为–4.1%、–2.6%、–7.2%、–12.7%、–13.1%和–0.8%；人类活动的贡献率分别为 96.8%、97.4%、102.4%、92.9%、90.2%和 95.0%。降水量、潜在蒸散量和人类活动对花园口—利津区段净输沙量变化的贡献率在 1986—1999 年分别为 20.8%、–7.3%和 86.5%；在 2000—2009 年分别为–7.0%、2.4%和 104.5%。基于水沙累积量比例关联方法计算获得的上述 7 个区段内降水量变化对净输沙量变化的贡献率分别为 11.7%、9.7%、0、28.2%、18.9%、7.8%和 0.7%；潜在蒸散量的贡献率分别为–1.3%、–1.6%、0、–7.7%、–5.7%、–0.8%和–2.7%；人类活动的贡献率分别为 89.6%、91.8%、100.0%、79.4%、86.8%、93.0%和 102.0%。两类方法计算的结果具有很好的可比性，都能够揭示出各区段净输沙量变化的关键影响因子。

（3）在计算流域输沙量或区段净输沙量变化的影响因子的贡献率时，累积量斜率变化率方法和水沙累积量比例关联方法都具有很好的适用性，虽然据这两种方法所计算的具体值间或许会有一定的差别，但用其中一种方法计算的某个影响因子的贡献率是三类影响因子间最大（或者最小）的，则用另一种方法计算的该影响因子的贡献率值也相应地是最大（或者最小）的，计算出的各类影响因素相对贡献率大小的趋势是一致的。但这两种方法在机理方面有一定的区别：累积量斜率变化率方法计算影响因子贡献率的公式与径流净产量影响因子贡献率计算公式在形式上一致，易于理解，但物理机制尚待明确；而水沙累积量比例关联方法体现着水沙运动的内在规律，在内在机制方面易于理解，体现了水量的减少是导致沙量减少的根本原因。

（4）随着黄河流域内部各区段人类活动的逐渐多样化和人类干预强度的升级，自 20 世纪 80 年代以来，人类活动已成为影响黄河流域及其不同区段内净输沙量变化的主控因素。

第 4 章　月均输水输沙量及水沙关系变化分析

前面已分析了黄河流域及其典型区段的年径流量和年输沙量变化，并且重点分析了各区段径流净产量和净输沙量的年际变化，计算了气候和人类活动对区段水沙变化的相对贡献率。本章基于黄河中游末段的三门峡和小浪底两个关键水文站以及黄河下游花园口和利津 2 个控制性水文站的实测数据，研究了各水文站的径流量、流量、输沙率、含沙量、来沙系数等河流水沙参数在 1961—2017 年不同年代的月均数值变化及其空间变化特征，分析了部分参数之间的相互关系及其在不同年代的变化特征，探讨了小浪底水库的建成及运行对月际水沙变化的影响方式和影响程度，揭示了这些水文站月均水沙参数时空变化的驱动机制。

4.1　不同年代月均径流量及月均流量变化特征

4.1.1　不同年代典型水文站月均径流量变化特征

三门峡、小浪底、花园口和利津 4 个水文站在 1961—2017 年 6 个不同年代的月均径流量变化如图 4-1 所示。三门峡水文站月均径流量月际变化曲线（图 4-1a）表明，在 1990 年之前的各年代，其月均径流量的三个高值都出现在汛期的 8—10 三个月，而三个低值都出现在冬季（1—2 月和 12 月）。在 1989 年之后的三个年代中，汛期（7—10 月）的月均径流量显著变小，汛期月均径流量分布曲线由先前各年代的凸峰形变为尖峰形，即在 8 月或者 9 月的月均径流量数值为各年代的最大值，而汛期其他月份的数值相比之前各年代的都显著变小。尤其在 21 世纪 00 年代和 10 年代，汛期最大月均径流量不到 20 世纪各年代月均值的一半；这两个年代月均径流量的最小值分别出现在 1 月（8.4 亿 m^3）和 5 月（9.9 亿 m^3），次小值则分别出现在 5 月（11.1 亿 m^3）和 1 月（11.4 亿 m^3）；其汛期总径流量分别为 86.4 亿 m^3 和 119.9 亿 m^3，仅占 20 世纪 60 年代汛期总径流量的 32.7%和 45.4%。

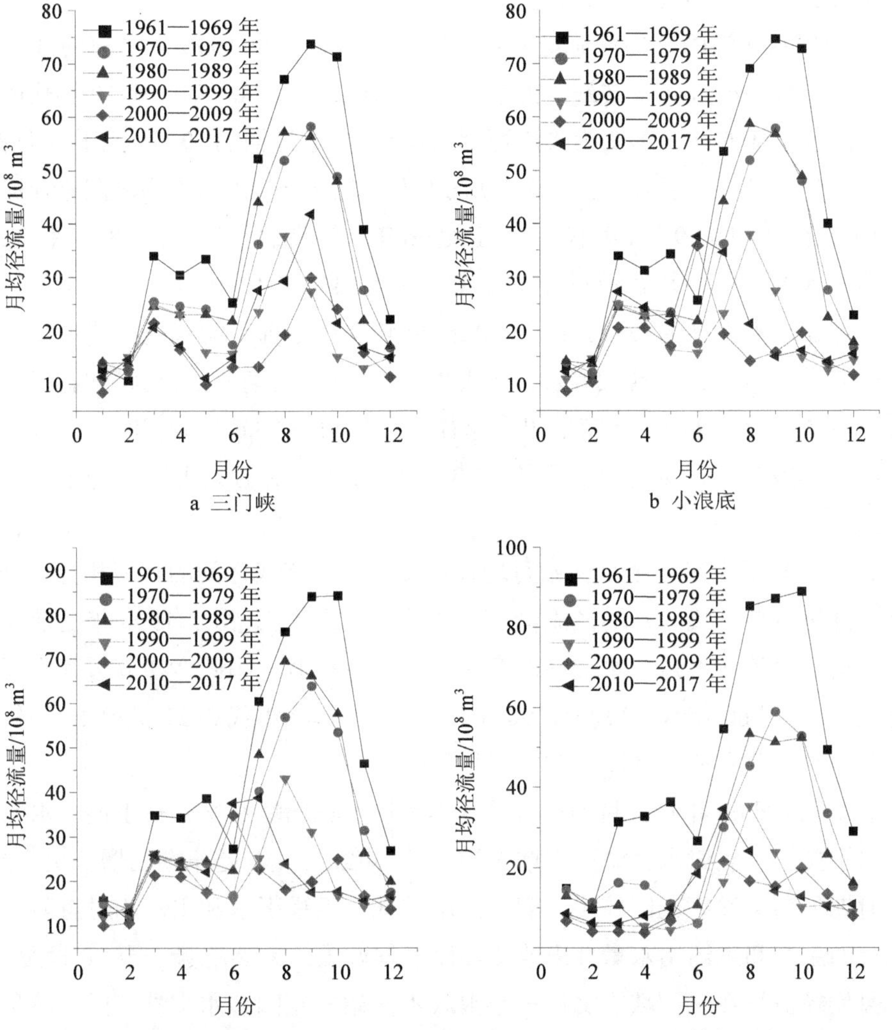

a 三门峡　b 小浪底　c 花园口　d 利津

图 4-1　三门峡、小浪底、花园口和利津水文站不同年代月均径流量变化特征

小浪底水文站的月均径流量在 20 世纪 4 个年代的分布曲线（图 4-1b）与三门峡水文站同期的非常相似，但在 21 世纪 00 年代和 10 年代的分布曲线与三门峡

水文站同期的相比差异明显，主要表现在月均最大值出现在非汛期的 6 月。这两个年代的汛期（7—10 月）总径流量分别为 69.1 亿 m^3 和 87.1 亿 m^3，仅占 20 世纪 60 年代汛期总径流量的 25.6%和 32.3%。

花园口水文站的月均径流量分布曲线（图 4-1c）在 1990 年之前的 3 个年代的也与三门峡和小浪底水文站的大致相似，而在 21 世纪 00 年代和 10 年代的峰形也由之前各年代的凸峰形变为尖峰形，而且峰尖由最早期的 10 月逐渐向 7 月偏移，其中 00 年代的峰尖甚至出现在非汛期的 6 月。这两个年代的年均汛期总径流量分别为 85.0 亿 m^3 和 97.9 亿 m^3，仅占 20 世纪 60 年代汛期总径流量的 28.2%和 32.1%。

利津水文站的月均径流量分布曲线（图 4-1d）在 1990 年之前 3 个年代的大致与前述 3 个水文站的相似。在 21 世纪 00 年代由之前各年代的凸峰形变为双峰形，10 年代的峰形则呈现尖峰形，峰尖也有由 10 月逐渐向 7 月偏移的变化趋势，但都分布在汛期。这两个年代的汛期总径流量分别为 73.6 亿 m^3 和 85.8 亿 m^3，仅占 20 世纪 60 年代汛期总径流量的 23.3%和 27.1%，并且是上述 4 个水文站中降幅最大的。

前面比较了上述 4 个水文站月均径流量在不同年代之间的相似相异之处，下面重点分析典型年代的月均径流量沿程的空间变化特征。由于 1990 年之前 3 个年代的月均径流量在上述各水文站的变化特征大致相似，因此，在分析其空间变化时选取 20 世纪 60 年代、20 世纪 90 年代、21 世纪 00 年代和 21 世纪 10 年代月均径流量的月际分布曲线（图 4-2）来进行比较。

在 20 世纪 60 年代，月均径流量基本呈现出三门峡水文站→小浪底水文站→花园口水文站→利津水文站沿程增大趋势（图 4-2a），尤其是汛期的增幅更为显著。这一时期的沿黄灌区范围较小、灌水强度较低，沿程引水和用水相对有限，滨河带人类的生产和生活用水量并未改变径流沿程增大的天然趋势。至 20 世纪 90 年代，月均径流量在三门峡水文站→小浪底水文站→花园口水文站河段依然呈现出沿程增大趋势（图 4-2b），但增幅相对前者有所减小；而在花园口水文站→利津水文站这一黄河下游主河段则明显沿程减小，尤其是春季减幅显著。这是黄河下游灌区面积经过了 30 年的逐渐扩大，加之灌水强度的提高，农业生产活动消耗了大量黄河水的缘故。

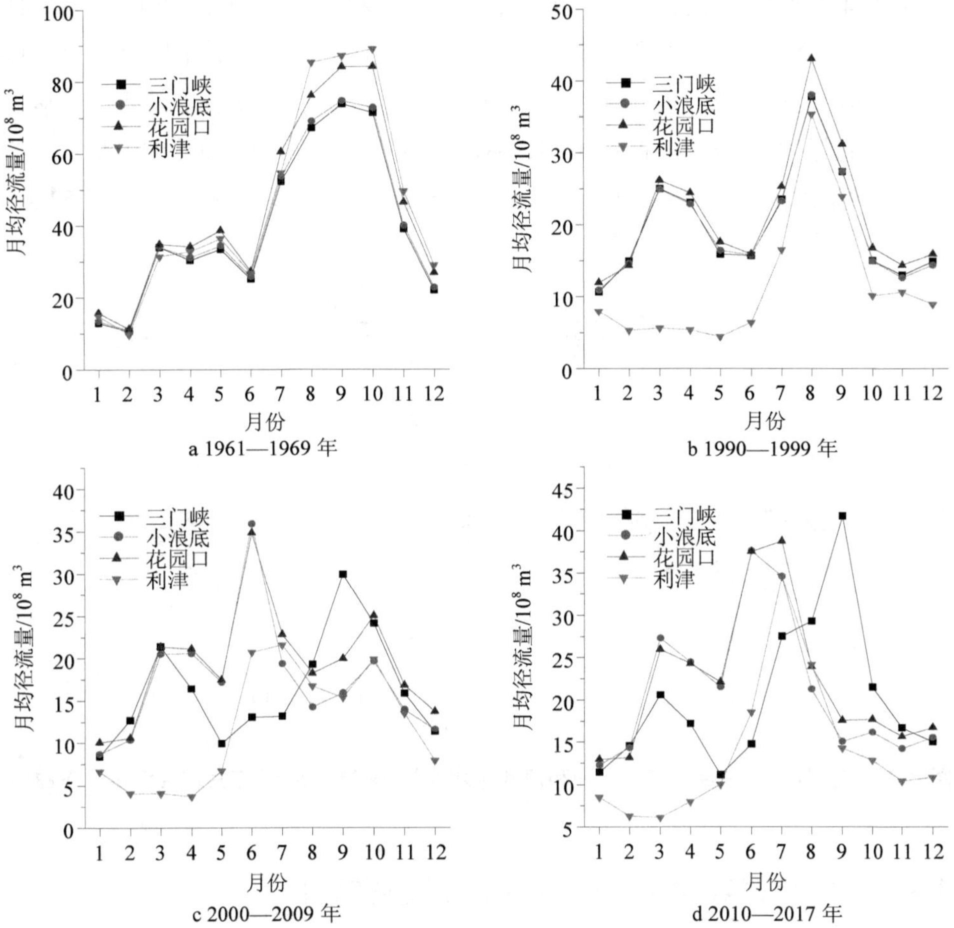

图 4-2　黄河中游末段和下游段不同年代月均径流量空间变化比较

在 21 世纪 00 年代和 10 年代，月均径流量的沿程空间变化具有较大的相似性，不同区段整体上呈现出增减相间的复杂变化特征（图 4-2c，d）。由于小浪底水库建成后的蓄水和清水冲沙等不同运行方式的实施，使得小浪底水库以下的 3 个水文站的月均径流量变化较为一致，而与其上游的三门峡水文站的则明显不同，表现在三门峡水文站→小浪底水文站河段的月均径流量在主汛期（8—10 月）明显减小，小浪底水文站→花园口水文站河段在增加，而花园口水文站→利津水文站河段在所有月份都在减小。

上述 4 个水文站（三门峡、小浪底、花园口和利津）在 1961—2017 年整个时间序列中的月均径流量分布曲线（图 4-3）表明，由三门峡水文站到花园口水文站，其在大部分月份的月均径流量具有沿程增大趋势；而从花园口水文站到利津水文站其月均径流量在所有月份都是沿程减小的，其中春季（3—5 月）各月的减小幅度最大，年均春季总径流量由花园口的 75.3 亿 m^3 减小到利津水文站的 36.1 亿 m^3，减小了 52.0%。

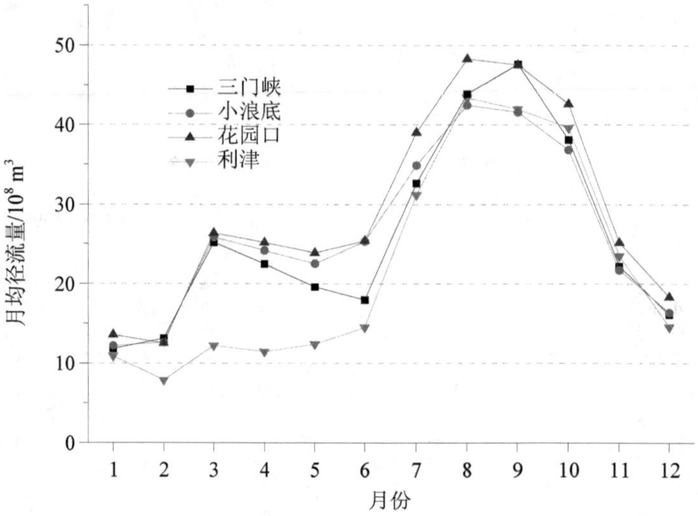

图 4-3　三门峡、小浪底、花园口和利津 4 个水文站 1961—2017 年月均径流量分布曲线

4.1.2　不同年代典型水文站月均流量变化特征

与径流量通常表示每年或者每月等较长时段内河道断面的过流总量不同，流量的定义是每秒通过河流断面的水量大小，这是衡量河道输水能力的重要参数，例如描述洪水程度时总会用到洪峰流量。持续的大流量会塑造断面面积较大的河道，而持续的小流量会使河道断面发生萎缩。由于流域引水和灌溉用水的强度在逐渐增大，使得上述 4 个水文站 20 世纪 90 年代的月均流量相较之前各年代的春季和夏季明显减小（图 4-4，表 4-1），这与该时期黄河下游河道萎缩至最小状态相一致。到 21 世纪 00 年代，由于小浪底水库的建成蓄水作用对其下游的小浪底水文站、花园口水文站和利津水文站月均流量的影响很大，使得这 3 个水文站在该年代的月均流量除个别月份外都是 6 个年代中最小的，尤其是汛期的 7—9

月减小幅度最大。由于三门峡水文站位于小浪底水库以上，因此，小浪底水库的蓄水并不会影响到该水文站的流量大小，这一年代该水文站在 9—11 月的月均流量相比前一年代的有所变大；而在其他各月的却都在减小，这既是该年代中枯水年份较多的缘故，也是其他影响因素诸如引水和灌溉用水等增加所导致的结果。

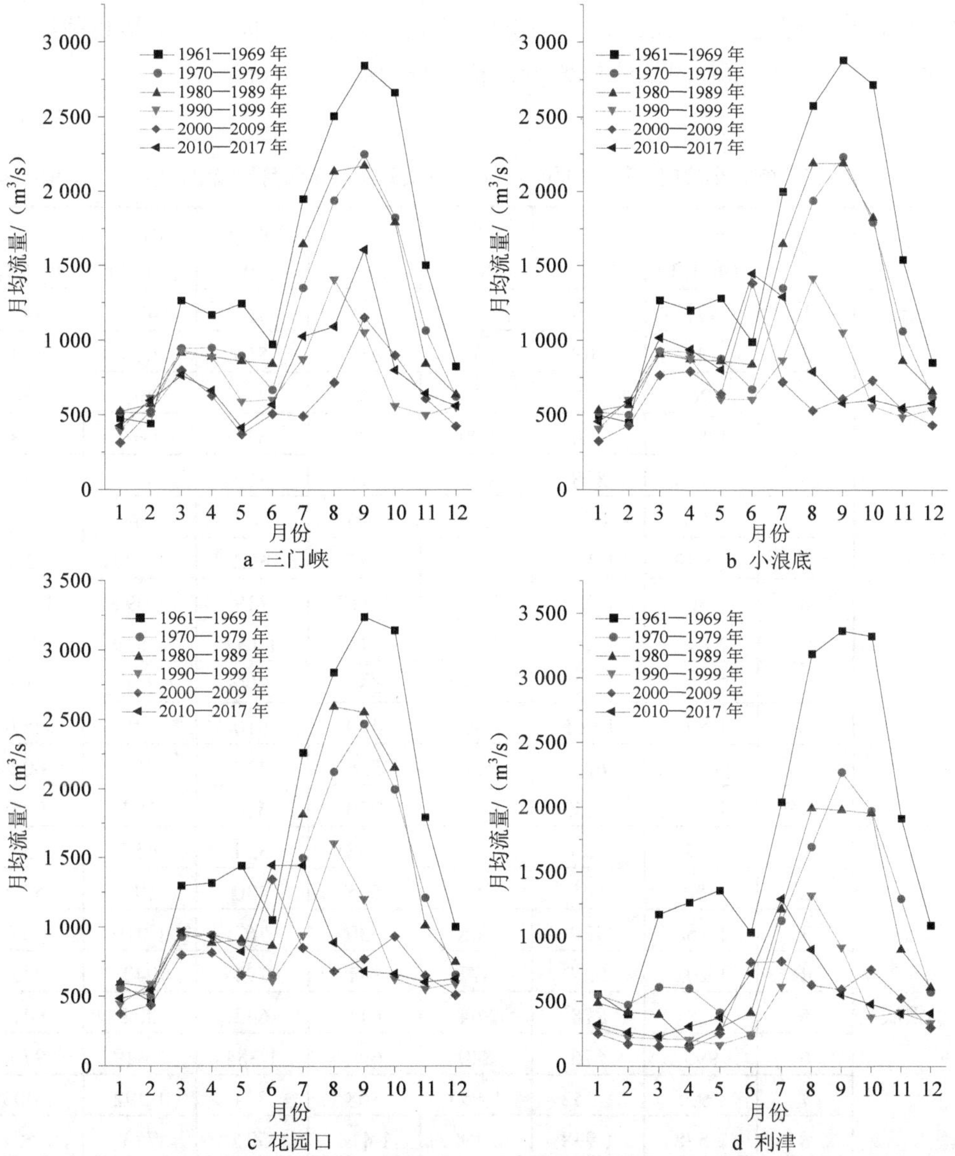

图 4-4　三门峡、小浪底、花园口和利津 4 个水文站不同年代月均流量变化比较

在 21 世纪 10 年代上述 4 个水文站在 1—8 月的月均流量除个别月都明显比其前一年代的明显增大（图 4-4，表 4-1），表明这一年代的春季和夏季水量较为丰沛；除了三门峡水文站之外其他 3 个水文站的秋季月均流量相对减小。因为小浪底水库在这一年代的春季和夏初加大下泄水量，而在秋季主汛期拦蓄了大量来水，这也是引起位于小浪底水库下游的小浪底水文站、花园口水文站和利津水文站在该年代春季和夏初月均流量增大、秋季月均流量减小的主要原因之一。

表 4-1 三门峡、小浪底、花园口和利津 4 个水文站不同年代月均流量比较 单位：m^3/s

水文站	月份	1961—1969 年	1970—1979 年	1980—1989 年	1990—1999 年	2000—2009 年	2010—2017 年	1961—2017 年
三门峡	1	477	519	521	397	314	426	442
	2	440	508	572	618	525	600	543
	3	1 267	948	917	932	799	767	938
	4	1 170	950	890	890	633	663	868
	5	1 246	898	860	594	369	414	732
	6	973	669	842	605	505	568	693
	7	1 949	1 353	1 646	877	492	1 027	1 218
	8	2 505	1 938	2 132	1 410	719	1 092	1 636
	9	2 842	2 246	2 171	1 055	1 154	1 609	1 837
	10	2 662	1 824	1 789	561	899	801	1 423
	11	1 503	1 065	843	499	610	645	857
	12	825	627	636	556	423	560	602
	年均	1 495	1 133	1 156	750	620	764	985
小浪底	1	497	520	530	408	324	457	455
	2	450	501	565	605	430	591	523
	3	1 268	929	908	930	767	1 019	963
	4	1 203	927	877	881	794	942	933
	5	1 283	878	864	611	643	804	841
	6	993	676	840	609	1 384	1 449	976
	7	1 998	1 352	1 650	868	724	1 292	1 303
	8	2 578	1 938	2 190	1 418	531	793	1 584
	9	2 880	2 231	2 189	1 058	612	582	1 605

水文站	月份	1961—1969 年	1970—1979 年	1980—1989 年	1990—1999 年	2000—2009 年	2010—2017 年	1961—2017 年
小浪底	10	2 716	1 793	1 824	558	732	604	1 375
	11	1 543	1 064	864	487	537	548	838
	12	852	621	662	537	433	580	611
	年均	1 529	1 123	1 168	748	659	806	1 004
花园口	1	585	557	598	446	375	484	507
	2	463	503	565	592	437	543	517
	3	1 299	932	955	977	798	968	983
	4	1 319	945	890	941	814	936	969
	5	1 443	896	911	656	652	825	890
	6	1 053	650	867	613	1 343	1 446	979
	7	2 259	1 500	1 812	945	852	1 446	1 456
	8	2 839	2 125	2 593	1 607	679	893	1 802
	9	3 241	2 466	2 552	1 203	770	679	1 834
	10	3 143	1 994	2 152	626	933	660	1 590
	11	1 793	1 212	1 013	556	647	604	969
	12	1 003	653	746	594	511	625	685
	年均	1 712	1 207	1 310	815	735	844	1 102
利津	1	554	543	484	297	248	318	408
	2	399	472	414	219	169	258	323
	3	1 173	607	396	209	152	228	456
	4	1 266	603	178	207	144	307	442
	5	1 358	413	295	165	250	374	464
	6	1 034	237	411	244	801	715	561
	7	2 041	1 126	1 214	616	807	1 292	1 164
	8	3 186	1 696	1 995	1 320	625	901	1 619
	9	3 364	2 271	1 980	921	592	549	1 619
	10	3 324	1 974	1 956	379	743	479	1 478
	11	1 911	1 292	899	411	521	402	906
	12	1 085	571	605	334	295	405	545
	年均	1 734	987	907	446	447	522	836

4.2 不同年代月均输沙率及月均含沙量变化特征

4.2.1 不同年代典型水文站月均输沙率变化特征

三门峡、小浪底、花园口和利津 4 个水文站在 1961—2017 年间 6 个不同年代的月均输沙率变化如图 4-5 所示。三门峡水文站月均输沙率月际变化曲线（图 4-5a）表明，在 2000 年之前的各年代，其月均输沙率的高值都出现在汛期（7—10 月）中的 3 个月，其中 20 世纪 70 年代的最大，其他 3 个年代相近；而低值都出现在冬季和初春。在 1999 年之后的两个年代中，汛期的月均输沙率显著变小，月均输沙率分布曲线由先前的汛期主峰高耸形变为平缓峰形；这两个年代的汛期平均输沙率仅占 20 世纪 60 年代汛期平均输沙率的 34.2%和 23.5%。小浪底水文站的月均输沙率在 20 世纪的 4 个年代的分布曲线（图 4-5b）与三门峡水文站同期的几乎相同，但在 21 世纪 00 年代和 10 年代的与三门峡水文站同期的截然不同，主要表现在汛期的月均输沙率大幅变小，且与其他月份的相差不大；这两个年代的汛期月均输沙率仅占 20 世纪 60 年代同期输沙率的 5.8%和 6.2%，更是 70 年代同期输沙率的 4.1%和 4.3%。

花园口水文站和利津水文站的月均输沙率分布曲线（图 4-5c～d）大致与小浪底水文站的相似，不同之处在于，汛期月均输沙率在各年代间出现分化且随着时间逐渐变小，这在利津水文站尤其明显。这 2 个水文站在 21 世纪 00 年代的汛期月均输沙率分别仅是其 20 世纪 60 年代的 7.1%和 4.7%，而 10 年代的汛期月均输沙率分别仅为 20 世纪 60 年代的 8.6%和 6.4%。

上述 4 个水文站（三门峡、小浪底、花园口和利津）在 1961—2017 年整个时间序列中的月均输沙率分布曲线（图 4-6）表明，汛期由三门峡到利津水文站呈现出沿程明显变小的空间变化趋势；在非汛期，花园口水文站的月均输沙率最高，其他水文站的相差不明显。

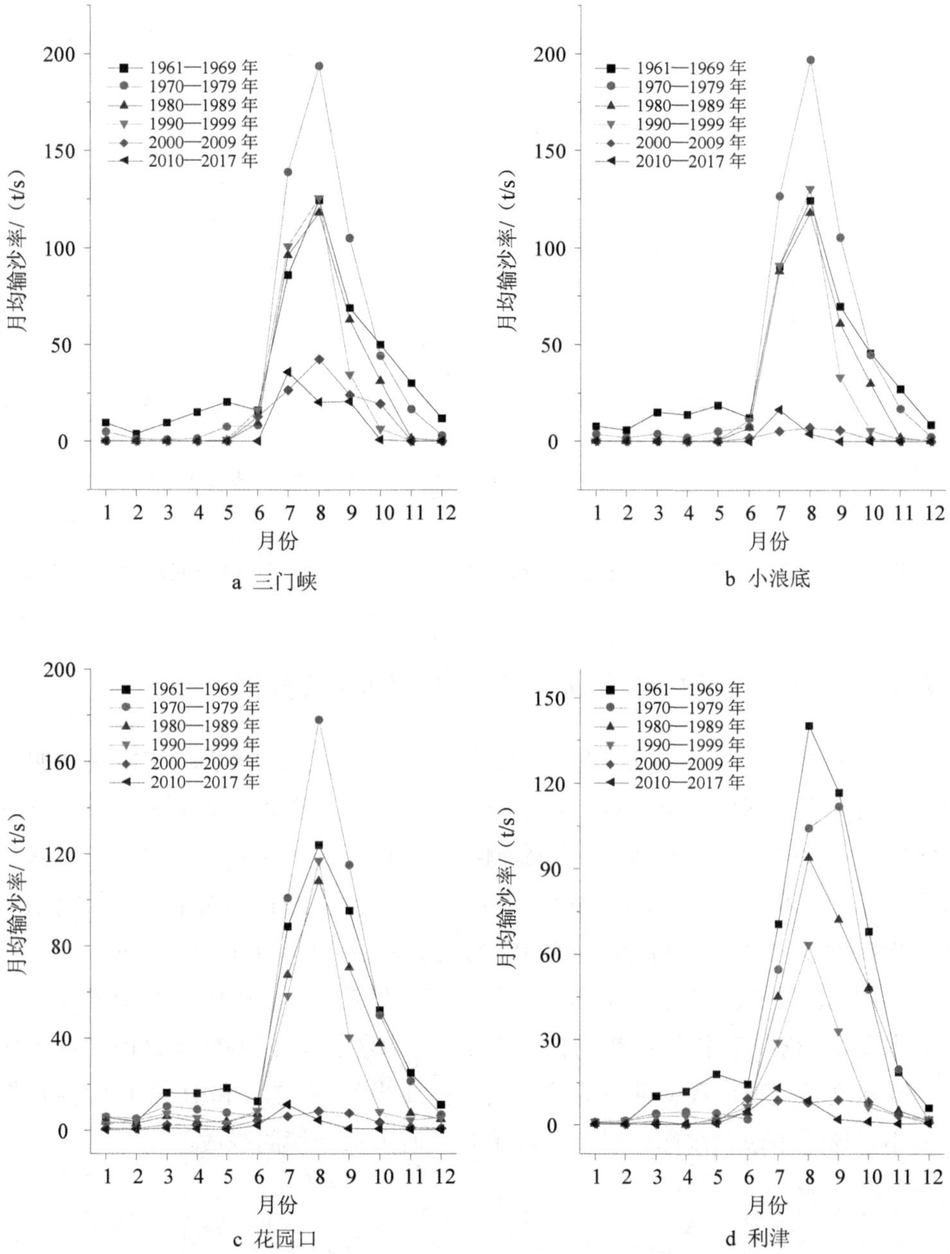

图 4-5　三门峡、小浪底、花园口和利津 4 个水文站不同年代的月均输沙率比较

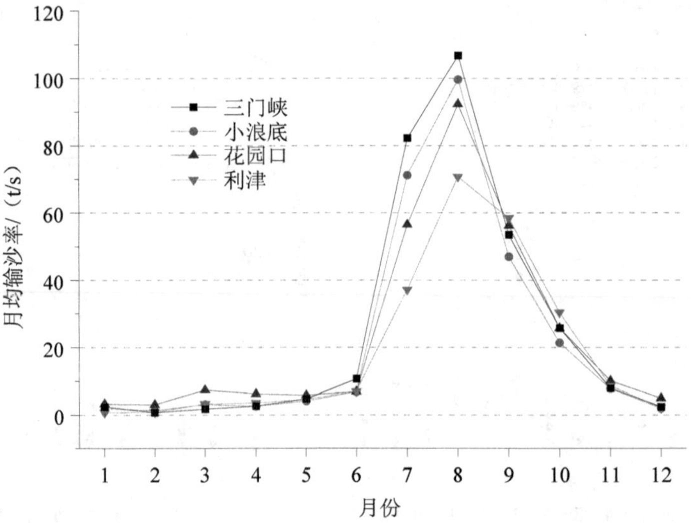

图 4-6 三门峡、小浪底、花园口和利津 4 个水文站 1961—2017 年月均输沙率比较

4.2.2 不同年代典型水文站月均含沙量变化特征

含沙量高是黄河闻名于世的主要原因，但近年来黄河下游的含沙量在明显减少，分析三门峡水库以下河段的含沙量变化特征，可以揭示黄河由中游向下游的过渡河段，以及整个下游河段的输水输沙的变化态势。表 4-2 列出了三门峡、小浪底、花园口和利津 4 个水文站不同年代月均含沙量的计算结果。三门峡水文站的月均含沙量在冬季和初春随着年代推移而逐渐减少，但在 6 月份和汛期直到 2009 年并无明显减少趋势，并且波动性较高，仅在 21 世纪 10 年代显著变小。小浪底水文站、花园口水文站和利津水文站的月均含沙量在 2000 年之前的各年代与三门峡水文站呈现出类似的变化特征，但在 21 世纪 00 年代和 10 年代的各月都显著变小，这是小浪底水库建成后拦截了其上游大量来沙的缘故。

表 4-2 黄河中游末段和下游河段典型水文站不同年代月均含沙量比较 单位：kg/m³

水文站	月份	1961—1969年	1970—1979年	1980—1989年	1990—1999年	2000—2009年	2010—2017年	1961—2017年
三门峡	1	20.211	9.141	0.221	0.556	0.025	0.000	5.463
	2	8.194	2.048	0.000	0.000	0.000	0.000	1.383
	3	7.564	0.911	0.000	0.025	0.580	0.040	1.869
	4	12.850	1.361	0.000	0.000	0.073	0.044	3.012
	5	16.254	8.435	0.342	1.238	0.000	0.000	6.430
	6	16.371	12.157	11.154	26.884	25.575	0.060	15.457
	7	44.044	102.824	58.432	114.802	54.024	34.717	67.449
	8	49.707	100.028	55.367	89.112	58.831	18.651	65.208
	9	24.148	46.693	28.939	32.851	20.841	12.846	29.100
	10	18.774	24.234	17.452	11.317	21.610	0.863	18.094
	11	19.942	15.592	1.609	0.351	0.000	0.000	9.232
	12	14.295	4.835	0.222	0.019	0.000	0.000	4.019
	年均	25.004	39.068	23.307	32.045	17.072	8.534	25.763
小浪底	1	15.788	7.177	0.252	0.058	0.310	0.000	4.258
	2	12.614	3.733	0.140	0.159	0.000	0.000	2.402
	3	11.818	4.107	0.233	0.212	0.000	0.000	3.226
	4	11.533	2.082	0.212	0.030	0.000	0.000	2.753
	5	14.587	6.039	0.508	1.007	0.000	0.000	4.839
	6	12.375	11.290	8.472	18.086	1.353	0.003	6.957
	7	45.310	93.755	53.313	104.751	7.144	12.751	54.609
	8	48.266	101.657	53.894	92.164	13.419	5.021	62.890
	9	24.206	47.254	27.848	31.426	9.340	0.148	29.316
	10	16.750	24.912	16.330	9.757	1.658	0.000	15.577
	11	17.485	15.854	2.091	1.826	0.000	0.000	9.175
	12	9.975	3.728	0.473	1.343	0.117	0.000	3.172
	年均	24.134	38.789	22.155	30.915	2.706	2.165	22.548
花园口	1	9.725	10.840	5.878	6.067	1.867	0.552	6.330
	2	8.501	10.276	5.249	7.149	1.959	0.688	5.787
	3	12.606	11.287	6.391	7.668	2.947	0.936	7.480
	4	12.217	9.690	4.074	5.860	2.522	0.692	6.400

水文站	月份	1961—1969年	1970—1979年	1980—1989年	1990—1999年	2000—2009年	2010—2017年	1961—2017年
花园口	5	12.851	8.891	4.225	4.516	1.651	0.480	6.477
	6	12.042	9.667	8.158	14.209	3.168	1.442	7.064
	7	39.201	67.296	37.295	61.911	7.177	7.828	38.785
	8	43.584	83.816	41.717	72.766	12.409	4.901	51.250
	9	29.382	46.715	27.708	33.639	9.768	1.135	30.640
	10	16.595	25.121	17.533	12.825	3.800	0.756	16.194
	11	13.988	17.785	7.422	7.964	1.929	0.496	10.420
	12	11.054	10.520	6.418	8.961	1.474	0.619	7.173
	年均	23.020	36.053	20.772	27.419	4.430	2.231	21.217
利津	1	1.62	2.10	0.96	3.70	1.72	1.01	1.81
	2	1.84	3.21	0.88	6.67	1.62	1.03	2.44
	3	8.78	6.96	3.46	14.44	3.30	1.19	7.15
	4	9.51	8.23	1.71	15.63	2.44	1.36	7.96
	5	13.32	10.31	7.08	11.48	3.80	1.43	9.79
	6	14.01	9.24	11.01	27.19	11.79	6.89	12.45
	7	34.64	48.65	37.20	47.11	11.02	10.20	31.96
	8	44.02	61.52	47.09	48.19	12.83	9.62	43.70
	9	34.74	49.29	36.50	36.09	15.27	3.77	36.11
	10	20.50	24.16	24.58	17.04	11.16	2.63	20.51
	11	9.80	15.29	5.69	7.80	6.60	1.26	9.44
	12	5.62	2.58	2.63	6.33	2.87	1.53	3.87
	年均	23.13	30.44	25.54	29.25	9.45	5.34	22.83

月均含沙量空间变化如图 4-7 所示，在 20 世纪 60 年代的大部分月份其空间变化呈现出由三门峡水文站→小浪底水文站→花园口水文站→利津水文站沿程减小趋势（图 4-7a），这是随着河道比降的沿程逐渐变小其河流水动力逐渐降低，从而使得一部分悬移质泥沙沿程发生沉积而导致的结果。20 世纪 70 年代和 80 年代的空间变化与之类似。

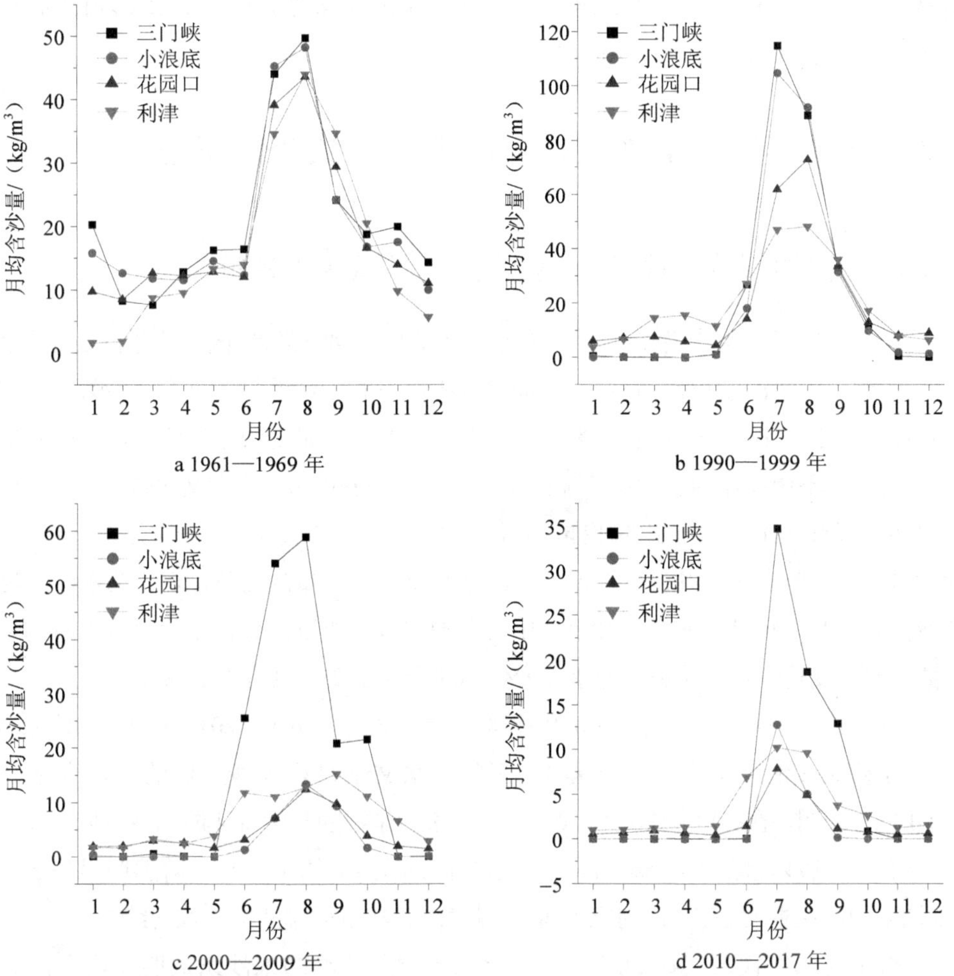

图 4-7　黄河中游末段和下游段典型水文站不同年代月均含沙量空间变化特征

20 世纪 90 年代的月均含沙量在 7 月和 8 月呈现出沿程减小趋势（图 4-7b），这是汛期大量来沙遭遇逐渐变小的河道比降使泥沙过载而沿程发生沉积的结果；其他月份则有沿程增大的趋势，体现了低含沙水流对河床的侵蚀作用。在 21 世纪 00 年代和 10 年代月均含沙量空间变化呈现出截然不同的特征（图 4-7c～d），汛期三门峡水文站含沙量依然较高，由三门峡水文站→小浪底水文站呈现出空间上显著减小的趋势；非汛期沿着小浪底水文站→花园口水文站→利津水文站则呈现出沿程增大的空间变化趋势。这不但受到了小浪底水库拦沙的直接影响，而且还受到了其清水冲沙的河道治理措施的影响。

4.3　不同年代典型水文站月均来沙系数变化特征

4.3.1　典型水文站月均来沙系数的年代际变化特征

前面简述了黄河中游末段两个关键水文站和黄河下游两个控制性水文站的水量和沙量等参数的年代际变化特征，下面将分析水量和沙量的另一个组合参数——来沙系数在上述水文站的变化特征。来沙系数的定义为含沙量与流量的比值，其国际单位是 $kg \cdot s/m^6$。不像前述的水沙参数那样简单明了，该参数的物理含义比较复杂，正如吴保生和申冠卿（2008）指出的那样，它包含了单位流量的含沙量大小或单位水流功率含沙量大小，隐含了反映河床冲淤的含沙量与临界含沙量的比值，可作为水沙搭配参数或冲淤判数，也是非平衡输沙公式中的关键参数。所以，分析年代尺度上月均来沙系数的时空变化，对于了解河流水沙变化和河床冲淤变化具有重要意义。

三门峡、小浪底、花园口和利津 4 个水文站在 1961—2017 年 6 个不同年代的月均来沙系数计算结果见表 4-3。三门峡水文站月均来沙系数的月际变化曲线（图 4-8a）表明，在 20 世纪 60 年代，其月均来沙系数的月际变化波动性较低，高值出现在流量小含沙量低的冬季和流量大含沙量高的夏季，并且冬季的峰势明显高于秋季（汛期）的，这主要是三门峡水库汛期大量拦沙、非汛期排沙所导致的结果。

相比前一年代，其在 20 世纪 70 年代夏季和秋季的来沙系数明显增大，而冬季和春季的则明显减小，季节性波动幅度有所变大，这主要是三门峡拦沙库容几乎消失殆尽，蓄水库容也被泥沙沉积而大量消耗的结果。80 年代各月的来沙系数都小于 70 年代的，其中非汛期的也比 60 年代的小，这主要是刘家峡水库和龙羊峡水库联合调度削减洪峰的结果。其在 90 年代和 21 世纪 00 年代汛期的月均来沙系数是这些年代中的最大值和次大值，同时，这两个年代的汛期曲线呈现最高和次高的尖峰形，季节性波动大。在 21 世纪 10 年代，三门峡水文站的月均来沙系数除了 7 月份的仅比 20 世纪 60 年代同期的略大外，其他月份的则是所有年代所有月份中最小的，同时，其月际变化的波动性也是最小的。

表 4-3　黄河中游末段和下游段典型水文站不同年代月均来沙系数比较　单位：kg·s/m⁶

水文站	月份	1961—1969 年	1970—1979 年	1980—1989 年	1990—1999 年	2000—2009 年	2010—2017 年	1961—2017 年
三门峡	1	0.042 3	0.017 6	0.000 4	0.001 4	0.000 1	0.000 0	0.012 4
	2	0.018 6	0.004 0	0.000 0	0.000 0	0.000 0	0.000 0	0.002 5
	3	0.006 0	0.001 0	0.000 0	0.000 0	0.000 7	0.000 1	0.002 0
	4	0.011 0	0.001 4	0.000 0	0.000 0	0.000 1	0.000 1	0.003 5
	5	0.013 0	0.009 4	0.000 4	0.002 1	0.000 0	0.000 0	0.008 8
	6	0.016 8	0.018 2	0.013 3	0.044 4	0.050 7	0.000 1	0.022 3
	7	0.022 6	0.076 0	0.035 5	0.130 9	0.109 8	0.033 8	0.055 4
	8	0.019 8	0.051 6	0.026 0	0.063 2	0.081 9	0.017 1	0.039 9
	9	0.008 5	0.020 8	0.013 3	0.031 1	0.018 1	0.008 0	0.015 8
	10	0.007 1	0.013 3	0.009 8	0.020 2	0.024 0	0.001 1	0.012 7
	11	0.013 3	0.014 6	0.001 9	0.000 7	0.000 0	0.000 0	0.010 8
	12	0.017 3	0.007 7	0.000 3	0.000 0	0.000 0	0.000 0	0.006 7
	年均	0.016 7	0.034 5	0.020 2	0.042 7	0.027 5	0.011 2	0.026 1
小浪底	1	0.031 8	0.013 8	0.000 5	0.000 1	0.001 0	0.000 0	0.009 4
	2	0.028 0	0.007 5	0.000 2	0.000 3	0.000 0	0.000 0	0.004 6
	3	0.009 3	0.004 4	0.000 3	0.000 2	0.000 0	0.000 0	0.003 3
	4	0.009 6	0.002 2	0.000 2	0.000 0	0.000 0	0.000 0	0.003 0
	5	0.011 4	0.006 9	0.000 6	0.001 6	0.000 0	0.000 0	0.005 8
	6	0.012 5	0.016 7	0.010 1	0.029 7	0.001 0	0.000 0	0.007 1
	7	0.022 7	0.069 3	0.032 3	0.120 6	0.009 9	0.009 9	0.041 9
	8	0.018 7	0.052 5	0.024 6	0.065 0	0.025 3	0.006 3	0.039 7
	9	0.008 4	0.021 2	0.012 7	0.029 7	0.015 3	0.000 3	0.018 3
	10	0.006 2	0.013 9	0.009 0	0.017 5	0.002 3	0.000 0	0.011 3
	11	0.011 3	0.014 9	0.002 4	0.003 8	0.000 0	0.000 0	0.010 9
	12	0.011 7	0.006 0	0.000 7	0.002 5	0.000 3	0.000 0	0.005 2
	年均	0.015 8	0.034 5	0.019 0	0.041 3	0.004 1	0.002 7	0.022 5

水文站	月份	1961—1969 年	1970—1979 年	1980—1989 年	1990—1999 年	2000—2009 年	2010—2017 年	1961—2017 年
花园口	1	0.016 6	0.019 5	0.009 8	0.013 6	0.005 0	0.001 1	0.012 5
	2	0.018 3	0.020 4	0.009 3	0.012 1	0.004 5	0.001 3	0.011 2
	3	0.009 7	0.012 1	0.006 7	0.007 9	0.003 7	0.001 0	0.007 6
	4	0.009 3	0.010 3	0.004 6	0.006 2	0.003 1	0.000 7	0.006 6
	5	0.008 9	0.009 9	0.004 6	0.006 9	0.002 5	0.000 6	0.007 3
	6	0.011 4	0.014 9	0.009 4	0.023 2	0.002 4	0.001 0	0.007 2
	7	0.017 4	0.044 9	0.020 6	0.065 5	0.008 4	0.005 4	0.026 6
	8	0.015 4	0.039 5	0.016 1	0.045 3	0.018 3	0.005 5	0.028 4
	9	0.009 1	0.018 9	0.010 9	0.028 0	0.012 7	0.001 7	0.016 7
	10	0.005 3	0.012 6	0.008 1	0.020 5	0.004 1	0.001 1	0.010 2
	11	0.007 8	0.014 7	0.007 3	0.014 3	0.003 0	0.000 8	0.010 8
	12	0.011 0	0.016 1	0.008 6	0.015 1	0.002 9	0.001 0	0.010 5
	年均	0.013 4	0.029 9	0.015 9	0.033 7	0.006 0	0.002 6	0.019 2
利津	1	0.002 9	0.003 9	0.002 0	0.012 5	0.006 9	0.003 2	0.004 4
	2	0.004 6	0.006 8	0.002 1	0.030 4	0.009 6	0.004 0	0.007 6
	3	0.007 5	0.011 5	0.008 7	0.069 0	0.021 8	0.005 2	0.015 7
	4	0.007 5	0.013 6	0.009 6	0.075 3	0.017 0	0.004 4	0.018 0
	5	0.009 8	0.024 9	0.024 0	0.069 5	0.015 2	0.003 8	0.021 1
	6	0.013 5	0.039 0	0.026 8	0.111 2	0.014 7	0.009 6	0.022 2
	7	0.017 0	0.043 2	0.030 6	0.076 4	0.013 7	0.007 9	0.027 5
	8	0.013 8	0.036 3	0.023 6	0.036 5	0.020 5	0.010 7	0.027 0
	9	0.010 3	0.021 7	0.018 4	0.039 2	0.025 8	0.006 9	0.022 3
	10	0.006 2	0.012 2	0.012 6	0.045 0	0.015 0	0.005 5	0.013 9
	11	0.005 1	0.011 8	0.006 3	0.019 0	0.012 7	0.003 1	0.010 4
	12	0.005 2	0.004 5	0.004 3	0.019 0	0.009 7	0.003 8	0.007 1
	年均	0.013 3	0.030 8	0.028 2	0.065 6	0.021 1	0.010 2	0.027 3

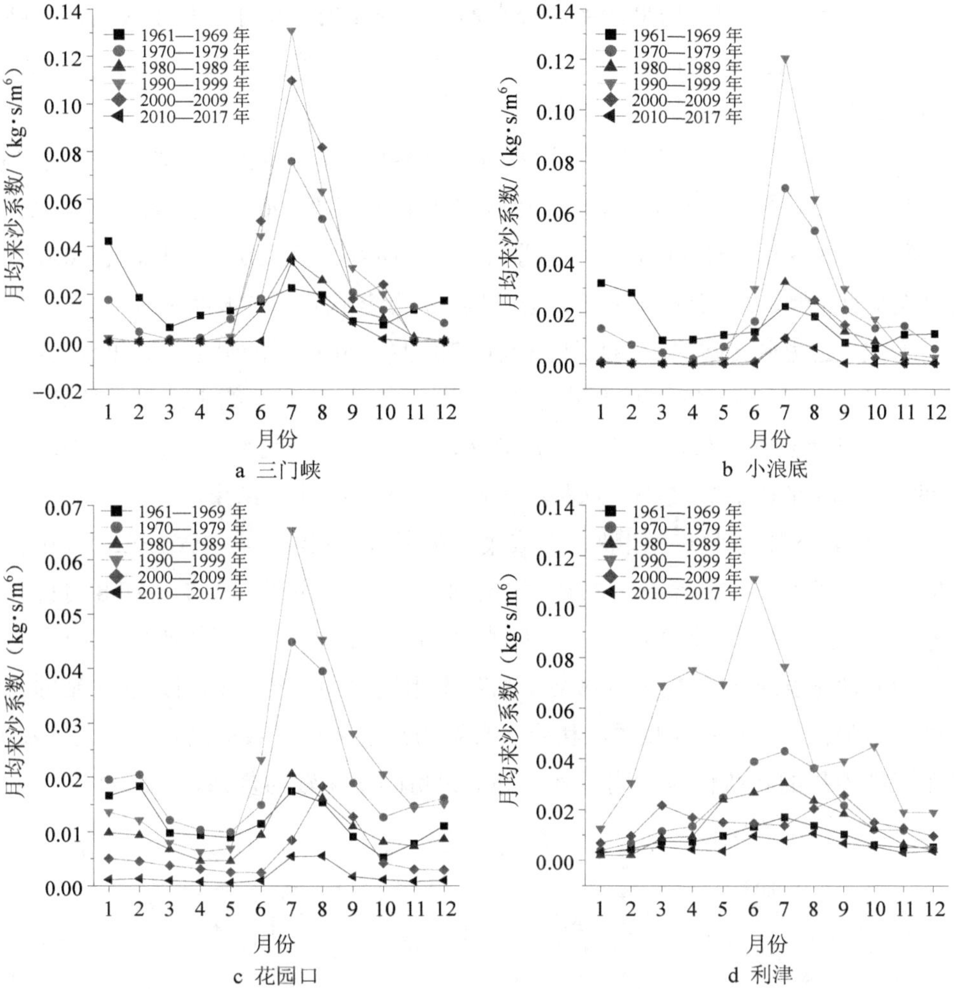

图 4-8　黄河中游末段和下游段典型水文站不同年代月均来沙系数比较

小浪底水文站的月均来沙系数在 20 世纪 4 个年代的分布曲线（图 4-8b）与三门峡水文站同期的相比基本相同，但在 21 世纪 00 年代和 10 年代的则显著不同，主要表现在汛期（7—10 月）的月均来沙系数峰值大幅度变小，尤其是在 00 年代的变小幅度非常显著，而月际波动幅度都非常小。此外，小浪底水文站在 10 年代的月均来沙系数与 20 世纪 60 年代的相比各月减小的比例除 1 月和 2 月外也大致相近，二者的曲线形态非常相似。

花园口水文站的月均来沙系数分布曲线（图 4-8c）总体上与小浪底水文站的相似，不同之处在于，非汛期月均来沙系数值在各年代间出现了分化，且大致呈现出随着时间的推移而变小的趋势。

利津水文站的月均来沙系数分布曲线（图 4-8d）与前述 3 个水文站的差别明显，这主要表现在以下几个方面，第一，该水文站在 20 世纪 90 年代各月的月均来沙系数是所有年代各月中最大的，其月际分布曲线呈现多峰形；第二，21 世纪 00 年代的则呈现 9 月主峰、3 月次峰的双峰形态，同时，该年代各月的波动性极小。

总之，这些水文站的汛期来沙系数在 20 世纪 90 年代的最大、70 年代的次之，而在小浪底水库建成之后的 21 世纪 00 年代，三门峡水文站的来沙系数依然很大、仅次于 20 世纪 90 年代，而位于小浪底水库下游的小浪底水文站、花园口水文站和利津水文站的则急剧变小。这是小浪底水库大量拦沙的结果。

上述 4 个水文站（三门峡、小浪底、花园口和利津）在 1961—2017 年整个时间序列中的月均来沙系数分布曲线（图 4-9）表明，主汛期的 7 月和 8 月份的月均来沙系数由三门峡水文站到花园口水文站呈现出明显沿程变小的空间变化趋势，而利津水文站的与花园口水文站的基本相当；在冬季，花园口水文站的月均来沙系数最高；在春季和秋季，利津水文站的月均来沙系数最高。空间变化表明，除了汛期沿程的趋势性较为明显外，其他月份的变化较为复杂、趋势性不明显。

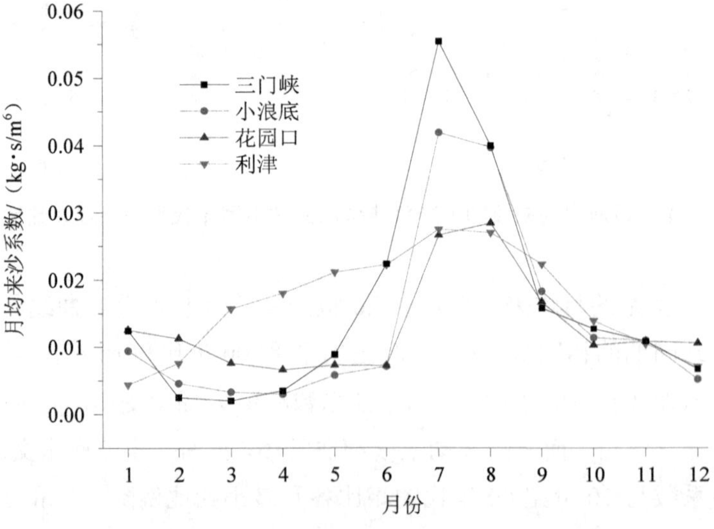

图 4-9　黄河中游末段和下游段典型水文站 1961—2017 年月均来沙系数比较

4.3.2　典型年代月均来沙系数的空间变化特征

从前述的月均来沙系数的年代际变化发现存在着 20 世纪 60 年代的基准低值期、90 年代的高值期和 21 世纪 00 年代和 10 年代的分异期等特征年代。因此，这里选取上述 4 个年代作为分析月均来沙系数在黄河中游末段和下游段空间变化特征的典型年代，图 4-10 展示了上述 4 个年代的月均来沙系数的空间变化趋势。

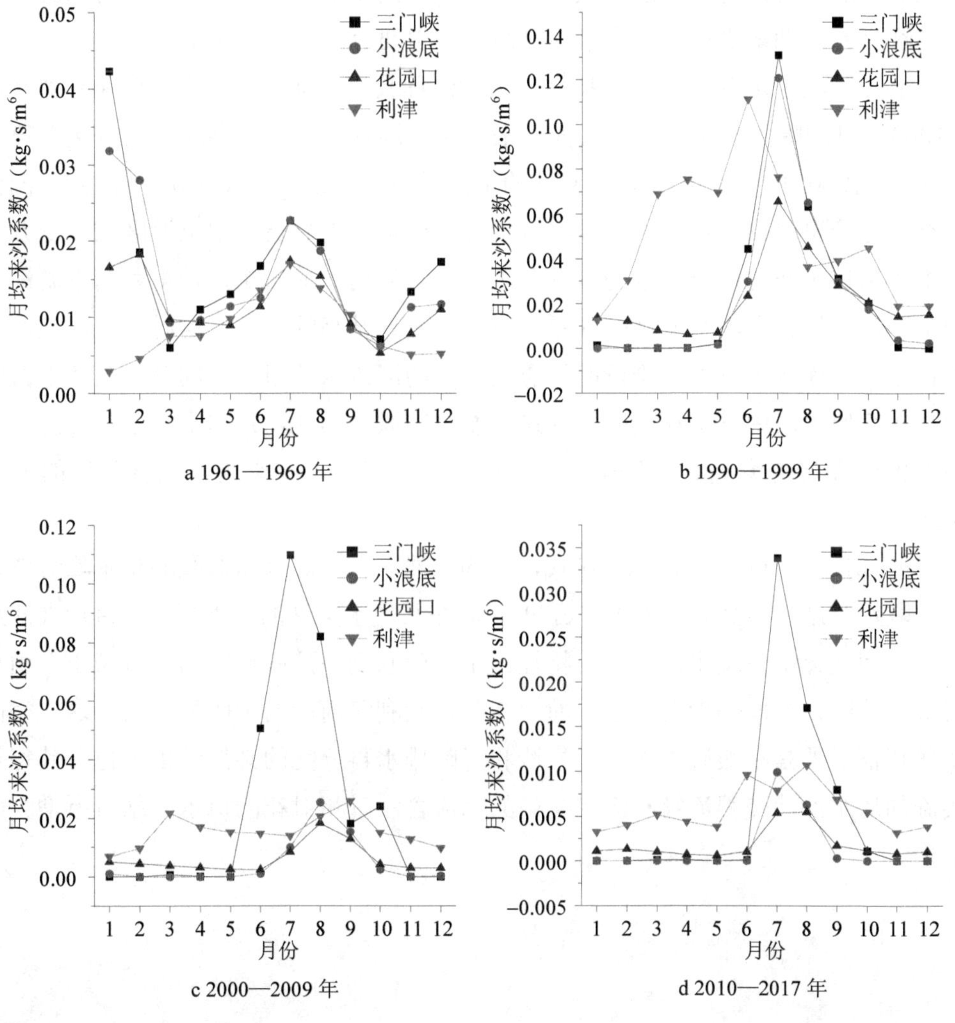

图 4-10　三门峡、小浪底、花园口和利津 4 个水文站典型年代月均来沙系数的空间变化特征

在20世纪60年代的大部分月份，月均来沙系数的空间变化呈现出由三门峡水文站→小浪底水文站→花园口水文站→利津水文站沿程减小的变化趋势（图4-10a）。从月均来沙系数的月际分布曲线的形态上看，除了利津水文站的呈现单峰形态外，其他3个水文站的都呈现出双峰形态特征，并且，其冬季峰高于秋季峰。虽然该时期黄河流域面上的人类活动的强度很低、影响范围小，似乎对黄河流域的区域产沙输沙影响不大，但是，三门峡水库的建成和运行对于水沙组合的月际分布影响极大，而该时期月均来沙系数月际分布曲线的汛期峰势低、冬季峰势高就是对三门峡水库汛期蓄洪拦沙、非汛期排沙这一主要运行方式的响应结果。

在20世纪90年代，非汛期来沙系数沿程具有逐渐增大的空间变化趋势（图4-10b），汛期除了利津水文站之外的来沙系数均具有沿程减小的空间变化趋势。与20世纪60年代的相比，各水文站的来沙系数月际分布曲线的秋季峰显著升高，冬季峰已拉平。该时期这一水沙组合参数的变化既受到黄河中上游区域广泛开展的水土保持工作的影响，也受到农业生产等大量用水的影响，使得黄河下游河道经常断流，导致利津水文站来沙系数也发生变异升高的现象。这时，三门峡水库因蓄水拦沙库容大量消失难以明显影响流经的河流水沙组合，同时，黄河上游的大型水库原本对中下游河道的来沙系数影响甚微，因此，月均来沙系数月际分布曲线的汛期峰势变高、冬季峰势拉平就是对三门峡水库影响大幅度降低的响应结果。

在21世纪00年代和10年代，月均来沙系数月际分布曲线的秋季峰势仅在三门峡水文站依然高耸（图4-10c，d），而在其他水文站的显著降低；月均来沙系数在空间变化上呈现出河段分异特征：由三门峡到小浪底河段的显著减小，由小浪底到花园口河段的微弱减小，而由花园口到利津河段的则明显增大。这一空间变化特征显然是小浪底水库大量拦沙和月际排水再分配的必然结果，也是其每年实施的清水冲沙使得流经利津水文站的水流含沙量相对花园口水文站有所增大的结果。

4.4　不同年代月均流量与含沙量关系变化分析

4.4.1　河流水位升降中来沙系数相对变化机理

一次洪水事件会引起河流逐渐由低水位上升到最高的洪峰水位，然后逐渐回落到平水位，这一完整洪水过程中的河流流量与含沙量相对变化的关系曲线大致会呈现出一个或多个近似环状的形态。Williams（1989）较早研究过洪水事件中水位上升及下降过程中的河流含沙量（C_s）与流量（Q_f）间的关系变化特征，认为含沙量与流量的比值（C_s/Q_f）是一个特征参数，可以用来反映流量—含沙量间的关系变化特征。事实上，中国的水文学家早就引申出了一个专门针对这一比值的参数，称作来沙系数（ξ），其含义已在前面进行了阐述。如果将流量再划分为水位上升过程中某时刻的流量（Q_r）和水位下降过程中某时刻的流量（Q_f），从而会得到水位上升过程中的含沙量与流量的比值（$C_s/Q_r = \xi_r$）和水位下降过程中的含沙量与流量的比值（$C_s/Q_f = \xi_f$）。这样，就可以用河流水位上升过程中的来沙系数（ξ_r）和水位下降过程中的来沙系数（ξ_f）的相对大小关系来判断河流流域来水来沙的相对早晚特征，甚至可以分析不同阶段的泥沙来源，也即可以分析河流水位升降过程中流域内侵蚀作用发生的主要场所。

当 $\xi_r > \xi_f$ 时，这时的流量—含沙量关系曲线大致呈现顺时针环形，或者以顺时针环为主的复合环形，表明含沙量浓度峰值比流量峰值出现得早，即沙峰超前于洪峰，这一类型的环可以称作为流量滞后环。流量滞后环表明在水位上升过程中，河流泥沙浓度的变高主要由河道以外的泥沙供给起控制作用，即流域坡面来沙是这个时期河流泥沙的主要供给来源。而在水位下降过程中，河流泥沙浓度的减小主要受到流水挟沙能力的降低、流域来沙量的减小和河道沉积了部分泥沙的共同控制。

当 $\xi_r < \xi_f$ 时，这时的流量—含沙量关系曲线大致呈现逆时针环，或者以逆时针环为主的复合环形，河流泥沙浓度峰值的出现晚于流量峰值的出现时刻，表明洪水过程中河流水波的传播比所有水沙组合体更快。这一类型的环可以称作沙量滞后环。表现出沙量滞后环的洪水，其水位上升过程中的大流量水流含沙不足，

这种泥沙欠载的水流具有很高的侵蚀能力，当这种水流流经冲积河道时其河床和河岸会遭受较为强烈的侵蚀作用，同时，洪水对河流的侵蚀过程会相对延长。

当 $\xi_r=\xi_f$ 时，这时的流量—含沙量间呈现线性关系，表明这两个参数各自的增大或者减小总是保持同比例特性。这条直线的斜率由同一时间刻度作为横轴的坐标体系中流量和含沙量各自时间变化曲线（也称过程曲线）的相对高低来决定，即当含沙量的时间变化曲线位于流量的时间变化曲线的上部时，流量—含沙量线性关系的斜率（S）大于 1；当含沙量的时间变化曲线位于流量的时间变化曲线下部时，流量—含沙量线性关系的斜率（S）小于 1；当含沙量的时间变化曲线与流量的时间变化曲线重合时，二者的线性关系的斜率（S）等于 1。

由于河流水沙的变化受到多种因素的影响，河流流量和含沙量的变化很少发生同步且同比例的增减现象，因而，在一次洪水过程中水位上升时的来沙系数未必总是等于水位下降时的来沙系数，即 $\xi_r=\xi_f$ 的情况不会在整个洪水过程中出现。但是，在洪水过程中水位上升的某个时段内的来沙系数（ξ_r）有可能等于水位下降的某个时段内的来沙系数（ξ_f），这样，这次洪水过程中的流量—含沙量关系曲线就会包含线形和环形（顺时针环或逆时针环）的组合形态。

在某些情况下，洪水过程中的流量—含沙量关系曲线会更为复杂，比如经常见到的“8”字形环，表明洪水过程中某一时段内水位上升时的来沙系数大于另一时段内水位下降时的来沙系数。此外，也存在由“8”字形环和线形组成的复合形态。

虽然，上述流量—含沙量关系曲线特征是在研究洪水过程中所得到的，但对于季节性分明的河流来说，其流量—含沙量的月际变化过程中也存在着类似现象。

4.4.2 三门峡水文站月均流量与含沙量关系分析

三门峡水文站不同年代月均流量与月均含沙量的月际变化曲线（图 4-11）表明，在 20 世纪的四个年代均呈现“8”字形环，且都是由小流量时的逆时针环和大流量时的顺时针环组成；在 21 世纪的两个年代则都呈现出顺时针环和线形的组合形态。

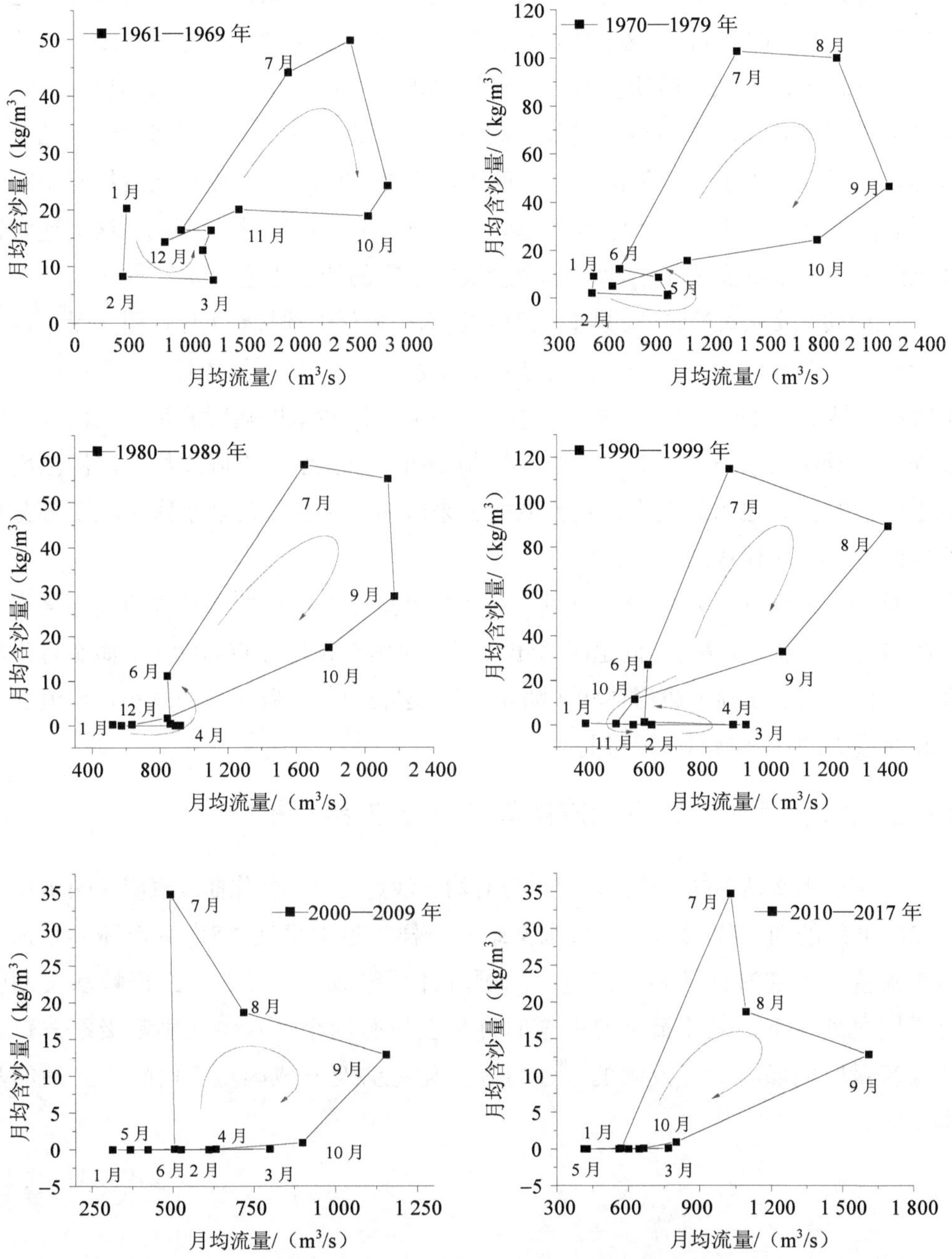

图 4-11　三门峡水文站不同年代月均流量与月均含沙量关系曲线变化特征

在20世纪60年代，三门峡水文站流量—含沙量关系曲线在小流量时的逆时针环较为显著（图4-11），这表明，小流量时三门峡水文站河流泥沙浓度在水位开始上升时较小，流域来沙明显滞后于流域来水，而在水位下降的末期相对前者明显较大，同样表现出来沙滞后现象。故小流量时的逆时针环表明其水位开始上升时的来沙系数要小于水位下降至末期的来沙系数，即 $\xi_r < \xi_f$。而在此后的几个年代中，这种小流量时的逆时针环逐渐变得不显著，并且从21世纪开始，这类逆时针环已经消失，基本变成了小流量时含沙量等于零的线状形态。

三门峡水文站大流量时的顺时针环在这六个年代中都起着主导作用（图4-11）。其特点是，在水位上升过程中的含沙量（来沙系数）大于水位下降过程中的同流量时的含沙量（来沙系数），即 $\xi_r > \xi_f$，表明河流泥沙浓度随着流量增大而变高的过程中主要由流域面上的泥沙供给起控制作用；而在水位下降过程中泥沙浓度相对于流量的更大比例的减小，是流域面上来沙的减小和三门峡水库沉积了部分悬移质泥沙所共同导致的结果。

此外，从顺时针环的形态可见，在20世纪四个年代中都呈现曲线连接点外凸的多边形环状，而在21世纪两个年代则呈现出个别连接点内凹（例如8月份所在的点位）的不规则多边形环状（图4-11），这表明，随着流量的减小，水流含沙量相对增大的速率具有阶段性特征。

4.4.3　小浪底水文站月均流量与含沙量关系分析

小浪底水文站不同年代月均流量与月均含沙量的月际变化曲线表明（图4-12），在20世纪的四个年代与三门峡水文站的一样，也都呈现“8”字形环，且都是由小流量时的逆时针环和大流量时的顺时针环组成。但是，与三门峡水文站明显不同之处在于，其小流量时的逆时针环在所有四个年代中几乎都极不发育。其大流量时的顺时针环反映的水沙月际变化趋势及其成因与三门峡水文站的基本相同。

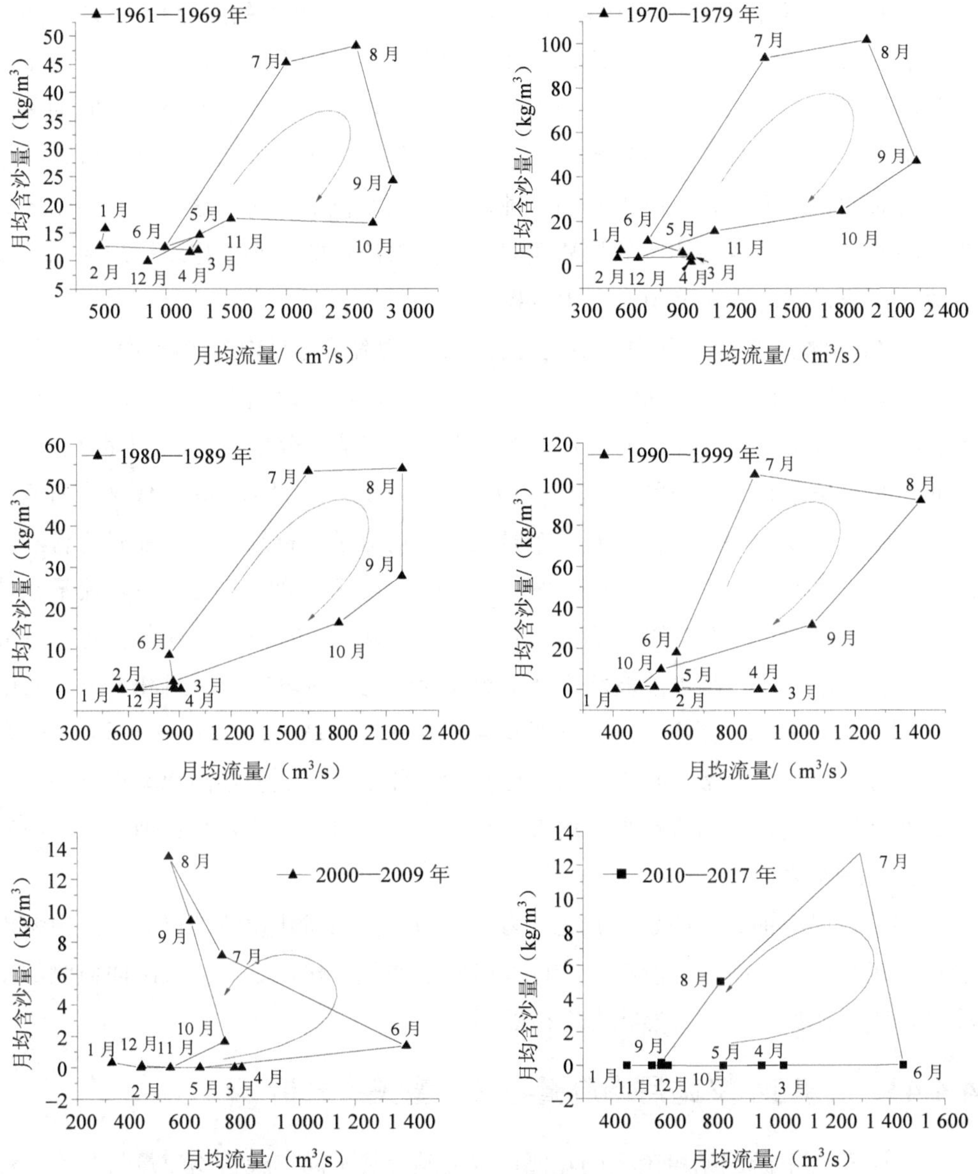

图 4-12　小浪底水文站不同年代月均流量与月均含沙量关系曲线变化特征

而在21世纪的两个年代中则都呈现出逆时针环和线形的组合形态（图4-12），其中前者与三门峡水文站的相反，这就体现出了小浪底水库的建设和运行对于其下游河道断面水沙的直接而强烈的影响。逆时针环的特点在于水位上升时的来沙系数小于水位下降时的来沙系数，即 $\xi_r < \xi_f$，而具有较小来沙系数的水流因含沙量低而会对冲积河道进行程度不同的侵蚀，只有当水位下降时，这种侵蚀作用才会明显降低，水流的较高浓度的悬移质泥沙会随着流量的变小而出现过载，结果会导致部分悬移质泥沙在河道中发生沉积。

在20世纪的四个年代中，小浪底水文站月均流量与月均含沙量的月际变化曲线中的顺时针环也都呈现曲线连接点外凸的多边形环状，而在21世纪的两个年代中它不但变成了逆时针环，而且，环形也由外凸多边形分别变成了21世纪00年代的内凹三角形和10年代的近似三角形（图4-12）。21世纪00年代这一内凹三角形表明，在6—7月和7—8月两个时段，月均流量在持续减小，而月均含沙量却依次为低速增大和中速增大；在8—9月和9—10月这两个时段，月均流量在持续增加，而月均含沙量在以几乎相同的速率持续减小。21世纪10年代这一近似三角形表明，年内各月水沙彼此相互影响较为明显的时段仅为7月和8月。其中6—7月时段，月均流量在减小，而月均含沙量在快速增大；在7—8月和8—9月这两个时段，月均流量在减小，而月均含沙量分别以较低和较高速率在减小。而在其他月份，无论月均流量是在增大还是在减小，月均含沙量都近似为零，没有发生相应的变化。

显然，以小浪底水库建设和运行为代表的人类坝库建设活动已对黄河中游末段小浪底水库下游附近河段的水沙过程造成了严重干扰，这些河流断面监测的水沙月际变化趋势已经与天然状态的截然不同。

4.4.4 花园口水文站月均流量与含沙量关系分析

位于黄河下游起始段附近的花园口水文站，其不同年代月均流量与月均含沙量的月际变化曲线如图4-13所示。该水文站的月际水沙变化曲线与其上游的三门峡水文站和小浪底水文站的差异明显。

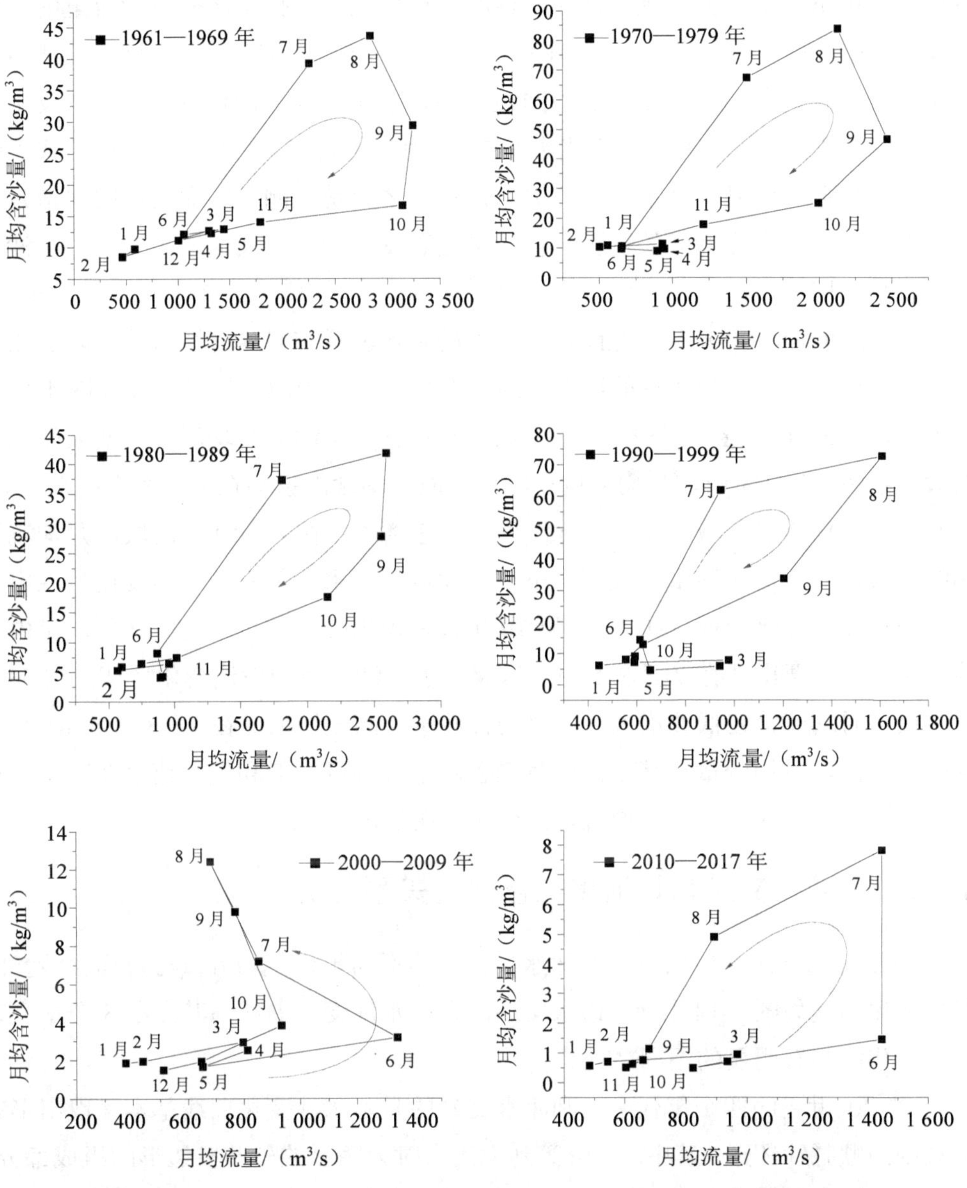

图 4-13　花园口水文站不同年代月均流量与月均含沙量间关系曲线变化特征

在 20 世纪的 4 个年代中，花园口水文站的月际水沙变化曲线与三门峡水文站和小浪底水文站的“8”字形环完全不同，因为它不存在小流量时的逆时针环。

总体上呈现出一个明显的顺时针环，该顺时针环几乎囊括了所有月均流量的变化区间，仅在流量极小时存在可以忽略的线形部分（图 4-13）。此外，这类外凸多边形顺时针环在 20 世纪 90 年代变为四边形环，表明月均含沙量随月均流量发生明显变化的月份在减少，并且基本集中在 7—9 月三个月中。这些顺时针环所代表的流域来沙情形与前述两个水文站的类似，不同之处是花园口断面所在的河道是冲积性的，在年内水位降低的过程中含沙量显著变小预示着其河道中发生了泥沙的部分沉积作用。

在 21 世纪的 00 年代，花园口水文站的月均流量与月均含沙量的月际变化曲线呈现出内凹三角形与线形的组合形态，而且，三角形属于逆时针环（图 4-13）。这表明，在 5—6 月这一时段，该水文站的月均含沙量随着月均流量的增大而低速增大；在 6—7 月时段，月均流量在减小，而月均含沙量却在低速增大；在 7—8 月时段，月均流量在减小而月均含沙量在快速增大；在 8—10 月时段，月均流量小幅增大，而月均含沙量在大幅变小。由此可见，水沙关系的月际变化呈现出更为复杂化和多样化特征。在 21 世纪 10 年代呈现出外凸四边形逆时针环，年内水沙关系变化主要出现在 7 月和 8 月，这展示了水沙关系的下述变化特征：在 6—7 月时段，月均流量在低速增大，而月均含沙量在高速增大；在 7—8 月和 8—9 月这两个时段，月均流量在减小，而月均含沙量分别以较低和较高速率在减小。在其他月份，月均含沙量随月均流量的变化不明显。

4.4.5 利津水文站月均流量与含沙量关系分析

位于黄河下游末段附近的利津水文站，其不同年代月均流量与月均含沙量的月际变化曲线如图 4-14 所示。该水文站的月际水沙变化曲线与其上游 3 个水文站在各年代的都有明显的不同之处。

在 20 世纪的四个年代中，利津水文站的月际水沙变化曲线基本呈现出形态不规则的顺时针环形，其中，在中等到大流量时为明显的外凸多边形的组成部分，而在小流量时的月际水沙关系连线表现出了内凹形态。20 世纪 90 年代，顺时针环在水位上升时的连线与水位下降时的连线之间的距离相对于前三个年代的明显变小，这表明，20 世纪 90 年代利津水文站的水沙关系的协调性较之前年代的明显好转。与花园口水文站的河道类似，利津水文站所在的河道也是冲积性的，其在年内水位降低过程中的含沙量小于水位上升时同流量的含沙量，也是其河道在水位降低过程中发生了泥沙的部分沉积作用所导致。

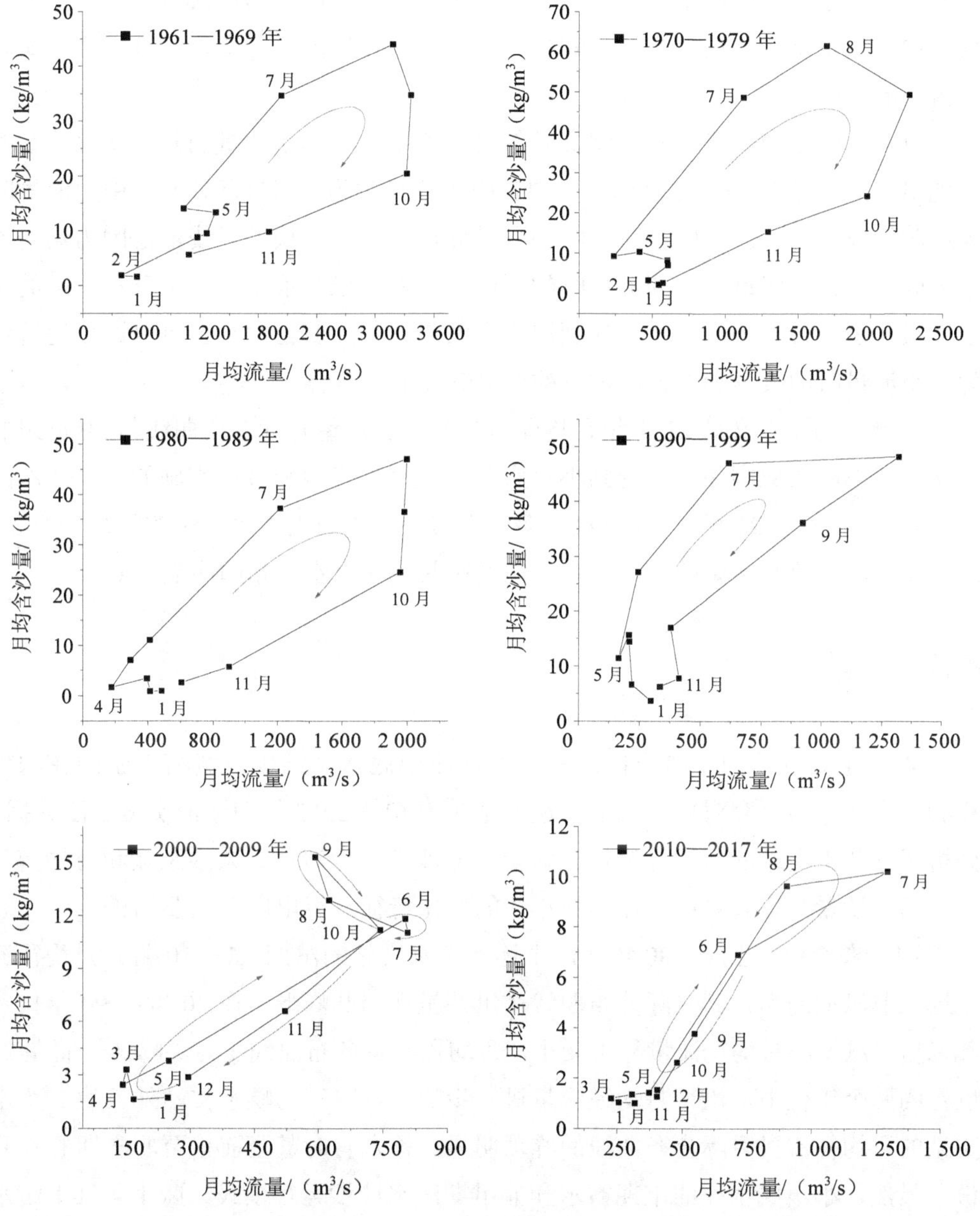

图 4-14 利津水文站不同年代月均流量与月均含沙量关系曲线

在21世纪00年代，利津水文站的月均流量与月均含沙量的月际变化曲线呈现出不规则的“三叶草”形态，三个大小不一顺时针环形成的多环组合体。虽然看似复杂，但这些环基本为极扁形状，表明随着月均流量的增大或者减小，其月均含沙量无论是增加还是减小，其变化幅度都与月均流量的变化幅度之间有着较为密切的关联性。

在21世纪10年代，利津水文站的月均流量与月均含沙量的月际变化曲线则呈现出不太明显的“8”字环形，其中在中小流量时为顺时针环，而在中大流量时为逆时针环。事实上，中小流量时的顺时针环已经非常接近于线形，因为这一流量区间的水位升降过程中同流量时的含沙量的差别已经很小了，上升和下降的两条连线几乎重合，因此，该年代利津水文站水沙月际变化曲线也可以近似地看作为中小流量时的线形和中大流量时的逆时针环的组合体。

显然，利津水文站21世纪月均流量与月均含沙量月际变化曲线与20世纪的表现截然不同的原因在于，受到小浪底水库的大量拦沙和每年实施的清水冲沙的极大影响，尤其是21世纪00年代的多环形态是对年内人工水沙调控的复杂响应。总体而言，利津水文站的水沙关系的协调比其他3个水文站的明显要好。

4.5 小结

本章主要以黄河中游末段的三门峡和小浪底水文站以及黄河下游的花园口和利津水文站为研究对象，基于上述各站在1961—2017年间逐日实测水沙数据，分析了这些水文站的月均径流量、流量、输沙率、含沙量、来沙系数和月均流量与月均含沙量月际关系曲线在不同年代的变化特征，得出以下主要结论：

（1）在20世纪60—80年代，上述4个水文站的汛期（7—10月）月均径流量远比非汛期的高，其月际分布曲线在汛期呈现出凸峰形。在20世纪90年代及其以后，汛期的月均径流量显著变小，月均径流量分布曲线变为尖峰形。而在21世纪的两个年代中，汛期月均径流量进一步变小，除三门峡水文站外其他3个水文站的月均径流量月际分布曲线的峰顶明显前移，有时甚至前移至非汛期的6月份。显然，小浪底水库的汛期蓄水和非汛期清水冲沙运行模式，减小了其下游水文站的汛期径流量、改变了月际分布曲线的峰顶位置。空间变化具有如下特征：

在 20 世纪 60 年代，月均径流量基本呈现出三门峡水文站→小浪底水文站→花园口水文站→利津水文站沿程增大的变化趋势，至 20 世纪 90 年代，在花园口水文站→利津水文站沿程月均径流量则明显减小；在 21 世纪 00 年代和 10 年代，三门峡水文站→小浪底水文站河段的月均径流量在 8—10 月明显减小、小浪底水文站→花园口水文站河段的月均径流量在增加，而花园口水文站→利津水文站河段各月份的月均径流量都在减小。这是随着农业灌区面积显著增大，农业用水大量增加的结果。月均流量的变化特征与月均径流量基本类似。

（2）在 20 世纪各年代，上述 4 个水文站的月均输沙率月际变化曲线的高值都出现在汛期，其中 20 世纪 70 年代的最大，其他三个年代的相近；而低值都出现在冬季和初春。在 21 世纪的两个年代中，汛期的月均输沙率显著变小，其中三门峡水文站的月均输沙率分布曲线由先前的汛期主峰高耸形变为平缓峰形，这是流域汛期来沙显著减小的结果；其他 3 个水文站的汛期高峰几乎被拉平，与非汛期的差别不大，这除了流域来沙减小的影响外，还受到小浪底水库汛期大量拦沙的强烈影响。各年代的空间变化主要表现在汛期输沙率由三门峡水文站到利津水文站呈现出沿程明显变小的趋势，在非汛期无明显变化趋势。

（3）上述水文站月均含沙量在 20 世纪各年代的冬季和初春随着年代更新而逐渐变小，汛期的变化不明显。在 21 世纪 00 年代和 10 年代，三门峡水文站的月均含沙量略有变小，其他 3 个水文站的各月都有显著变小，这是小浪底水库建成后拦截了其上游大量来沙的缘故。月均含沙量在 20 世纪前三个年代的大部分月份的空间变化呈现出由三门峡水文站→小浪底水文站→花园口水文站→利津水文站沿程减小的变化趋势，这是适应河流水动力沿程降低的河流自动调整的结果。在 21 世纪 00 年代和 10 年代，汛期三门峡水文站含沙量依然为很高到较高，由三门峡水文站→小浪底水文站显著减小；非汛期沿着小浪底水文站→花园口水文站→利津水文站则呈现出沿程增大的变化趋势。这不但受到了小浪底水库拦沙的直接影响，而且受到其清水冲沙的河道治理措施的影响。

（4）各年代的月均来沙系数在三门峡水文站、小浪底水文站和花园口水文站大致相似，高值出现在流量小含沙量低的冬季和流量大含沙量高的夏季，低值出现在春季和秋季。与前述各类水沙参数不同，来沙系数在年代际间不存在明显增大或者减小的变化趋势。各水文站在 20 世纪 90 年代和 70 年代的汛期都分别出现了高值或次高值（三门峡水文站出现的是高值和第三高值），三门峡水文站在 21 世纪 00 年代甚至出现了次高值。空间变化特征如下：在 20 世纪 60 年代的大部分月份，来沙系数的空间变化呈现出由三门峡水文站→小浪底水文站→花园口水文站→利津水文站沿程减小趋势；在 20 世纪 90 年代，非汛期来沙系数沿程具有逐渐增大的空间变化趋势；在 21 世纪 00 年代和 10 年代，月均来沙系数呈现出由三门峡水文站到小浪底水文站的显著减小，小浪底水库拦沙起着主导作用；由小浪底水文站→花园口水文站的微弱减小；而由花园口水文站→利津水文站则明显增大，小浪底水库的清水冲沙起着主导作用。

（5）流量—含沙量关系曲线在不同水文站间表现出明显不同的多类环形组合特征，但在 2000 年之前的各年代，都以顺时针环为主；在 21 世纪，除了三门峡水文站仍然以顺时针环为主外，小浪底水文站和花园口水文站的则呈现出逆时针环为主的环形特征，而利津水文站表现出的伪“8”字形环形，也可以近似地看作为中小流量时的线形和中大流量时的逆时针环的组合体。流量—含沙量关系曲线形态的变化实际上反映了水位升降过程中同流量时的来沙系数的相对高低（来沙系数比值），可以根据曲线特征来判断不同时段泥沙的主来源区，以及冲积河道沉积作用和侵蚀作用的相对大小。

第 5 章　河流输沙效率和泥沙输移比变化分析

冲积河流河道的演变受到多种因素的影响，除了短时期内变化不明显的地质和地貌因素外，其主控因素则为来水条件、来沙条件，以及因水沙冲淤变化的河道边界条件。而来水条件、来沙条件又会受到流域土地利用状况和植被覆盖条件的调节和限制。显然，来水条件、来沙条件是河流演变的内动力因素，是河流演变的自变量。因而，深入分析冲积河流体系的水沙变化特征、揭示河道输沙效率和泥沙输移比的变化，是剖析河流冲淤调整的主切入点，同时，也是评估河流排洪输沙能力的重要指标体系。本章基于黄河下游河道入口和出口水文站的多年观测资料，剖析河道断面输沙效率和河段泥沙输移比的变化特征，进而分析其主要影响因素及其影响方式。

5.1　输沙效率及河道冲淤研究回顾

黄河是闻名世界的多泥沙河流，黄河下游河道强烈的泥沙淤积是导致黄河下游曾经发生严重洪水泥沙灾害的重要原因。黄河中上游主支流流经多处大面积的黄土区和风沙区，为黄河下游带来了大量的泥沙，同时，黄土高原的严重水土流失造成了区内居民在农业和环境方面的巨大损失。为了减轻黄土高原的水土流失和黄河下游的河道泥沙淤积，黄河中上游流域大规模的水土保持活动成为优先选择的面上治理措施。同时，一些基于河道径流泥沙调控方法等其他工程措施也成为流域治理的潜在措施而在逐步探索之中。例如，为了有效降低黄河下游河道的泥沙淤积而减轻潜在的洪水泥沙灾害，钱宁等（1978）提出了通过水库的调水调沙来达到削减黄河下游河道淤积，这一河道治理思想推动了黄河下游河道治理的多元化。此后，有关这方面的一系列研究成果逐渐问世，结合水库调水调沙的实践也逐渐展开，尤其是小浪底水库建成之后实施的清水冲沙的实践也基本抑制了黄河下游悬河的进一步发展。

近年来，在年际、年代时间尺度上，不同的研究者对于黄河下游河道的冲淤演变进行了多方面的研究（许炯心，孙季，2003；姚文艺等，2003；申冠卿等，2005；王随继，2008，2009），也对人类活动的影响进行了必要探讨（段敬望等，2004；王浩等，2005；陈建国等，2016；胡春宏，2016），取得了显著的研究成果。众所周知，黄河下游河道演变最为剧烈的时段是每年大雨或者暴雨频发的时段，基本集中在 5—10 月，这是因季风气候的影响黄河流域降水量主要发生在 5—10 月，而 5—10 月径流量和输沙量则决定着黄河下游的年径流量和年输沙量，而其实洪水的输沙能力和输沙效率则决定着黄河下游河道呈现年内净冲刷还是净淤积的态势。此外，黄河主汛期（每年 7—10 月）的径流量和输沙量是集中影响黄河冲积河道演变的关键时期。因此，黄河下游河道 5—10 月以及主汛期泥沙冲淤的年际和年代际变化必然成为研究者关注的重要研究方面。前人对黄河下游洪水泥沙输移特征进行过大量研究（齐璞等，1997；赵业安，1998；许炯心，2002），并提出了高效输沙洪峰的概念（钱意颖等，1993），并对黄河下游洪水的输沙效率进行过系统研究（许炯心，2009）。这些以及其他相关的研究工作推动了黄河下游洪水输沙的研究进展，并为黄河下游河道治理提供了理论指导。

黄河流域大雨或者暴雨一般发生在每年 5—10 月，此外，这六个月在黄河泥沙来源区——黄河中游的平均气温也相对较高，是地表侵蚀产沙的集中时段；而持续时间较长的大雨或者强降雨基本发生在每年 7—10 月。为了描述的方便和突出这两个时段的特色，这里将前一时段称作为“暖季”或“汛期”，后一时段则延续已有的概念“主汛期”。因此，暖季，尤其主汛期，是黄河干流冲积河道（包括黄河下游河道、黄河上游宁蒙河段河道及青藏高原河段河道等）冲淤演变最剧烈的时段，这时的河道断面输沙效率和河段泥沙输移比的大小变化和增减趋势往往决定着河道的冲淤态势，这对于黄河下游冲积河道的演变尤为重要。因此，揭示黄河下游河道暖季及主汛期断面径流输沙效率及河道泥沙输移比的变化趋势及其主要影响因素是黄河下游河道演变研究中的科学问题之一。本章选择黄河下游冲积河段的两个控制水文站——入口处的花园口水文站和出口处的利津水文站，以这两个水文站的多年观测资料为基础，对黄河下游河道暖季以及主汛期的径流输沙特征、径流输沙效率和河段泥沙输移比的阶段性变化特征进行系统研究，以期揭示黄河下游冲积河段在每年关键降雨时期径流输沙效率及河段泥沙输移比的变化特点及变化趋势，进而分析其阶段性变化的主要影响因素。研究结果可为制定更加有效地增大黄河下游洪水输沙能力和提高暖季及主汛期径流输沙效率以减少河道淤积、消除洪水泥沙灾害的措施提供理论依据。

5.2　数据分析方法及暖季和主汛期输沙效率定义

5.2.1　基础数据和研究方法

黄河下游是指铁谢至利津河段，而河道变化最剧烈的河段当属花园口至利津河段，因此，该研究选取黄河下游河道变化最为剧烈河段的入口水文站（花园口水文站）和出口水文站（利津水文站）的实测水文资料来分析其暖季（5—10 月）和主汛期（7—10 月）径流输沙效率的变化特征，所涉及的数据主要是这两个水文站自 1960—2015 年的月径流量和月输沙量资料，原始数据为日均径流量和日均输沙量，来源于黄河水利委员会实测数据。上述两个水文站各年暖季以及主汛期总径流量和总输沙量是根据这些水文站的日均数据计算而得到的。

该研究用到序列分析、双累积曲线分析和线性回归分析等研究方法。利用暖季及主汛期径流量和输沙量年变化序列对比方法来分析涉及时段的水沙年际变化特征；利用径流量和输沙量双累积曲线方法来揭示水沙组合体变化过程中可能存在的多重突变年份和多阶段性；利用线性回归分析方法来确定以突变年份分割的各个时期内累积径流量和累积输沙量之间的线性关系，这些关系的斜率具有重要意义，可以据其求取其输沙效率和变化率。

5.2.2　暖季和主汛期输沙效率定义

河道断面水流输沙效率和河段泥沙输移比等指标可以表征给定河段的冲淤演变特征。河流断面水流输沙效率的表达方式有多种，既可以表达为输送单位泥沙的耗水量（单位为 m^3/t），也可以表示为单位水流的输沙量（单位为 t/m^3）。前者强调输送单位泥沙所需要的水量，重点是突出水资源因素；后者强调单位水量所能输送的泥沙量，突出泥沙因素，对反映河道冲淤来说更为直观。这两种表达方法都可以从不同侧面来揭示河流的输沙效率和河道的冲淤态势。

本章拟揭示黄河下游河道在暖季及主汛期的冲淤变化态势，故采用给定河道断面在研究时段的单位水流输沙量这一概念来计算河道断面输沙效率。为了方便起见，这里将 5—10 月河道断面输沙效率简称为“暖季输沙效率”，而将主汛期河道断面输沙效率简称为“主汛期输沙效率”，相应地，上述时段的河段泥沙输移比则分别简称为“暖季泥沙输移比”和“主汛期泥沙输移比”。此外，为了消除径流量和输沙量之间存在的数量级差异，这里采用 100 m^3 水流的输沙量作为河道断面输沙效率的度量单位，暖季或主汛期累积径流量（x 轴）和累积输沙量（y 轴）间的线性关系式的斜率（单位为 t/m^3）乘以 100 即是本文所定义的主汛期或暖季输沙效率（单位为 t/100 m^3）。暖季河段泥沙输移比是指给定河段在 5—10 月的输出沙量与输入沙量的比值，主汛期河段泥沙输移比是指给定河段在 7—10 月的输出沙量与输入沙量的比值，当该比值小于（大于）1 时，表示该河段在暖季或者主汛期出现净淤积（净冲刷）；当该比值等于 1 时，表示该河段在暖季或者主汛期冲淤平衡。

5.3　黄河下游输沙效率阶段性变化特征

5.3.1　黄河下游输水输沙的年代变化特征及趋势

黄河流域的入海水沙量在近几十年来具有非常明显的阶段性变化特征，以黄河下游出口利津水文站的径流量和输沙量作为流域输入海洋的输沙量进行统计可以发现，不同年代间的月均和年均入海水沙量都存在着较大差别，其中在 20 世纪的四个年代中呈现出明显减小的趋势，其中年均径流量由 20 世纪 60 年代的 546.69 亿 m^3 逐渐减小到 90 年代的 140.50 亿 m^3（表 5-1），年均输沙量则由 60 年代的 12.64 亿 t 逐渐减小到 90 年代的 4.11 亿 t（表 5-2），年均输沙量的最小值为 21 世纪 00 年代的 1.33 亿 t，但在 21 世纪初期则呈现出幅度较小的回升态势，至 2010—2015 年，利津水文站的年均径流量和年均输沙量则分别增至 228.89 亿 m^3（表 5-1）和 1.36 亿 t（表 5-2），相对于前者，后者的增幅很小。

表 5-1　利津水文站不同年代月均和年均径流量　单位：$10^8 m^3$

月份	20 世纪 60 年代	20 世纪 70 年代	20 世纪 80 年代	20 世纪 90 年代	21 世纪 00 年代	2010—2015 年	1961—2015 年
1	14.833 88	14.550 54	12.954 47	7.963 627	6.643 875	11.955 46	13.653 50
2	9.656 630	11.415 9	10.006 58	5.307 097	4.077 354	8.453 722	9.716 614
3	31.405 15	16.260 42	10.599 3	5.608 260	4.065 543	8.327 007	15.324 81
4	32.808 48	15.636 36	4.608 333	5.376 524	3.725 706	9.895 910	14.182 78
5	36.362 21	11.070 02	7.898 733	4.425 080	6.702 350	13.511 37	15.461 75
6	26.810 04	6.143 119	10.657 42	6.336 655	20.764 51	27.037 55	18.122 11
7	54.666 76	30.148 57	32.528 34	16.511 35	21.623 62	49.533 29	38.839 69
8	85.339 01	45.435 59	53.445 62	35.360 68	16.748 23	33.640 36	54.358 98
9	87.195 07	58.867 69	51.318 35	23.875 35	15.335 30	21.035 83	52.975 59
10	89.020 80	52.880 43	52.393 56	10.150 30	19.899 84	18.289 27	49.908 33
11	49.532 74	33.477 15	23.311 76	10.640 41	13.492 79	13.176 29	29.353 27
12	29.055 65	15.296 30	16.210 06	8.945 975	7.914 551	14.031 58	18.118 39
年均	546.686 4	311.182 1	285.932 5	140.501 3	140.993 7	228.887 6	330.015 8

表 5-2　利津水文站不同年代月均和年均输沙量　单位：$10^8 t$

月份	20 世纪 60 年代	20 世纪 70 年代	20 世纪 80 年代	20 世纪 90 年代	21 世纪 00 年代	2010—2015 年	1961—2015 年
1	0.024 021	0.030 532	0.012 457	0.029 482	0.011 419	0.012 919	0.024 882
2	0.017 747	0.036 606	0.008 852	0.035 409	0.006 621	0.009 332	0.024 028
3	0.275 730	0.113 132	0.036 671	0.081 005	0.013 432	0.010 674	0.110 608
4	0.312 144	0.128 745	0.007 895	0.084 024	0.009 104	0.016 286	0.115 298
5	0.484 164	0.114 087	0.055 935	0.050 812	0.025 502	0.022 644	0.154 090
6	0.375 662	0.056 772	0.117 308	0.172 293	0.244 734	0.202 787	0.229 021
7	1.893 589	1.466 582	1.210 028	0.777 891	0.238 308	0.542 918	1.259 666
8	3.756 370	2.795 296	2.516 880	1.704 002	0.214 821	0.360 905	2.398 263
9	3.029 478	2.901 460	1.873 196	0.861 592	0.234 182	0.085 350	1.919 919
10	1.825 068	1.277 837	1.287 779	0.172 916	0.222 039	0.053 569	1.028 870
11	0.485 454	0.511 766	0.132 534	0.083 030	0.089 044	0.018 870	0.280 604
12	0.163 292	0.039 483	0.042 574	0.056 666	0.022 736	0.025 740	0.071 398
年均	12.642 72	9.472 298	7.302 109	4.109 121	1.331 943	1.361 994	7.616 647

利津水文站不同年代的月均径流量和月均输沙量的最大值基本上都出现在主汛期（图 5-1），其中前三个年代中的最大值多出现在 8—10 月中的某一月，而在后三个年代中，最大值出现的月份明显前移，其中最大月均径流量在 7 月出现了 2 次，8 月出现了 1 次，最大月均输沙量在 6 月、7 月和 8 月各出现了 1 次。显然，多年平均月径流量和月输沙量在月际分布上发生了明显变化。

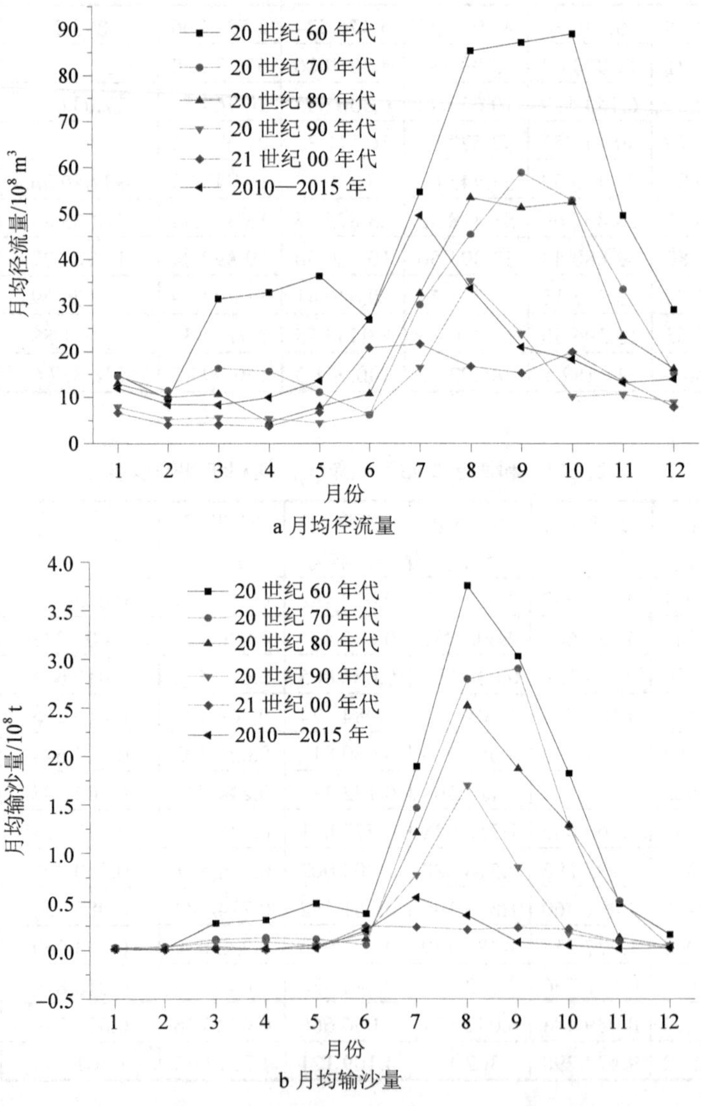

图 5-1 黄河利津水文站不同年代月均径流量和输沙量变化特征

5.3.2　暖季及主汛期径流量和输沙量年际变化

1960 年以来，黄河下游花园口水文站和利津水文站的暖季径流量变化趋势基本相似（图 5-2），其中 1960—1965 年间显著增大；1965—1972 年间在波动之中大幅减小；1972—1983 年间呈现波动性增加变化趋势；1983—1997 年间呈现波动性减小直到最低值；此后维持低幅波动且略有增大的变化趋势。然而，两个水文站之间也存在较大差异之处。在 1970 年之前，两个水文站各年暖季径流量大致相等；此后各年，随着黄河下游平原区工农业发展的需要而从黄河引水量明显增大，每年暖季利津水文站的径流量总是小于花园口水文站。

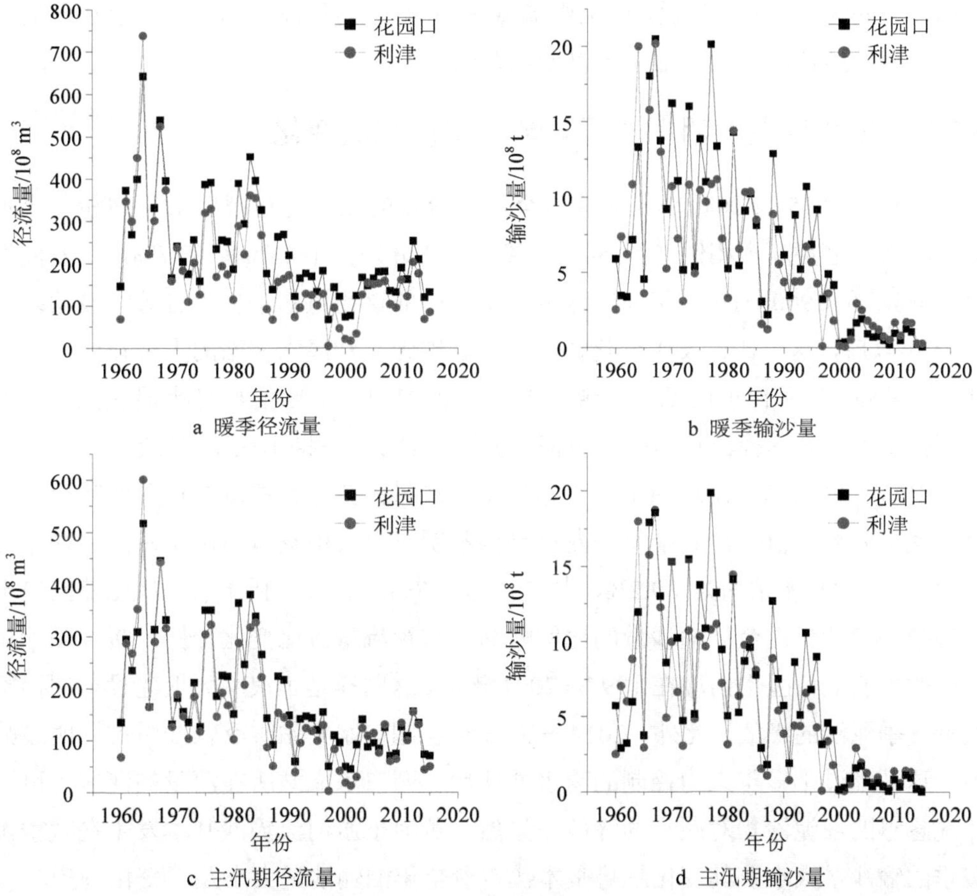

图 5-2　花园口和利津水文站暖季及主汛期径流量和输沙量年际变化特征

暖季输沙量的变化与暖季径流量的变化明显不同（图 5-2），除了在 1960—1965 年间显著增大、1965—1977 年间在大幅波动中总体上呈现高值外，这两个水文站都基本呈现波动性变小趋势。花园口水文站和利津水文站的年暖季输沙量在 1964—1968 年间和 1981—1985 年间大致相等；在 1969—1980 年间、1986—2002 年间前者大于后者，两个水文站间的河段在暖季以泥沙净淤积为主；而在 2003—2015 年间则是后者大于前者，该河道段则以泥沙净侵蚀为主。

主汛期径流量和输沙量的年际变化与暖季径流量和输沙量的年际变化趋势非常相似，花园口水文站和利津水文站之间的主汛期水沙的相对大小的年际变化也极为相似，这表明，这两个水文站的主汛期径流量和输沙量决定着暖季径流量和输沙量的大小，也就是说，中上游流域 5—6 月间的径流量和产沙量经过主河道大型水库的拦蓄，很大一部分难以到达黄河下游。

5.3.3 暖季及主汛期水沙量与全年水沙比值变化

1960—2015 年间暖季径流量占全年径流量的比例在花园口水文站和利津水文站的增减趋势基本相似（图 5-3），其平均值分别为 63.3%和 67.7%，其差值仅为 4.4%。在 1960—1987 年间，这两个水文站的该比值基本相等且等幅波动；自 1987 年以后，这一比值发生分化，总体上表现为在利津水文站的大于花园口水文站的。另外，这一比值的低值出现在 1997—2001 年间，这主要是小浪底大坝建设末期拦蓄大量暖季径流从而引起黄河下游暖季径流量相对减小的缘故。

1960—2015 年间，这两个水文站暖季输沙量占全年输沙量的百分比除个别年份表现出明显低值外，其余年份变化趋势不明显，其中花园口水文站的平均值为 83.9%，利津水文站的为 89.2%，其差值为 5.3%，显然，利津水文站比花园口水文站暖季输沙量占全年输沙量的比例略高。与径流量占比变化一样，暖季输沙量占比的主要低值区也出现在 1997—2001 年间，这同样是小浪底大坝建设末期拦蓄大量暖季泥沙的缘故。此外，2014—2015 年花园口水文站暖季输沙量占比明显减小，这是经过十多年人为控制的清水冲沙后花园口水文站所在河段的河床上可以冲洗悬浮的细泥沙相对减小的缘故。显然，黄河下游河流输沙基本发生在暖季，暖季的输沙量大小及其变化趋势基本决定着全年的输沙量大小及其变化趋势。

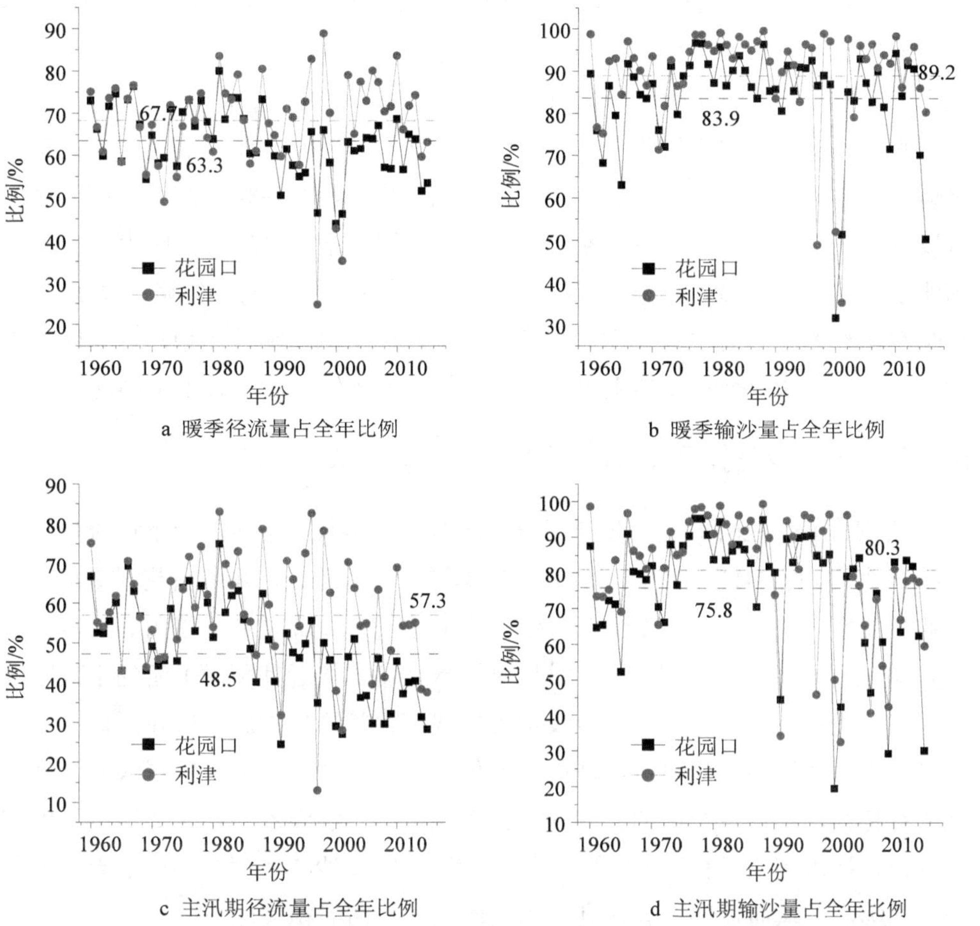

a 暖季径流量占全年比例

b 暖季输沙量占全年比例

c 主汛期径流量占全年比例

d 主汛期输沙量占全年比例

图 5-3　花园口和利津水文站暖季及主汛期径流量和输沙量分别占全年径流量和输沙量的百分比

与暖季相比，花园口水文站和利津水文站的主汛期径流量占全年径流量的比例在增减趋势上基本类似（图 5-3），只是花园口水文站的主汛期径流量占全年的比例降为 48.5%，利津水文站的降为 57.3%，二者的差值增大至 8.8%。在 1960—1970 年间，这两个水文站的主汛期径流量的占比值基本相等且等幅波动；自 1970 年以后，这一比值也发生明显分化，总体上表现为花园口水文站的小于利津水文站的。另外，利津水文站这一比值的低值出现在 1997—2001 年间，而花园口水文站的低值自 2000 年以来多次出现。

1960—2015年间,这两个水文站主汛期输沙量占全年输沙量的百分比在1976年之前表现出波动中升高趋势(图5-3),在1976—1999年间个别年份发生大幅度减小现象但变化趋势不明,同时可以发现,在1960—1999年间的绝大多数年份中,利津水文站输沙量占比值要大于花园口水文站的。在1999年之后的最初几年这一比值在上述两个水文站都明显变小、波动幅度增大,此后略有回升。统计全时段可以发现,花园口水文站主汛期输沙量占全年输沙量的平均百分比为75.8%,而利津水文站的为80.3%,二者的差值为4.5%,比暖季二者的差值略微减小。显然,与暖季输沙占全年的比例一样,利津水文站断面主汛期输沙比稍高于花园口水文站的,同时,这两个水文站主汛期占全年的输沙比例相对于暖季更趋向于一致。

5.3.4 暖季及主汛期径流量和输沙量间的关系分析

根据1960—2015年间黄河下游花园口和利津水文站各年暖季径流量和输沙量统计结果(图5-4)可见,二者之间基本遵循线性关系,其中在花园口水文站二者的相关性较差,决定系数仅为0.387,而在利津水文站的相对更好,决定系数达到0.709。显然,由于花园口水文站比利津水文站更接近其断面上游的小浪底等大型水库,暖季水库防洪库容调整及运行方式变化等管理措施使得花园口站水沙关系受到人为调控的影响更大,从而易于偏离水沙长期自动调整中形成的天然的相互依存特性,使得拟合出的二者的线性关系较差。利津水文站距离这些水库相对较远,挟沙水流的沿程冲淤调整使得人为影响的水沙关系逐渐趋向于天然河道水动力的需求,从而使得二者在利津水文站呈现较高的相关性。

相对于暖季,花园口水文站和利津水文站各年主汛期径流量和输沙量的线性拟合关系明显更好一些(图5-4),其中花园口水文站主汛期径流量和输沙量二者的线性关系的决定系数提高到0.459,而在利津水文站的则提高到0.746。这表明,主汛期人为调控对水沙关系的影响要比暖季的相对小一些,也即5—6月间的人工调控措施,比如灌溉引水引沙、汛前水库排水和河道冲沙等,对黄河下游河道水沙关系的影响程度远比主汛期的要高。

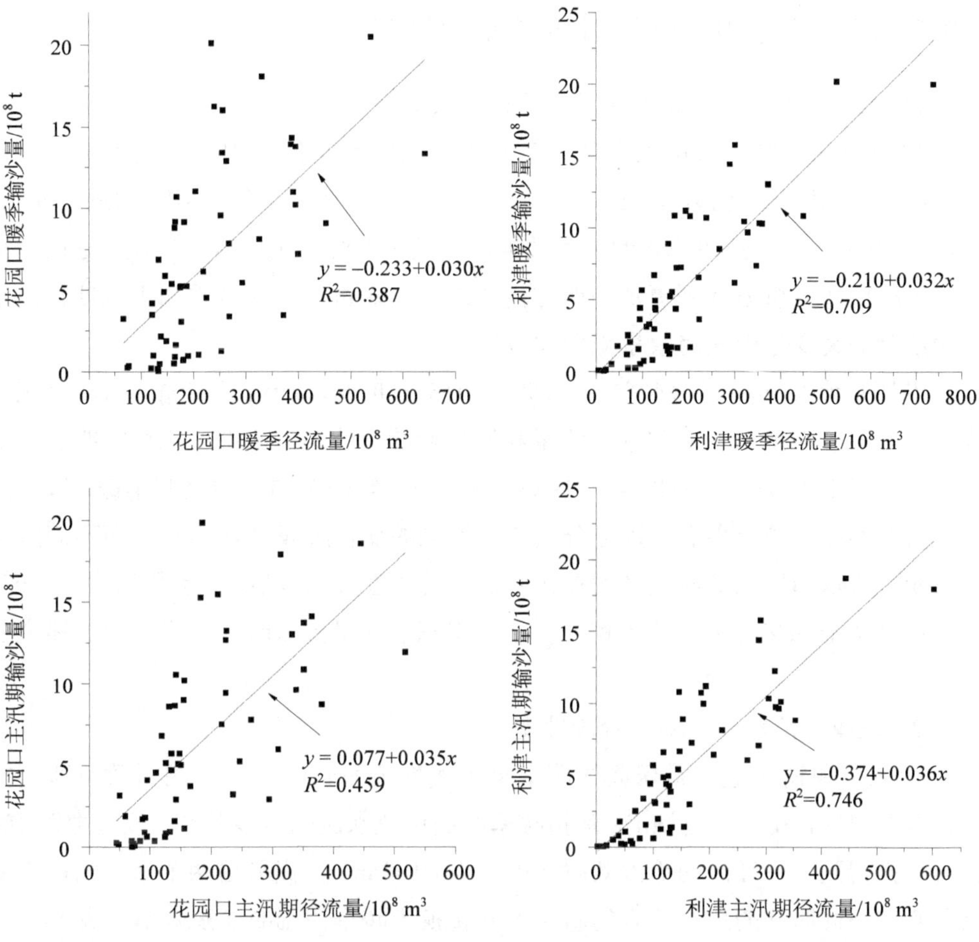

图 5-4　花园口水文站和利津水文站暖季及主汛期径流量和输沙量间的拟合关系

由前述可见，黄河下游暖季和主汛期径流量和输沙量的相关关系在上下河段存在着不协调特征，为了阐明黄河下游暖季以及主汛期水沙过程及其潜在的变化特征，需要利用更加有效的方法来揭示其变化的潜在趋势性。后面本章将利用径流量和输沙量双累积曲线分析方法对这两个水文站在暖季和主汛期的水沙变化特征进行更深入的分析，以查明水沙演变过程中可能存在的一些潜在阶段性变化特征，进而阐释其主要影响因素的作用方式。

5.3.5 暖季及主汛期输沙效率的阶段性变化

1）水沙关系突变年份及水沙变化的阶段划分

累积距平分析方法可以发现某类数据序列的距平值累积变化过程中的主要突变点（冉立山等，2009；Wang et al.，2012a，2012b；王随继等，2012；Wang et al.，2015），但是，对于密切关联的两类数据序列的突变分析上则难以应用，这时，采用双累积曲线分析方法则更加简明方便。这里，对黄河下游暖季和主汛期径流量和输沙量的突变分析采用双累积曲线方法。

花园口水文站和利津水文站 1960—2015 年间暖季径流量和输沙量双累积曲线分布如图 5-5 所示，其暖季径流量和输沙量综合体的阶段性变化特征明显，都清晰地呈现出 1965 年、1981 年、1987 年和 1999 年四个同步的突变年份，以这些年份为时间序列的分界点可以划分出 5 个不同的变化阶段（表 5-3），而不同阶段中累积径流量和累积输沙量之间存在着极好的线性关系，其决定系数都大于 0.95。在分析这两个水文站主汛期累积径流量和累积输沙量关系时，同样采用上述突变年份。

2）暖季径流输沙效率的阶段性变化

径流量和输沙量双累积曲线图中每个线性关系式的因变量的系数也即其拟合直线的斜率，其单位为 t/m^3，意指暖季断面单位水流的输沙效率，该值乘以 100 就可转换得到暖季径流的输沙效率（单位为 $t/100\ m^3$）。提取这两个水文站被突变点分割的不同时期的拟合关系的斜率值并转换为暖季径流的输沙效率（表 5-3），进而分别计算这两个水文站暖季径流输沙效率的基变率（某一时期暖季输沙效率占基准期输沙效率的百分比）和递变率（某一时期暖季输沙效率占前一时期输沙效率的百分比）。

将 1960—1965 年作为基准期，相对于基准期，花园口水文站和利津水文站各自的暖季径流平均输沙效率（给定时期的多年平均值）在 1966—1981 年、1982—1987 年和 1988—1999 年都有不同程度的增加，两站平均径流输沙效率分别为 4.3 $t/100\ m^3$、2.6 $t/100\ m^3$ 和 4.1 $t/100\ m^3$；在两站的基变率分别为 164.7%、35.3%、152.3%和 68.3%、20.8%、65.4%；而在 2000—2015 年则显著变小，其基变率分别为–70.6%和–58.3%。

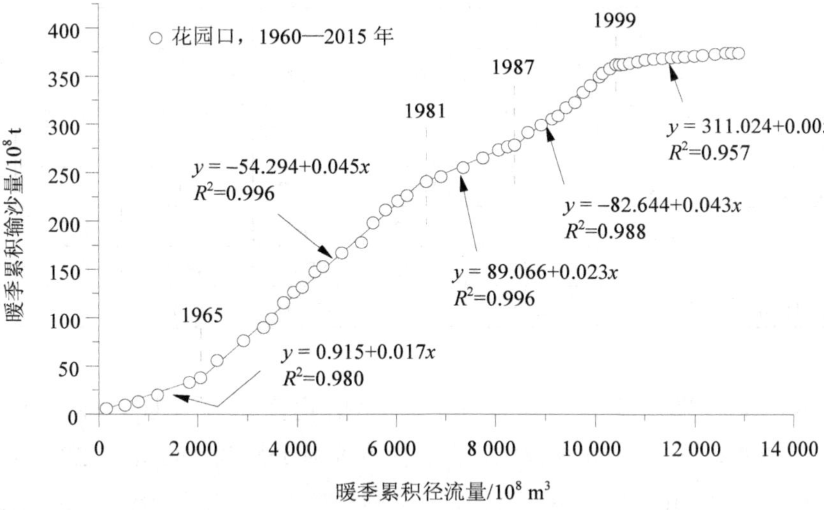

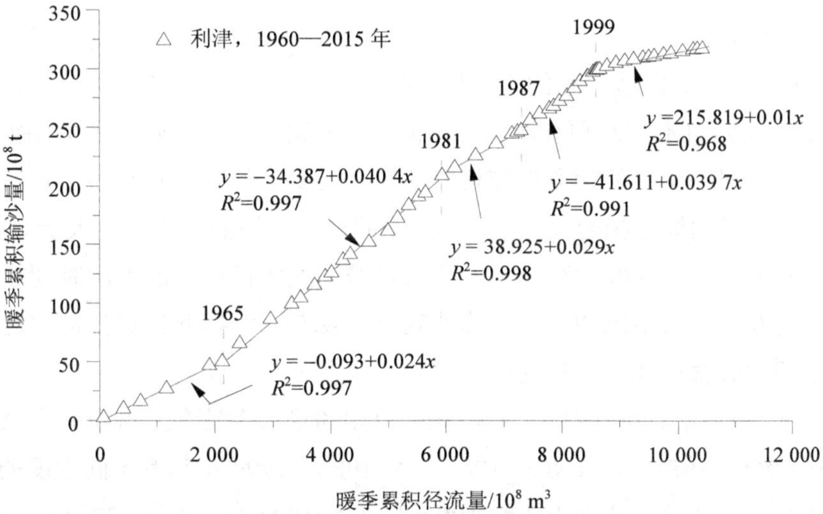

图5-5 花园口水文站和利津水文站暖季径流量和输沙量双累积曲线及不同时期的线性拟合关系

表 5-3 黄河下游花园口水文站和利津水文站暖季径流输沙效率及其变化率

时期	两站平均径流输沙效率/（t/100 m³）	花园口			利津		
		输沙效率/（t/100 m³）	基变率/%	递变率/%	输沙效率/（t/100 m³）	基变率/%	递变率/%
1960—1965 年	2.1	1.7	—	—	2.4	—	—
1966—1981 年	4.3	4.5	164.7	164.7	4.04	68.3	68.3
1982—1987 年	2.6	2.3	35.3	–48.9	2.9	20.8	–28.2
1988—1999 年	4.1	4.3	152.9	87.0	3.97	65.4	36.9
2000—2015 年	0.8	0.5	–70.6	–88.4	1.0	–58.3	–74.8

上述四个时期暖季径流平均输沙效率的递变率在花园口水文站分别为 164.7%、–48.9%、87.0%和–88.4%，在利津水文站分别为 68.3%、–28.2%、36.9%和–74.8%，都呈现出正负交替分布特征。显然，暖季径流平均输沙效率在这两个水文站的变化趋势相同，但花园口水文站的暖季平均输沙效率的变化率（增减）都明显大于利津水文站的。

3）主汛期径流输沙效率的阶段性变化

主汛期花园口水文站和利津水文站的累积径流量和累积输沙量关系如图 5-6 所示，也都呈现出明显的阶段性变化特征，其突变年份也与暖季的一致。在不同变化阶段中二者的线性拟合关系非常好，花园口水文站的决定系数大于 0.977，而利津水文站的大于 0.960。提取这两个水文站被突变年份分割的不同时期的拟合关系的斜率值并转换为主汛期径流的输沙效率（表 5-4），据此计算获得的这两个水文站主汛期径流输沙效率的基变率和递变率如表 5-4 所示。

相对于基准期 1960—1965 年，花园口和利津水文站在主汛期的径流平均输沙效率在 1966—1981 年、1982—1987 年和 1988—1999 年都有不同程度的增加，两站平均径流输沙效率分别为 4.8 t/100 m³、2.9 t/100 m³ 和 4.7 t/100 m³；两站各自的基变率分别为 330%、70%、330%和 180%、50%、160%，显然，花园口水文站的基变率的变幅大于利津水文站的；而在 2000—2015 年间则显著变小，其基变率分别为–120%和–160%。由于不同时期的增减幅度不同，因而这两个水文站主汛期径流输沙效率的递变率都呈现出增减交替的变化特征，同样地，花园口水文站的基变率的变幅大于利津水文站的。

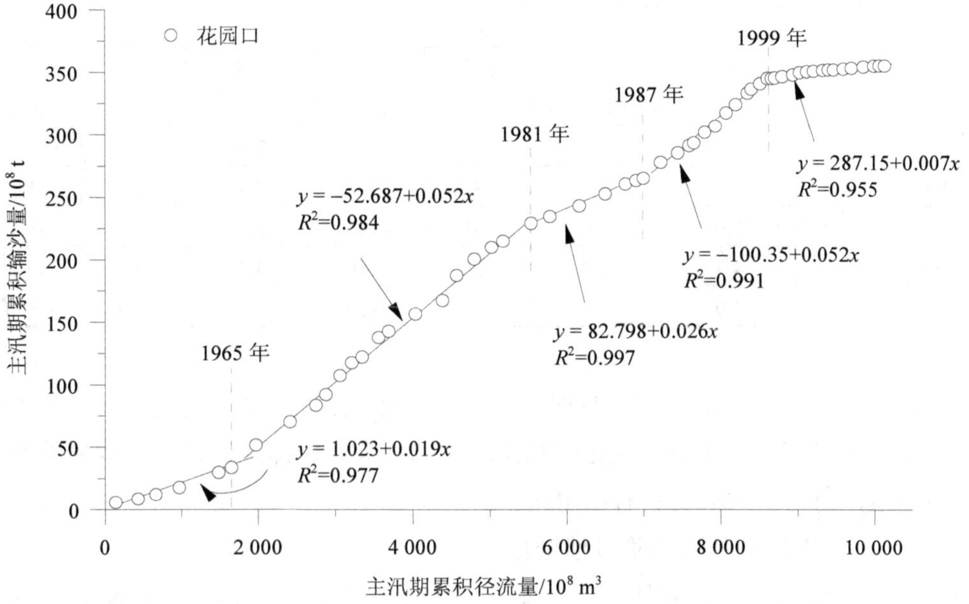

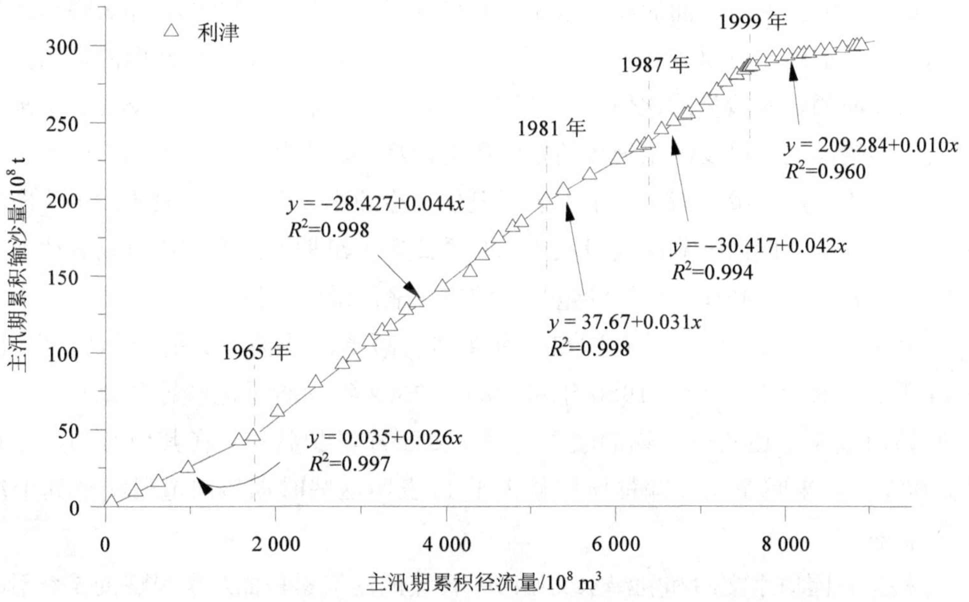

图 5-6　花园口水文站和利津水文站主汛期径流量和输沙量双累积曲线及不同时期的线性拟合关系

表 5-4 黄河下游花园口水文站和利津水文站主汛期径流输沙效率及其变化率

时期	两站平均径流输沙效率/（t/100 m³）	花园口			利津		
		输沙效率/（t/100 m³）	基变率/%	递变率/%	输沙效率/（t/100 m³）	基变率/%	递变率/%
1960—1965 年	2.3	1.9	—	—	2.6	—	—
1966—1981 年	4.8	5.2	330	330	4.4	180	180
1982—1987 年	2.9	2.6	70	−260	3.1	50	−130
1988—1999 年	4.7	5.2	330	260	4.2	160	110
2000—2015 年	0.9	0.7	−120	−450	1.0	−160	−320

对比暖季和主汛期这两个时期可以发现，无论是基变率还是递变率，这两个水文站的主汛期输沙效率的变化率都比暖季的更大，也即主汛期输沙效率的变化更为明显，对河道的演变具有决定作用。

4）河段泥沙输移比的阶段性变化

河流洪水的泥沙输移比可以用某次洪水中输送到某一河段出口断面的泥沙量与进入该河段入口断面的泥沙量的比率来表示（许炯心，2009），那么暖季或者主汛期泥沙输移比可以表达为某一河段整个暖季或者主汛期出口断面的输出沙量与入口断面的输入沙量的比值。当某一河段没有汇流和分流时，暖季或者主汛期河段泥沙输移比可以反映某河段给定时段泥沙净冲淤态势，当泥沙输移比等于 1 表明该河段泥沙冲淤平衡、大于 1 表明发生了净冲刷、而小于 1 表明发生了净沉积。黄河下游花园口—利津河段某年的暖季或者主汛期泥沙输移比可以表达为当年暖季或者主汛期利津站总输沙量与花园口总输沙量的比值。

1960 年以来黄河下游花园口—利津河段暖季泥沙输移比的年际变化如图 5-7a 所示，其中在 1965—1980 年和 1986—2002 年间暖季泥沙输移比小于 1，表明该河段在上述两个时期的暖季总体上处于净淤积状态；在其他时期，尤其是 2003 年以来暖季泥沙输移比明显大于 1，表明这些时期该河道段暖季处于净冲刷状态。

根据花园口水文站和利津水文站暖季径流泥沙双累积曲线所呈现的 5 个不同的变化时期，花园口水文站和利津水文站在这 5 个时期中的年均暖季输沙量差别明显，故而引起区间泥沙输移比发生了明显的阶段性变化（图 5-7b），花园口—利津河段暖季年均泥沙输移比在这些阶段分别为 1.34、0.78、1.01、0.62 和 1.48（表 5-5），具有冲淤交替的变化特征，其中区间净沉积发生在 1966—1981 年和 1988—1999 年这两个时期，1982—1987 年间则处于准冲淤平衡状态，其他两个时期则表现为净冲刷。虽然该河段在上述 5 个时期呈现出明显的冲淤交替变化特征，但是其泥沙输移比的基变率在 1966—1999 年间的三个时期中都是负数，也即相对于基准期 1960—1965 年其泥沙输移比在持续减小，只是减小幅度有所不同；而在 2000—2015 年间其基变率变为 10.45%，表明其泥沙输移比超过了基准期的。由于泥沙输移比大于 1 和小于 1 的交替出现，其递变率则正负相间，变化幅度也较基变率更大（表 5-5）。

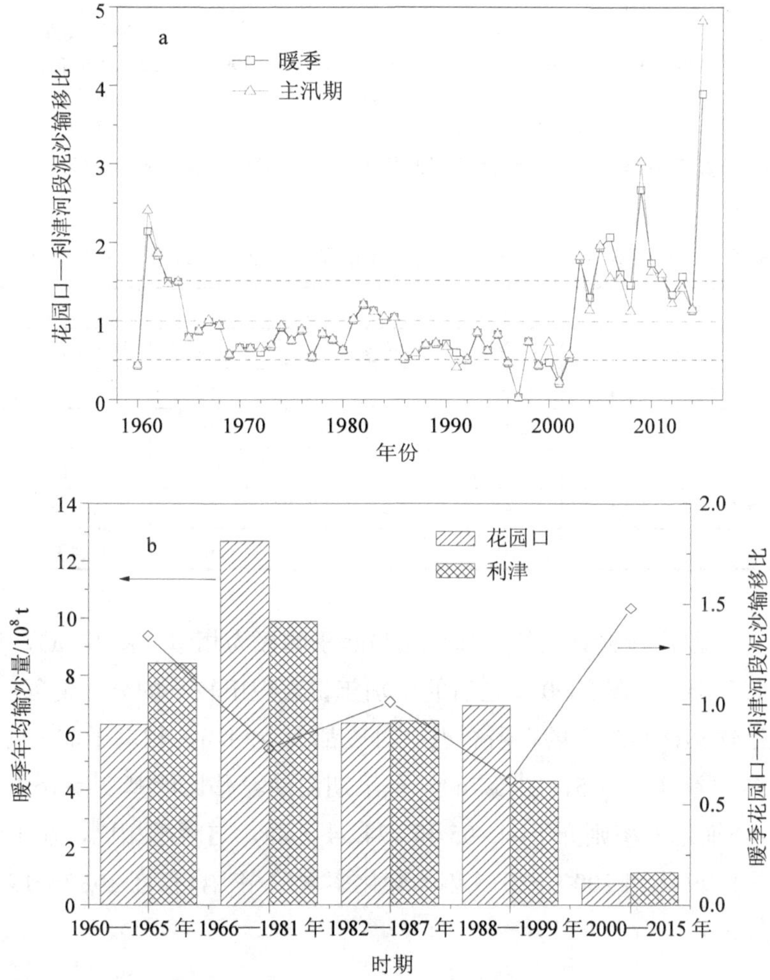

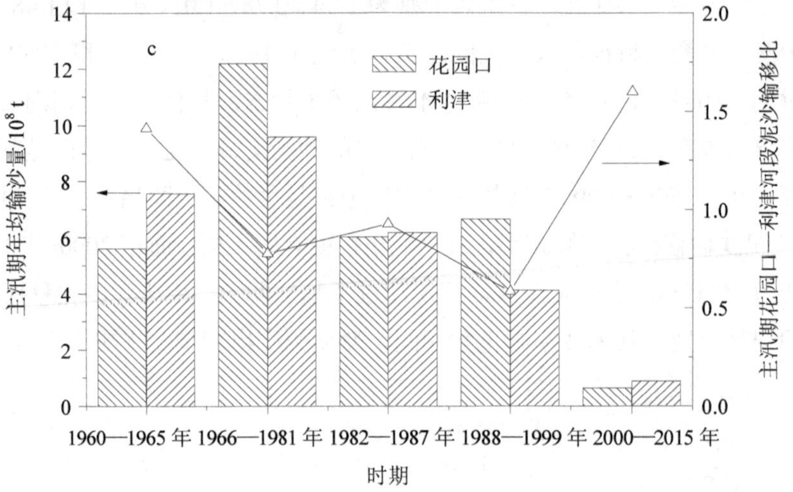

图 5-7 黄河下游花园口—利津河段暖季及主汛期泥沙输移比年际和阶段性变化

表 5-5 黄河下游花园口—利津河段暖季和主汛期泥沙输移比及其变化率

时期	暖季			主汛期		
	泥沙输移比	基变率/%	递变率/%	泥沙输移比	基变率/%	递变率/%
1960—1965 年	1.34	—	—	1.41	—	—
1966—1981 年	0.78	−41.79	−41.79	0.78	−44.92	−45.05
1982—1987 年	1.01	−24.63	29.49	0.93	−34.37	19.15
1988—1999 年	0.62	−53.73	−38.61	0.58	−58.68	−37.05
2000—2015 年	1.48	10.45	138.71	1.60	13.43	174.54

主汛期河段泥沙输移比的年际变化与暖季的极为相似（图 5-7a），这在 1999 年之前尤其明显，仅在 2000 年之后的个别年份表现出较小的分异现象。主汛期河段平均泥沙输移比与暖季的在所有五个时段都大致相当，相对于前一时段的增减趋势也基本一致（表 5-5，图 5-7c）。主汛期泥沙输移比的基变率介于−58.68 和 13.43 之间，而递变率则介于−45.05 和 174.54 之间，与暖季相比，在 1966—1981 年、1988—1999 年和 2000—2015 年的变化率大致相当，仅在 1982—1987 年差别较大（表 5-5）。

5.4　影响输沙效率变化的主控因素分析

影响径流量变化的自然因素主要是气候变化，降水量和蒸散量变化是导致流域径流量变化的气候因子，随着径流量的变化其输沙量也会发生相应的调整。近几十年来，人类活动对干旱、半干旱地区的流域径流量变化的影响逐渐加剧且往往成为主导因素（Wang et al.，2012；王随继等，2012；Wang et al.，2015）。下面将从气候变化和人类活动两个方面来讨论它们对黄河下游输沙效率阶段性变化的影响程度。

5.4.1　气候变化的影响分析

根据黄河流域数百个气象站 1950 年以来的实测资料的统计分析结果表明，黄河流域蒸散量变化对流域内径流量变化的贡献率仅占 4%左右（Wang et al.，2012），显然，蒸散量对于黄河流域径流量及输沙量变化的影响可以忽略不计，因此，蒸散量对于黄河下游输沙效率阶段性变化的影响也可忽略。

黄河流域百年尺度下气候的波动性变化导致降水量的变化主要是年际间的波动，而趋势性变化不明显。已有的研究结果表明，黄河源区和下游区年降水量无明显的长期变化趋势，中游在 1988—2007 年间降水量平均值较多年平均值约下降 10%，而黄河的径流量主要来源于兰州以上，表明降水量不是影响黄河流域年径流量变化的主要控制因素（刘成等，2008）；黄河流域年降水量变化率具有明显的空间差异性，总体表现为上游地区为正、中游地区为负的特点（刘勤等，2012），这种不同地区降水量正负变化对流域径流量变化可以起到部分相互抵消的作用，可认为黄河流域的降水量变化对其下游年径流量变化的影响有限。还有研究结果表明，1950 年以来，黄河流域径流量变化受到降水量和蒸散量变化的综合影响约占 8%，而人类活动的综合影响高达 92%左右（Wang et al.，2012），这也说明气候因素对黄河流域径流量变化影响甚微，而人类活动是黄河流域径流量变化的主控因素。

对于黄河下游暖季或主汛期径流量变化来说，年际波动的暖季或主汛期降水量对它会有一定的影响，但是对径流量时间尺度达年代际的阶段性变化来说，其影响同样有限。常军等（2014）认为黄河流域夏季平均降水量为 261.4 mm，在 20 世纪 70 年代偏多，90 年代以来偏少；秋季平均降水量为 116 mm，在 20 世纪 60 年代显著偏多，90 年代偏少，自 21 世纪 00 年代有增加趋势。因暖季和主汛期都在夏季和秋季，故黄河流域暖季和主汛期降水量在 20 世纪 60 年代和 70 年代偏多而 90 年代偏小，对比黄河下游径流量年际变化（图 5-2）可以发现，除了 90 年代降水量偏小与黄河下游径流量变小大致一致外，其他时期则并不相符。显然，黄河流域夏秋季降水量对其下游暖季和主汛期径流量虽然有一定影响，但其影响程度仍然很小。暖季和主汛期径流的输沙能力与径流量大小密切相关，黄河下游无论是上段的花园口水文站还是下段的利津水文站，暖季和主汛期径流量与输沙量都具有明显的正相关关系（图 5-4），因此，由黄河流域夏秋季降水量变化对其下游暖季和主汛期径流量变化影响有限可以推知，夏秋季黄河流域降水量变化对其下游暖季和主汛期输沙量变化的影响同样很小。

从上述讨论可知，气候因素对黄河下游暖季和主汛期径流输沙效率和泥沙输移比的阶段性变化的影响有限，人类活动才是其主控因素。

5.4.2 人类活动的影响分析

1）水土保持措施的影响分析

黄河流域自 20 世纪 70 年代以来实施的水土保持措施对于防治流域内水土流失卓有成效。这些水土保持措施主要有坡地地区的梯田建设和造林种草，沟道地区的淤地坝建设，以及 2000 年以来有效实施的坡地退耕还林措施。这些水土保持措施对拦水减沙影响有一定的差别。

大规模的梯田建设有效减少了其分布区域的产流产沙能力，从而降低了该区域的输水输沙量，这会有效减少黄河下游的来水来沙量；造林种草以及退耕还林都是以增加坡面植被的方法增大了土壤水分的入渗能力、减小了地表汇流能力，相应地减少了坡面产输沙能力，同样也会减少黄河下游的来水量和来沙量；沟道淤地坝工程则是对径流及其携带的泥沙进行直接拦截作用。当非暴雨发生时段淤地坝上游区域的来水量往往不足以充满淤地坝，这时淤地坝拦截了全部的水沙，导致输沙量同比例减小；而当暴雨发生时，淤地坝以上区域的来水量往往会超过淤地坝库容，则有相对较多的泥沙沉积在淤地坝中（王随继等，2013），这导致流出淤地坝的径流量相对输沙量较多一些。无论如何，淤地坝的拦水拦沙作用也会明显引起其下游水沙量减少，众多淤地坝的综合拦水拦沙作用也会明显减少黄河下游的来水来沙量。

上述各类水土保持措施所覆盖的区域基本上都是逐渐增加的，因此，其减水减沙量也有增强的趋势。总体来说，各种水土保持措施是引起黄河下游径流量和输沙量显著减小（图 5-2）的主要原因，它们对流域内径流量和输沙量的减少基本上具有同比例特性，因而不会明显引起黄河下游输沙效率及泥沙输移比的阶段性变化。但是，唯一例外的是，在 20 世纪 90 年代黄河中上游地区的淤地坝由于管理不善而出现了部分毁损现象，淤地坝的毁损会导致其拦截水沙量减少，而更为关键的是部分淤地坝内早年拦截的泥沙会在淤地坝毁损中被洪水侵蚀而向下游输送，这是黄河下游 1987—1999 年间花园口水文站和利津水文站输沙效率都较前一时段（1981—1987 年）显著增大的主要原因。相应地，这些增加的泥沙由于在中下游河道缺乏有效的大坝拦沙库容（三门峡水库泥沙冲淤平衡无拦沙功能，小浪底水库尚未建成运行）而直接输送到黄河下游，其中相当一部分泥沙沉积在下游河段，使得 1987—1999 年间黄河下游的泥沙输移比相对于前一时段明显变小。

此外，黄河中上游流域水土保持工作的持续推进对暖季和主汛期小浪底入库水沙有着一定的影响，但由于库区泥沙的自然淤积及暖季和主汛期出库水沙的部分人为控制，使得暖季和主汛期下游河道输水输沙和水沙关系也必然受到人类活动的强烈影响，造成 2000—2015 年间黄河下游断面径流输沙效率很低而河段泥沙输移比很高的新现象。显然，人类活动尤其是大型水库的相继建成对水沙的拦蓄及调节，极大程度上改变了黄河下游暖季和主汛期原有的水沙运行规律，造成断面径流输沙效率和河段泥沙输移比的阶段性变化。

2）水库建设及其运行的影响分析

黄河下游暖季和主汛期输沙效率和泥沙输移比的阶段性变化基本与黄河主河道上几个大型水库的建成时间节点相吻合。1960 年建成的三门峡水库在初期蓄水拦沙、在 1962—1973 年间滞洪排沙（段敬望等，2004），使得 1960—1965 年间黄河下游来沙量小于来水量，从而形成该时期河道断面输沙效率很低、下游河段泥沙输移比很高的特征，使得黄河下游河道普遍发生冲刷。因为三门峡水库泥沙严重淤积致使库区及库上平原区河道发生严重泥沙灾害，为了减小泥沙灾害，在

1964 年改造三门峡大坝、1969 年开挖 8 个导流底孔以利于泄流排沙、1973 年起的蓄清排浑（段敬望等，2004），加之 1968 年在黄河上游建成刘家峡水库，这两个水库运行的综合调节引起黄河下游花园口水文站、利津水文站暖季和主汛期的水沙关系进入新的变化阶段（1966—1981 年），这时的花园口来沙量多，黄河下游沙量过载，虽然河道断面输沙效率高，但是河段泥沙输移比较低，使得河段发生淤积。

1986 年在黄河上游建成的龙羊峡水库，在暖季和主汛期拦蓄洪水以减少黄河中下游的径流量，从而实现有效防洪的目的；加上三门峡水库在 1990 年又打开 4 个底孔排沙，使得暖季和主汛期黄河下游水沙关系进入断面输沙效率高而河段泥沙输移比很低的另一变化阶段（1988—1999 年）。

1997 年实现截流、2001 年竣工的小浪底水库，控制了 92.3%的黄河流域面积、约 90%的径流量和近 100%的来沙量（胡春宏，2016；李立刚等，2016），暖季和主汛期拦蓄洪水以及有计划实施的冲沙运行使得黄河下游水沙关系又有新的变化（许炯心，2004；Miao et al.，2010；Mu et al.，2012）。从此，黄河中上游流域的来水、来沙都经由小浪底水库的拦截和调节，黄河下游暖季和主汛期输沙量和输沙效率则严重依赖于小浪底水库的运行方式。小浪底水库在 2002—2016 年间进行了 19 次调水调沙，使黄河下游主河道的河床全线平均刷深了 1.85 m，平滩流量从 1 800 m^3/s 增至 4 310 m^3/s（胡春宏，2016；李立刚等，2016），扭转了黄河下游河道多年持续萎缩的发展状态，扩大了河道断面面积从而增强了河流的行洪输沙能力，改善了小浪底水库运行之前黄河下游河道淤积萎缩的严峻态势，使黄河下游河道向健康河流的方向改进。

5.5 小结

本章重点研究了 1960—2015 年间黄河下游暖季和主汛期径流量和输沙量的年际变化和阶段性变化特征，利用双累积曲线方法和统计方法分析了不同阶段的输沙效率和泥沙输移比变化特征，归纳了阶段性变化的主要影响因素。

（1）黄河下游暖季和主汛期径流量和输沙量在 1960—2000 年间大幅降低，这主要是黄河流域各类水土保持措施的实施以及水库建设导致的；而在 2000 年之后，径流量略有增多并呈低幅波动，而输沙量达到历史低值，小浪底水库建成及人为控制的运行方式是其主要影响因素。

（2）自 1960 年以来，黄河下游暖季和主汛期断面径流输沙效率明显存在着高低交替变化的 5 个不同阶段：1960—1965 年、1966—1981 年、1982—1987 年、1988—1999 年和 2000—2015 年，其时花园口和利津断面的暖季平均径流输沙效率分别为 2.1 t/100 m^3、4.3 t/100 m^3、2.6 t/100 m^3、4.1 t/100 m^3 和 0.8 t/100 m^3；两站的主汛期平均径流输沙效率分别为 2.3 t/100 m^3、4.8 t/100 m^3、2.9 t/100 m^3、4.7 t/100 m^3 和 0.9 t/100 m^3。显然，主汛期的径流平均输沙效率略高于暖季的径流平均输沙效率。

（3）黄河下游花园口至利津河段在上述 5 个不同时期的暖季泥沙输移比分别为 1.34、0.78、1.01、0.62 和 1.48，而主汛期的泥沙输移比则分别为 1.41、0.78、0.93、0.58 和 1.60，二者都呈现出明显的冲淤交替的阶段性变化特征。

（4）黄河下游暖季和主汛期径流输沙效率及河段泥沙输移比的阶段性变化受气候变化的影响较小，人类活动则是其主要影响因素，尤其受到不同时期大型水库建成及其运行方式的影响。此外，1988—1999 年间黄河下游暖季和主汛期输沙效率的增大和泥沙输移比的变小受到黄河中上游淤地坝自然毁损的显著影响。相对来说，逐渐扩大的流域水土保持措施实施面积对流域的产水产沙量减少明显，但对于黄河下游输沙效率和泥沙输移比的阶段性变化影响不明显。

第 6 章　冲积河型的多样化及其转化现象分析

地球上的河流多种多样：河流的发源地各有特色；流经的地域各不相同（如基岩下切型、淤积抬升型等）；支流入汇和径流补给状况千差万别；河势变化有时极为相似，有时又大相径庭；河岸迁移、河床冲淤千差万别；河口地貌、入海流路形态和泥沙冲淤态势各有其独特性。对各有特色的河流的研究存在着较大的困难，因此，归纳河流的共性和异质性成为必要，这就需要进行河流分类研究。同时，确定了河流类型，势必也会知晓不同河型间的差异。地球上同一条河流往往在不同的空间上呈现出不同的河型、在较长的历史演变中，同一空间的河流也会发生河型更替现象，因而，研究河型转化现象及其成因就非常重要。

6.1　冲积河流主要分类方案概述

河型是指河流的平面形态。河型研究是河流地貌学研究的一个重要方面。对河型演变的研究最早可以追溯到 1908 年 Fargue 通过对法国加龙（Garonne）河的弯曲河流长期观察而提出的五条河湾基本定律：河湾的溪线迫近凹岸，在凸岸则泥沙淤积形成边滩；凹岸深槽的水深和凸岸边滩的宽度，均因河湾曲率半径的减小而加大；深槽水深和边滩宽度最大的地方，与弯道曲度最大处（河湾湾顶）并不相重，而是位于后者的下游。在两个弯道之间过渡段浅滩最高点与河湾转折点之间，相应地也有一个距离上的位差；河槽的稳定性与平面外形的圆滑性，因曲度的渐次改变程度而异；以上规律仅适用于河湾长度与河宽的比值比较适中的情况。近一百多年来，各国学者在河型的成因、分类及转化机制上都做了大量的研究，同时也取得了丰硕的成果，但至今仍有一些问题困扰着河流学家们。对于河型的分类问题，目前仍然是仁者见仁，智者见智。不同的研究者通常根据自己的研究结果把河流分为不同的类型。

西方国家应用较广的是将河流形态粗略地分为直流、曲流和辫流（Leopold and Wolman，1957；Rossinskiy and Kuzmin，1947）。Chorley（1969）则将河型分为 8 种，即曲流型、游荡型、直线型、准直线型、双汊型、交织型（多汊型）、三角洲式分汊型，以及不规则型。Mollard（1973）则根据冲积平原航空相片的判读，将河型划分为 6 个大类、17 个亚类。Miall（1977）将河流分为辫状河、曲流河、网状河和直流河 4 类。Rust（1978）应用河道分汊指数和弯曲度将 Leopold 与 Wolman 定义的 3 种河型补充成为顺直河、曲流河、辫状河及网状河 4 种类型。Brice（1983）将河流分为弯曲渠化型、弯曲边滩型、微弯分汊型和顺直分汊型。Rosgen（1994）则根据比降、宽深比以及曲率等指标将河流分为 7 大类，每大类又根据从基岩到黏土的不同物质组成划分为 6 个亚类。Kellerhals 等（1976）提出的河型分类是最为详细的，但偏于复杂。

国内地貌学家和水利学家曾经提出的河型分类的方案也有许多。方宗岱（1964）按照河道平面形态的不同将河流分为弯曲型、江心洲型和摆动型 3 类，但他未将顺直河流算作一类；武汉水利电力学院河流泥沙工程学教研室（1981）将平原冲积河流分为 4 种基本类型：顺直型、弯曲型或蜿蜒型、分汊型、游荡型；尹学良（1993）提出利用 $Q_s=k(QJ)^m$ 中的指数 m 值来判别河型，当 $m>2.5$ 时为单股窄深蠕动的弯曲河流；当 $m<2.5$ 时则演变为宽浅游荡型河流。目前应用较广的是钱宁（1985）的分类法，把河型划分为游荡、分汊、弯曲、顺直河流 4 类。王随继和任明达（1999）根据河道形态和沉积物特征将河流分为弯曲河、辫状河、分汊河、网状河和直流河 5 类（表 6-1）。钱宁通过对渭河、永定河、延水、汾河等十多条河流的水文资料进行复式回归统计分析，提出采用游荡型指标来划分河型的方法，并给出了划分指标（钱宁，周文浩，1965）。随着研究的进一步深入，许炯心（2004b）提出了河宽-流量，河宽-比降关系判别河型。Huang 等（2004）依据最小能量原理来划分河型河相关系，通过河谷比降（S_v）与阻力比降（S_f—gradient of frictional energy）的对比，将河型划分为辫状河道、弯曲河道、顺直河道和未达平衡状态的河道。

表 6-1 根据河道形态和河间地沉积物特征的冲积河流分类方案

河型	辫状河（braided river）	曲流河（meandering river）	分汊河（anabranched river）	网状河（anastomosing river）	直流河（straight river）
定义	弯曲度通常小于1.5且具有一系列可迁移的河道砂坝的多河道系统	弯曲度通常大于1.3的单河道系统	弯曲度通常大于1.3的单河道和分汊河道交替分布的较稳定的河道系统	弯曲度变化较大的具有一系列泥质为主的河间湿地的稳定多河道系统	形态顺直的较为稳定的单河道系统
河道比降	最大	中～小	小～中	很小	很小
河道平面形态	河道围绕各种河道砂坝紧密交织，呈辫状	单河道呈弯曲形态，点坝发育	单河道和分汊河道（以两汊为主）不规则交替	河道围绕许多大型泥质河间湿地呈网状	顺直河道
河道断面特征	被砂质冲积物隔开的宽深不一的多个河道	不对称的 V 字形河道	单河道呈不对称 V 字形，分汊处为 W 字形	被泥质冲积物隔开的多个 U 字形河道	较对称的 U 字形河道
沉积物特征	河岸为泥质极少砂质占优的二元结构；河间砂坝近似一元砂质结构	上部泥质、下部砂质的二元结构，凹岸冲刷，凸岸堆积	河岸和江心洲为上部泥质、下部砂质的二元结构；单河道河岸常有节点	河岸及河间湿地砂质极少，沉积物呈现粉砂-泥质构成的一元细粒结构	河岸沉积物为牢固的一元结构
河岸的抗冲性	差，植被少	中，植被较少	中，植被发育	强，植被茂密	强，植被茂密
分布区域及构造特征	一般在山前冲积扇的下游地区，上游区构造区域抬升	一般在冲积河流的中下游，区域构造相对稳定	一般在冲积河流的中下游，构造稳定或向沉降区过渡	一般在冲积河流的中下游，为构造持续均匀沉降带	分布部位变化较大
古代河流沉积物中不同河型河道砂体鉴别	河道砂体呈席状，宽厚比很大，以槽状交错层理为主	河道砂体呈席状，点坝沉积十分发育，以丰富的侧积交错层理为特征	河道砂体呈带状和席状的交替分布，槽状及侧积交错层理发育	河道砂体以多个不规则带状为特征，宽厚比很小，侧积层理不发育	河道砂体以单个较顺直的带状体为特征，宽厚比很小

根据河道平面形态的不同，目前的冲积河流的类型主要有弯曲河流、辫状河流（游荡性河流）、分汊河流、网状河流和顺直河流五大类（Chalov，1996；王随继，任明达，1999；Twidale，2004），而每个大类中由于悬移质和河床质相对比例的不同又可以进一步分为砾质河型、砂质河型和悬移质河型（Schumm，1985；许炯心，1999；Tooth and McCarthy，2004）。不同的河型具有明显不同的特性，尤其在其河道稳定性方面具有较大的差异。因此，不同河型的河流治理的对策也就各异。

6.2 冲积河型成因简述

有关河型成因及转化的研究很受重视。河型成因的研究是为解决两个问题：①河流为什么会形成具有某种平面形态的河型？②在什么条件下某种河型才能得以产生、存在并维持或向其他河型转变（倪晋仁，马蔼乃，1998）。许多学者为了解决这些问题，通过河床形态和流量与泥沙性质之间的关系，建立了一些公式，以此来研究影响河型形成的原因。1897 年，Lokhtin 假定河型反映了三种主要的相对独立的因素，即取决于气候和土壤条件的流量、与地形起伏有关的比降以及沉积物特性的河床的易侵蚀性。而划分河道发育的标准是河流动力与河床易侵蚀性的比值，比值较低代表着稳定的曲流，较高则代表辫流（Alabyan and Chalov，1998）。Morisawa（1968）认为河流形态是与河流的流量和泥沙相适应的，而且与坡度也有密切的关系：在一定的坡度下，流量的增加可以使曲流型河流变为辫流型河流；而在一定的流量下，坡度的增加可以使曲流型河流向辫流型河流转变。Brotherton（1979）认为河型不同的关键在于侵蚀与搬运的对比关系，如果侵蚀比搬运难，河道将保持顺直；否则，河道将向辫状转化；如果两者大致相当，河道将保持弯曲。Carson（1984）认为如果来自上游的泥沙和该河段的河岸侵蚀量超出河流的搬运能力，浅滩将最终导致河流往辫状发展。进一步的野外观测及实验表明（Schumm and Khan，1972），直线流、曲流、辫流之间的转变存在一个临界值，在其他条件不变的情况下，当坡度达到临界值时河型才发生转变。夏开儒和李昭淑（1963）在研究渭河弯曲河段后认为，河岸组成中的粒径比例是区别河型的重要依据，如果粒径大于 0.55 mm 的含量过多，则势必发育成辫流。Gregory（1977）认为引发自然河道河床演变有两大原因：一是河道局部地区发生侵蚀沉积导致水流流线发生改变，将破坏河床稳定性，发生河床演变；二是河道上游分汊支流由于粗沙沉积堵塞或发生侵蚀现象，也会破坏下游河床的稳定性。

Schumm（1981）进一步的研究表明，从直流河，到曲流河，再到辫流河，其河型、坡度、负载的沉积物等都是连续变化的，河流流量增加，河流搬运能力也是逐渐增强的，沉积物粒度逐渐增大，河床坡度也逐渐加大。蔡强国（1982）研究了构造运动与河型转化之间的关系，指出当河流中游段地壳抬升后，上游段的顺直河流逐渐向弯曲型河流转化，而下游河段将朝游荡型河流方向演化。钱宁（1985）认为床沙质来量与水流挟沙力以及河岸抗冲性与水流冲刷能力这两种对应关系的对比消长，决定了调整的大致方向。而床沙质的相对来量和河岸的相对可冲性在河型形成过程中起决定作用，并分析了修建水库后下游的再造床过程。许炯心（1997）根据不同的河型对上游含沙量空间变化的不同响应机制研究了河型的转化。在河道发育中，一个最为重要的因素是由流量和河流比降来决定的河流动力。河流动力越大，河流向辫流发育的趋势就越强（Alabyan and Chalov，1998）。

近年来，随着水利学研究成果越来越多的应用于地貌学，有关河型的研究也有逐渐量化的趋势。不同形式的数值模型也在研究河型形成的主控因素中扮演了重要的角色。Schumm 和 Khan（1972）利用室内水槽实验模拟河型演变，河道最初的河型为顺直河型，流量 0.004 2 m^3/s，泥沙粒径 0.7 mm。通过改变水槽坡度最后得出：当坡度小于 0.002 时，河道保持顺直；随着坡度的增加河道向弯曲发展；当坡度大于 0.016 时，弯曲河型转化为辫状。Murray 和 Paola（1994）通过构建数值模型模拟了辫流的形成，从而提出形成辫流的基本因素是推移质和具有自由表面的侧向流。Dixon 等（2018）引入了活动性指标（mobility index）来衡量河床的活动性。认为在河流朝辫状河道演化的过程中，比降将增大、河岸发生侵蚀，河床趋于顺直化，而床沙中径将减小，活动性指标值将增大。

6.3 冲积河型转化研究简述

河型转化是河流体系研究中的一个非常重要的方面（钱宁等，1987；王随继等，2000a），它是河床演变量变的积累达到一定临界条件下的质变过程，在空间上表现为不同河型在同一河流体系中的首尾相接关系（王随继等，2000a; Ni et al.，2000），在历史过程中表现为不同河流沉积体系在垂向的叠置关系（王随继等，2000b）。河型演变的控制因素有非常大的差别，有的是地貌演变起主导作用（金德生，1984；陆中臣，舒晓明，1988；林承坤，1992；Reinfelds et al.，2004），有的是气候变化为主导（Jain and Tandon，2003；Goudie，2006），有的是水沙以及能耗率的变化为主导因素（倪晋仁，张仁，1991；杨积武，1995；许炯心，1997；Xu，1998；尹国康，1999；Liébault and Piégay，2001；王随继，2003），而近年来人类活动（包括水坝水库建设、河堤修筑等等）在河型演变中打上了明显的烙印（王随继，2003；Gregory，2006；Hooke，2006；James and Marcus，2006；Magilligan and Nislow，2006）。有些小型的河流常常以某一类河型为主，难以观察到河型的演变情况，但是，对于一些大型的河流，往往可以发现河型的交替现象。河型发生了变化，表明流域中某些控制因素发生了变化。

根据河流沉积体系所揭示的河型演化模式，不但反映了特定地区古河型随时间的演化特征，而且能够反映古河型的空间分布特征；同样地，现代河型的空间转化模式也必然能够反映其时间演化特点。Walther 相律指出：在没有沉积间断的情况下，垂向整合层序中产出的相，是地理上相邻的沉积环境中形成的。对于河流系统，河型的垂向变化必然能够反映其空间分布特征，反之亦然。图 6-1 是河型随时间的演替和空间相互消长间的关系图示。

河型的每一种时间演化模式都可能有相关的两种不同的空间转化模式，而特定地区某一具体的河型的演化却只能有一种特定的空间分布。无论如何，图 6-1 所示的空间分布都以 a 类最易发生，因为其特点是位于上游的河型比居于下游的具有更大的河道比降。这反映了流域中河谷纵剖面从上游向下游逐渐趋缓的普遍特性。但 b 类也能够发生，这是受流域中某些特殊地貌和地质构造等因素的影响引起的。

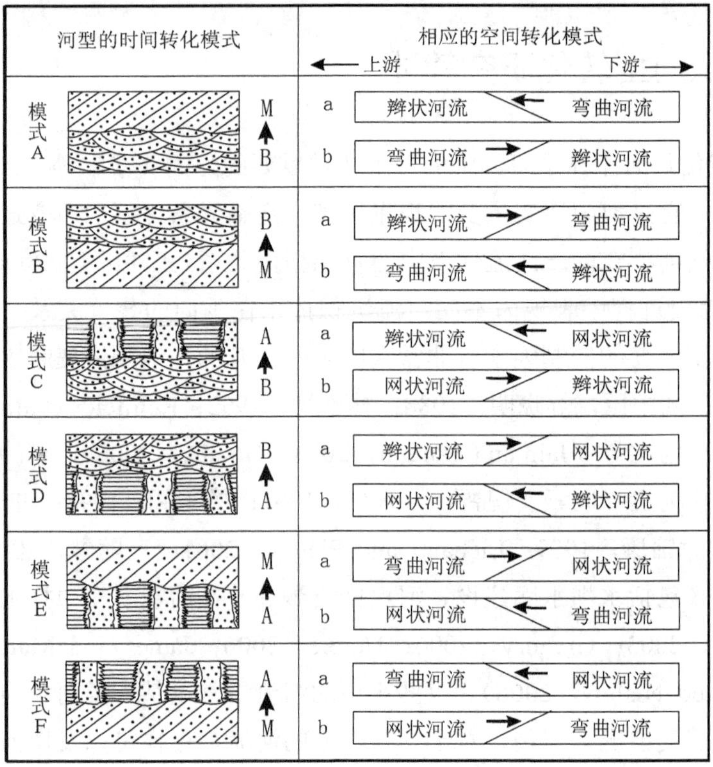

图 6-1 冲积河型的时间和空间转化模式（王随继等，2000a）

黄河以其诸多的有别于其他河流的特性而受到研究人员的长期的、广泛的关注，比如河流动力的特殊性、水沙搭配的非常规性、河床加积的快速性、河道演变的复杂性、地上悬河的危害性、以及河道治理的艰巨性等，每个方面都是非常具有挑战性的研究课题。迄今的研究，主要是针对黄河中下游流域的侵蚀、水文泥沙和河床演变方面的研究，对黄河流域主支流发生河型转化的现象关注不够。黄河的不同河段河型的变化频繁，类型多样，现象复杂。例如，黄河中游的一级支流渭河下游就呈现出辫状河流（游荡性河流）向弯曲河流转化的现象（陆中臣，舒晓明，1988），其他一些支流中也有河型转化现象；黄河上游主河道在玛曲河段出现了网状河流、弯曲河流和辫状河流等河型之间的转化现象；银川盆地、河套平原等地区，主河道也出现了明显的河型转化现象：不但有单河道中不同河型之间的转化现象，也具有单河道与多河道等不同河型之间的河型转化现象；而黄河下游主河道出现的河型转化现象是有目共睹的事实。而对这些河型的转化现象迄今并没有得到相关领域研究者的关注，尤其是黄河中上游河型转化方面的研究有待深入开展。

本章将黄河的研究层次从多年来进行的河床演变的研究提升到河型转化的研究，对黄河主流典型河段的河型转化现象进行初步分析，以便让研究者了解黄河流域河型转化的多样性和复杂性，从而引起人们对黄河的更多关注和更深入的研究。

6.4　黄河干流河型多样化的地理特性

黄河起源于青藏高原巴颜喀拉山北麓海拔约 4 500 m 的约古宗列盆地，流经青藏高原东北部（海拔 3 000～5 000 m）、内蒙古高原和黄土高原（海拔 1 000～2 000 m）、黄河中下游的丘陵山地（海拔 200～500 m）和冲积平原（海拔＜100 m）等广大地区后注入渤海（苏人琼等，1997；陈霁魏，1998），其横跨经度超过 22°，纵跨纬度近 10°，流域面积达 752 443 km²。干流河道全长 5 464 km，落差 4 480 m（陈霁魏，1998）。主河道在黄河上游穿越峡谷与盆地相间的区域，在中游穿越晋陕峡谷，在下游被大堤约束下穿越华北平原。流域内气候变化明显，西部属于干旱气候，中部为半干旱气候，东南部为湿润气候。河源至内蒙古托克托县河口镇为黄河上游，河口镇至河南郑州桃花峪为黄河中游，自桃花峪以下为下游。年降水量最大的地方位于中游末段及下游的一些山区，可达 800～1 000 mm，年降水量最小的地方位于上游下段的河套平原，为 150～300 mm。

黄河中上游流域面积广阔，有一系列大型的一级支流沿途入汇，在中上游的主流和一些支流中发育了弯曲河流、辫状河流、网状河流等不同的冲积河型。黄河下游由于大堤的约束，其流域面积有限，但在其主河道中仍然形成了辫状河流、弯曲河流等几类明显不同的冲积河型（王随继，2003），这些不同的河型在空间上发生了多种不同形式的河型转化现象。在一个流域中发育了如此众多的河型，以及在空间上发生了多次且不同的河型转化现象，这在国内外的诸多河流中是非常罕见的。

这里选取黄河上游玛曲河段、上游末段托克托附近河段及下游高村上下河段来探讨一些主要的河型转化现象（图 6-2）。

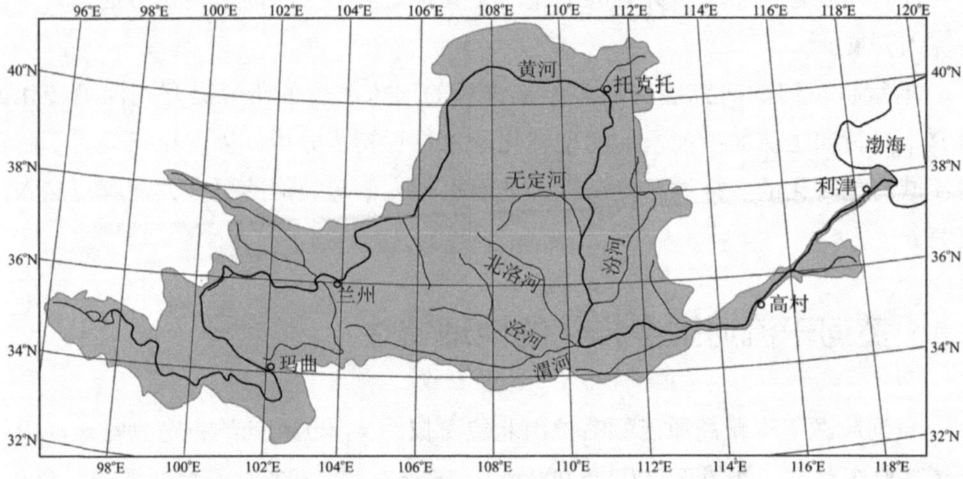

图 6-2　黄河流域概况及玛曲、托克托及高村河段位置

6.5　黄河青藏高原玛曲河段的河型转化特征

玛曲段的主流是黄河流域的第一大拐弯处，它与石鼓镇处的长江第一弯一样，都是受到构造断裂的控制。在玛曲，黄河主流围绕阿尼玛卿山东段由东南流向逐渐改变为向西北流去，流向改变超过了 180°（图 6-3a）。该黄河第一弯由峡谷进入并形成比较宽阔的冲积河谷，最后由峡谷流出。河道所在的海拔高度大致为 3 400 m。该弯的弯顶两侧是著名的甘南草原和松潘沼泽湿地的边缘部分，河谷宽阔，其间流入的较大支流有白河和黑河。在白河入口处的上游冲积河谷段形成了比较典型的网状河流，在白河入口上下河段、黑河入口处以上附近河段依次形成了比较典型的弯曲河流与辫状河流。

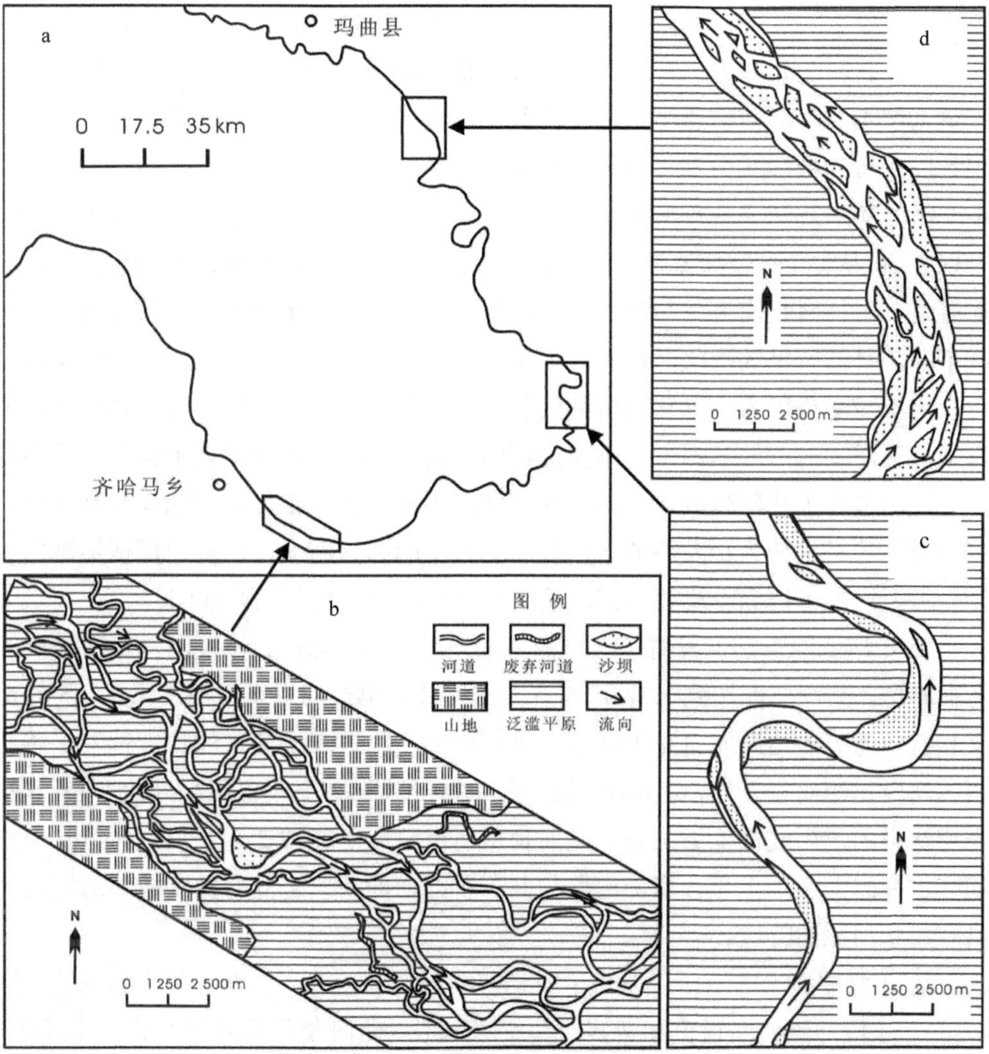

a 黄河第一弯；b 网状河型；c 弯曲河型；d 辫状河型

图 6-3　黄河上游第一弯的河型转化现象

位于玛曲县齐哈马乡的网状河段具有典型的稳定多河道特征（王随继等，2002）（图 6-3b），各条河道之间彼此连通，河间地发育，河间地上生长着茂密的草被，还有茂密的灌木林。在甘南草原上，树木罕见，而在网状河流的河间地发育茂密的灌木林可谓奇观。废弃河道多见，大部分废弃河道中有 1～2 m 的泥质充填物，表层生长着茂密的草甸；个别新近废弃的河道仍有积水。在网状河流体系的中段，其两侧是基岩山地，其他地方则是冲积平原。这些河道，弯曲度不一，河道宽窄不一，但河道总体上都比较稳定，侧向迁移不明显。河岸及河间地的沉积物以泥质和粉砂质为主，河床沉积物主要是砾石，粒度为 4～7 cm。根据对其中较小的河道及部分废弃河道的形态测量得知，这些河道的宽深比都在 40 以下，个别为 20 左右。水流的流速很小。显然，从河道平面形态和微地貌等可见，该段河流是典型的网状河流。与世界上目前报道的网状河流不同的是，河道沉积物粒度不同。目前所见的网状河流其河道沉积物以砂质为主，而该段的河道沉积物以砾质为主。这是因为，以往报道的网状河流都发育在以构造沉降为背景的冲积平原上，河道和河间地基本上是垂向加积的，而研究区的河段却处于构造抬升的背景下，河道处于冲刷阶段，当然，河间地在洪水泛滥期依然处于加积升高阶段。可以说，这是目前为止发现的河床以冲刷为主的网状河流，已有的模拟实验也成功模拟了河道下切而形成网状河流的现象（王随继，薄俊丽，2004）。

网状河流的下游，发育了典型的弯曲河流（图 6-3c）。该段河流呈现单一的弯曲河道，其弯曲度达到 1.7，这与弯曲河流具有单个河道且弯曲度大于 1.5 的定义相符。河流的边滩发育是侧向摆动过程中的产物，表明河道的稳定性较上游的网状河段已经明显变差，河道宽深比远远大于 40。在其下段出现少许的河心沙坝，表明河道的侧向侵蚀能力加强，从而使得河道趋向于变浅变宽，这是向辫状河流演变的标志。实际上，该弯曲河段与其下游的弯曲河段之间弯曲度较小的河段，具有辫状河流的特性。

而在弯曲河流的下游，发育了不稳定的多河道河流，是典型的辫状河流（图 6-3d）。该段河流的河道更加宽浅，其宽深比是玛曲河段各类河型中最大的河段。河道中沙坝密布，类型多样，有菱形沙坝、纵向沙坝、斜向沙坝等，大多数沙坝不稳定，以砂质沉积物为主，抵抗侵蚀的能力非常弱，在洪水期相当数量的沙坝会被水流淹没并改造，使其高程和形态都发生显著变化。岸边的河道沉积物以砂为主，而在主流河道中可能还有砾质沉积物存在，由于该河道总体上仍然处于下蚀的过程中，因此，河道中细粒泥沙的侵蚀冲刷而滞留砾质沉积物的现象是不可避免的，但砂质沉积物占据了绝大部分。这是因为，沙坝的砂质沉积物在河道侵蚀中会再次落入河道，而河的西岸，是典型的风成沙丘，无论在风蚀还是水蚀过程中，都可以带给河流大量的砂质沉积物。在辫状河流的下游（即玛曲县城以下），河流流经峡谷，河道边界是难以侵蚀的基岩及已胶结的砾质冲积物，该段河床沉积物主要是砾石，岸边的河床砾石的直径超过 5 cm，而河道中心部位可能有巨砾。因此，峡谷段的河道的下蚀速率很小，导致辫状河流段的河道下蚀能力同样很小，从而使得河道的侧向侵蚀占据绝对优势。

这些河段基本都能见到一级、二级河流阶地，从阶地的相对高度来看，网状河段的最小，弯曲河段的稍大，而辫状河流的最大。这表明水流对河床的侵蚀能力（水动力）在依次增大，亦即河道的比降在这些河段依次增大。该段河型演变的主要驱动力是河道边界条件及河道比降在起控制作用。

6.6　黄河上游托克托河段的河型转化特征

黄河上游末段托克托附近的河段出现了弯曲河流向顺直河流转化的现象（图 6-4）。弯曲河段的弯曲度约为 1.8，该值超过了通常认为弯曲河流的下限弯曲度值 1.3（王随继，任明达，1999）；河道比降约为 0.36‰。河道具有典型的边滩沉积物，在个别弯顶比较宽阔的地方出现了心滩。河道及边界沉积物主要是砂质，河岸沉积物具有上细下粗的典型二元沉积结构。在泛滥平原有明显可见的多段废弃河道，其中充填的泥沙为下层的砂质沉积物和上层的泛滥泥质沉积物。废弃河道的存在表明该处河道的侧向侵蚀速率较大，河曲自由摆动的幅度较大，同时由于泛滥泥质沉积物比较发育，河岸的二元沉积物结构造就了河流的自然裁弯取直现象的发生。这些现象表明二元结构中上层的细粒泥质沉积层较薄，而下层易被侵蚀的砂质层较厚，泥质层难以有效阻止河流的侧向侵蚀作用，这是弯曲河流得以形成的主要原因。

顺直河段发育在弯曲河段的下游，其长度超过 30 km，弯曲度约 1.05，河道比降约为 0.27‰，河岸北侧泛滥平原宽广，而其南侧的泛滥平原则比较局限，近旁是连绵的风成沙丘。在托克托河段的南部，有大片的风成沙丘，弯曲河道向南摆动的河曲经常冲刷岸边的风成砂并带入河道及向下游输送，因此，顺直河段的河床沉积物也以砂质为主。但是，顺直河段的河道弯曲度小，没有明显的河曲，即河流的侧向侵蚀速率相对较小，河道位置比较稳定，水流不能直接侵蚀风成沙丘，而风力作用可以为河流提供一定的较细沙尘，从而使得顺直河段的河床沉积物相对其上游的弯曲河段的要细一些。以往的研究表明，顺直河流主要发育在基岩或边界非常难以侵蚀的冲积平原上。该处的顺直河流发育在冲积平原，表明其河岸的细粒泥质沉积层比较厚，并且远厚于其上游的弯曲河流的，有效地阻止了河流的侧向侵蚀作用。另外，顺直河段比较小的河道比降表明其水流动力也较弯曲河段的弱。这些因素的复合作用导致顺直河流的发育。

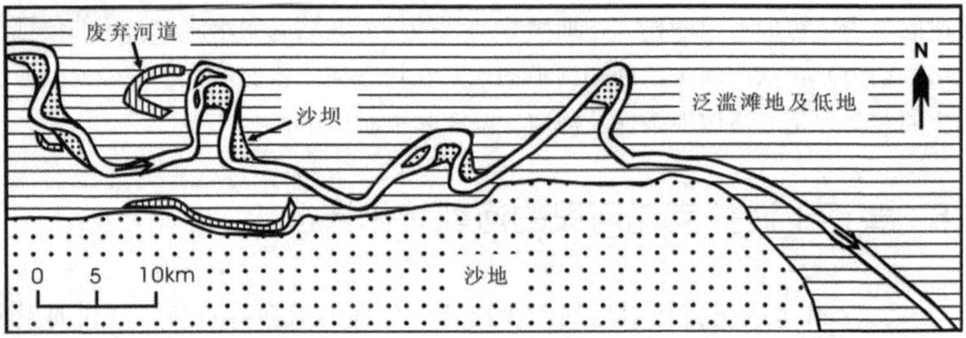

图 6-4 黄河上游末段（托克托附近）弯曲河型向顺直河型转化现象

6.7 黄河下游高村上下河段的河型转化特征

黄河下游高村上下段分别出现了辫状河型和弯曲河型（图 6-5）。其中辫状河段的河道众多且散乱，河道迁徙频繁，往往在一次洪水之后新的河道与原有河道相比面目全非，这是因为河道边界都是细砂及粉砂沉积物，河道沙坝及河岸的物质组成基本都是一元的砂质沉积物，黏结性较强的细粒泥质沉积物很少，另外，河道比降相对较大。河道弯曲度为 1.05～1.20，河道平均比降为 0.175‰。而在弯曲河段，虽然河床上仍然是砂质沉积物，易于被流水冲刷，但河岸沉积物基本上是上细下粗的二元结构，砂质河岸的上部是黏结性较好的泥质沉积物，这在一定程度上限制了河道的肆意迁徙，同时，该段的河道平均比降为 0.073‰，比其上游的辫状河段的小，其水流的动能也相对较小。河道弯曲度为 1.30～1.47。

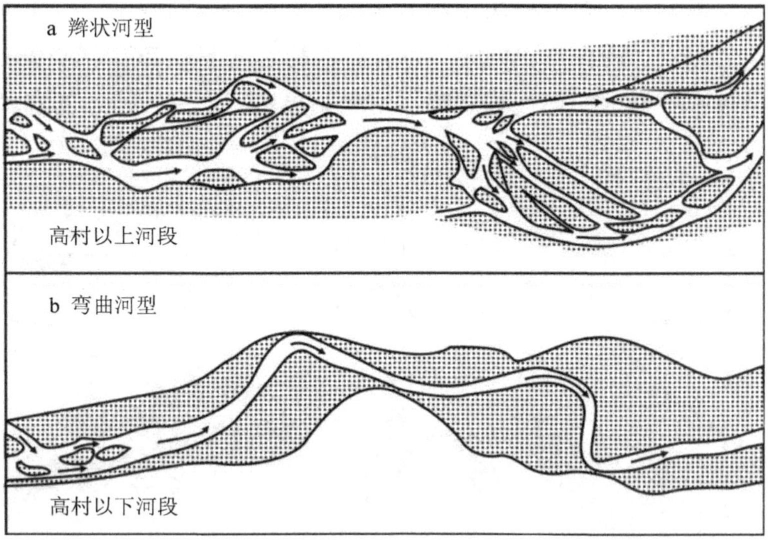

图 6-5　黄河下游高村上下河段中辫状河型向弯曲河型的转化现象

辫状河流之所以能够发生，在于其单个河道的摆动、展宽比较迅速，在宽达一定条件时河道中就会出现心滩，心滩增大到一定程度时就使河道分化为两个河道。每个单个河道的频繁变化造就了多变的辫状河道。这显然主要是单一的、易蚀的河道边界物质及相对较强的水动力条件所导致的。同样，弯曲河流由于河道边界的二元沉积物特征，使得河道的侵蚀不会十分迅速，同时，由于一岸侵蚀下来的泥沙会被其弯道环流带往对岸，其中大量的细粒泥质沉积物在边滩的沉积，使得河岸在一边遭受侵蚀后退时另一边则侧积前进，使得河道不能分化为两个及以上河道，而河道的宽深比也基本保持稳定。

黄河下游的人工大堤对河流的无节制摆动有强烈的限制作用，因为大堤宽阔，面向水流的一侧多有水泥加砌石的护岸工程，比较坚固。在辫状河段处的大堤间距宽达 10 km，而在弯曲河段则明显减小，为 3～6 km。那么，是否是大堤的间距不同导致了河型的不同？由图 6-6a 可见，辫状河段的河道横断面，尽管受到两岸大堤及大堤间的生产堤的限制，但河道的摆动却非常明显，深泓的位置在不同年份变化很大，例如，1977 年河道南岸是一条深泓，但在 1989 年则变成河漫滩，而原来的深泓已经向北迁移了 800 m 左右，年均摆动速率达到 67 m。一些生产堤也在河道侧向摆动过程中由于水流淘蚀其下的河床细砂及粉砂质沉积物而多被损坏。与之相反，弯曲河段的河道位置相对稳定（图 6-6b），在 1984—1989 年间，其河道仅有些微的向南迁移趋势，河床明显沉积增高，河道的宽深比基本保持在 250 左右。

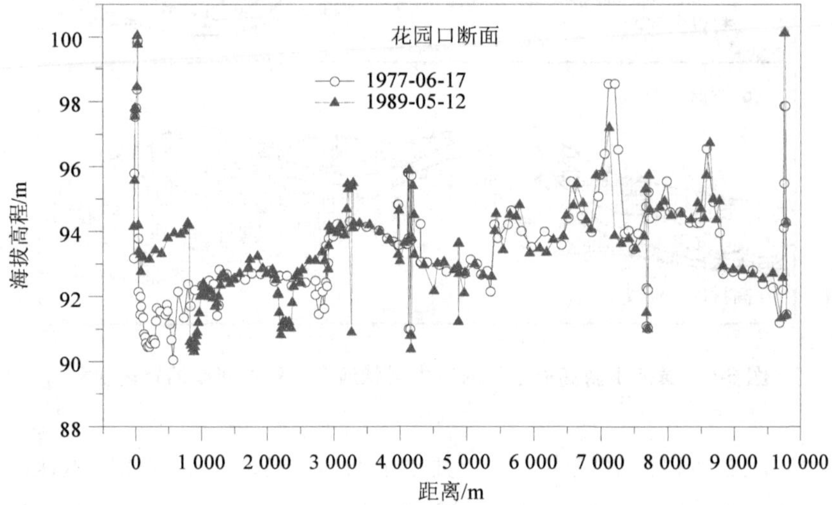

a 辫状河段

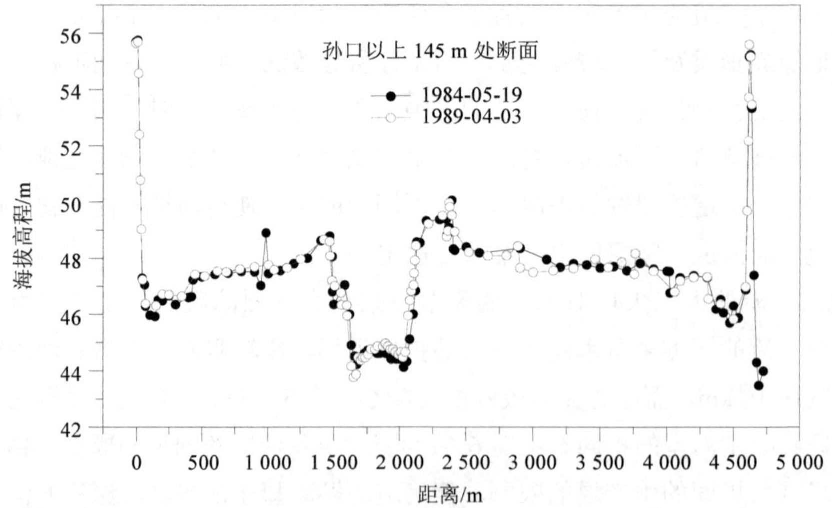

b 弯曲河段

图 6-6　黄河下游辫状河段与弯曲河段的河道断面比较

人工堤坝对该段河型的性质影响不大，只是限制了河道摆动的最大幅度，但是，辫状河流上游修建的三门峡水库和小浪底水库对该段河型的转化影响明显。含沙水流经过大坝时泥沙大量沉淀，从大坝下泻水流含沙量较低，势必在比邻的辫状河段发生强烈侵蚀，将河床的细粒泥沙冲刷而使得该河段的沉积物粗化，粗化的河道边界沉积物降低了河道的稳定性，使河道变得更不稳定；而从辫状河段侵蚀的泥质沉积物，随水流向下的输送中由于河道比降的变小导致水动力减弱，部分沉积在弯曲河段，使得弯曲河道变得更为稳定。显然，水库的修建及运用对河型的转化起到了促进作用。

6.8 小结

（1）冲积河流的类型多种多样，而迄今提出的河型分类方案也有许多种。根据河道形态和沉积物特征可以将冲积河流分为弯曲河、辫状河、分汊河、网状河和顺直河五种类型。这是应用较为方便的河流分类方案。

（2）影响河型形成的因素很多，主要包括地貌演变作用、气候变化、水沙搭配关系的改变等。近年来，由于人类活动影响的增强，特别是在河流上修建水库、水坝，改变了水库（坝）上下游的水沙搭配关系和河道水流的水动力情况，导致水库（坝）上下游的河型发生相应的转化以适应新的来水来沙和水动力条件。

（3）黄河干流的河型具有多样化特征，而且存在多种多样的河型转化现象，其中代表性的有黄河上游第一弯的玛曲河段、黄河上游末段的托克托附近河段，以及黄河下游高村上下河段。

（4）黄河上游第一弯玛曲河段沿流向发生由网状河型向弯曲河型再向辫状河型转化的现象是由极稳定河型向极不稳定河型的转化，这与通常可见的沿程由不稳定河型向稳定河型转化的情况完全相反。地壳抬升、峡谷卡口、水动力变化、边界沉积物不同及植被的区域分布起着控制作用。

（5）黄河上游末段托克托附近发生了由弯曲河型向顺直河型转化的现象，这是较稳定河型向极稳定河型的转化。该转化主要受到河道边界沉积物组成和水动力等因素的控制。

（6）黄河下游高村上下河段发生的辫状河型向弯曲河型转化的现象是由极不稳定河型向较稳定河型转化的现象，河道边界沉积物及水动力是其主要控制因素，人工堤坝对河型的性质影响不大，但在该河段上游修建的水库及其运用方式对于该河型转化具有促进作用。

黄河流域河型转化具有复杂性和多样性，还有待从相关控制因素的临界条件上进行更深入的研究。

第7章 不同河型的动力学和河道演变趋势分析

黄河下游出现了几种不同类型的河道段，其形成及演变特征历来是研究者所关注的课题。不同的研究者对这些不同河段的称呼存在一定的差别，通常将黄河下游沿程出现的河型分别命名为游荡型河段、过渡型河段和弯曲型河段。根据目前应用较广的河型分类（Rust，1978；王随继，任明达，1999），上述个别河段的命名有待商榷，例如，黄河下游下段的弯曲度只有 1.2 左右，显然达不到弯曲河流应大于 1.3 或 1.5 的限制条件，故它属于顺直河型（其中个别高弯度段在较小空间尺度上也是弯曲河型）；过渡型河段的弯曲度基本超过 1.3，因此应该是弯曲河型。所以，为了更准确反映黄河下游不同河段的特性，借鉴河型分类及沉积学领域的通用名称，本书将上述三个河段分别称作辫状河段、弯曲河段和顺直河段。

黄河下游的河床演变非常复杂，而各个河型段之间的差别也比较明显，不同的研究者业已做过相当深入的研究，重点关注下游不同河型段的水沙输送能力以及对其上游相关水库运用上的响应特征（钱宁等，1987；惠遇甲，张仁，1996；许炯心，张欧阳，2000；梁志勇等，2005）；还有研究者对于黄河下游河道及河型的演变及原因进行过初步分析（杨积武，1995；尹国康，1999；王随继，2003；Wu et al.，2008；吴保生，李凌云，2008；王随继，2008；Wang et al.，2008）。最近以来，一些研究者通过对黄河下游流水断面特征的研究期望揭示不同河型的差异，例如，吴保生和李凌云（2008）的研究表明，黄河下游的辫状、弯曲和顺直河段的河相关系存在明显的差别，其中辫状河段的断面面积随流量的增大主要是通过河宽的增加来实现的，顺直河段的断面面积随流量的增加主要是通过水深增加来实现的。王随继（2009）的研究表明，黄河下游一次洪水过程中，水面宽度随着流量的变化基本遵循幂函数河相关系式，其中河宽河相关系的指数在上述辫状、弯曲和顺直河段分别为 0.82、0.23、0.04；流水断面宽深比与流量存在二次非线性关系，其中辫状河段的宽深比随流量增加而加速增大，弯曲和顺直河段的宽深比随流量的增大而由增加变为减小。显然，不同河型段的河宽及流水断面宽深比随流量的变化速率存在显著差别。黄河下游河道的高沉积速率导致黄河河床持续抬高而增大决口的风险，不同河型段的沉积速率也存在一定的差别（王随继，2009），这表明其沉积动力特征在不同河型段存在差异。因此，有必要对黄河下游不同河型段（图 7-1）的沉积动力特征进行比较研究，这有助于理解不同河型的形成原因及演变趋势。本章根据黄河水利委员会的历年实测资料，提取能够反映河流动力特征的度量指标，诸如河道比降、流速、能耗率、沉积物中值粒径等，来对比分析黄河下游不同河型段的沉积动力特征。该研究结果不但可以揭示黄河下游河型转化的机理，而且在其河道治理上具有借鉴作用。

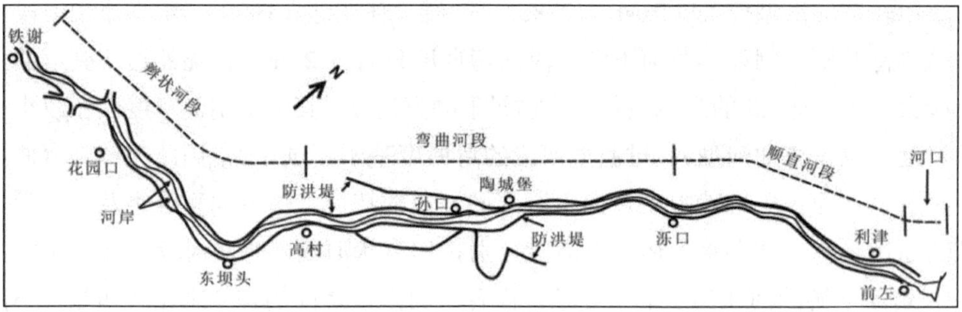

图 7-1　黄河下游不同河型段及相关水文站分布

7.1　河道比降时空变化特征

河道比降是给定河段中河床高差与河道长度的比值，为无量纲数值，是衡量河流动力特征的主要度量参数，也是河流沉积动力特征的影响因素之一。由于河道边界条件等的影响，河床深泓高程并不总是沿程依次降低的，个别河段的河道深泓很可能低于其下游比邻河段的，因此，本书中用到的河道比降数值是根据黄河下游各个实测断面的河床深泓高程进行 3 点滑动平均计算而得到的。如图 7-2 所示，黄河下游河道比降基本上是沿程减小的，其中辫状河段的最大，为 0.14‰～0.20‰。辫状河段的下段河道比降减小速率在整个黄河下游段最大，尤其是 1977 年，相应地，辫状河段的上段当年表现出反常的沿程增大现象。弯曲河段的次之，为 0.10‰～0.14‰，沿程减小幅度明显。顺直河段的最小，小于 0.10‰，其沿程减小的速率最小。另外可以看出，1987 年顺直河段的河道比降是三个对比年份中最大的，同时在沿程基本保持稳定。因此，从河道比降可以看出，辫状河段的河道比降最大，沿程减小幅度及减小速率最大，而弯曲河段次之，顺直河段最小。

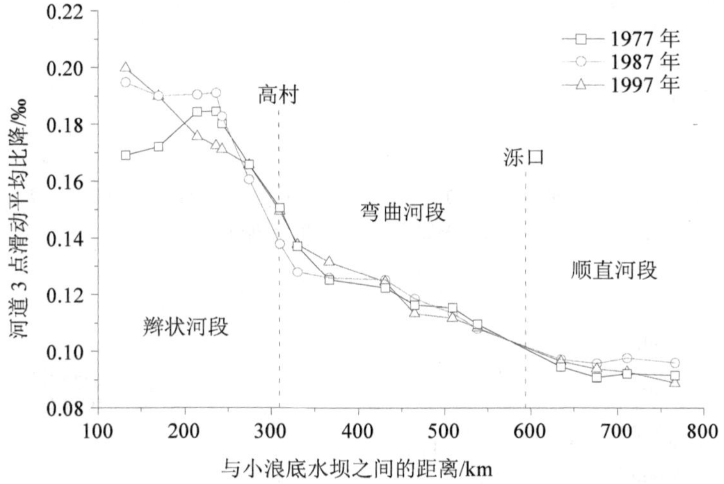

图 7-2　黄河下游不同河型段河道比降沿程变化特征

7.2　平滩流量流速及河道宽深比变化特征

黄河下游辫状河段、弯曲河段和顺直河段在平滩流量时的流速存在明显差别（图 7-3a），其中辫状河段的流速相对较大，并且在不同年份之间变化幅度较大；弯曲河段的次之，不同年份之间的变化幅度相对较小；顺直河段的总体上最小，不同年份之间差别不大，并向下游显著减小。但是，顺直河段的上游段其平滩流量的流速明显大于弯曲河段下游段的，这表明，在平滩流量时顺直河段的上游段的总体动能比其比邻河段的弯曲河段的大，有助于顺利输送水流。

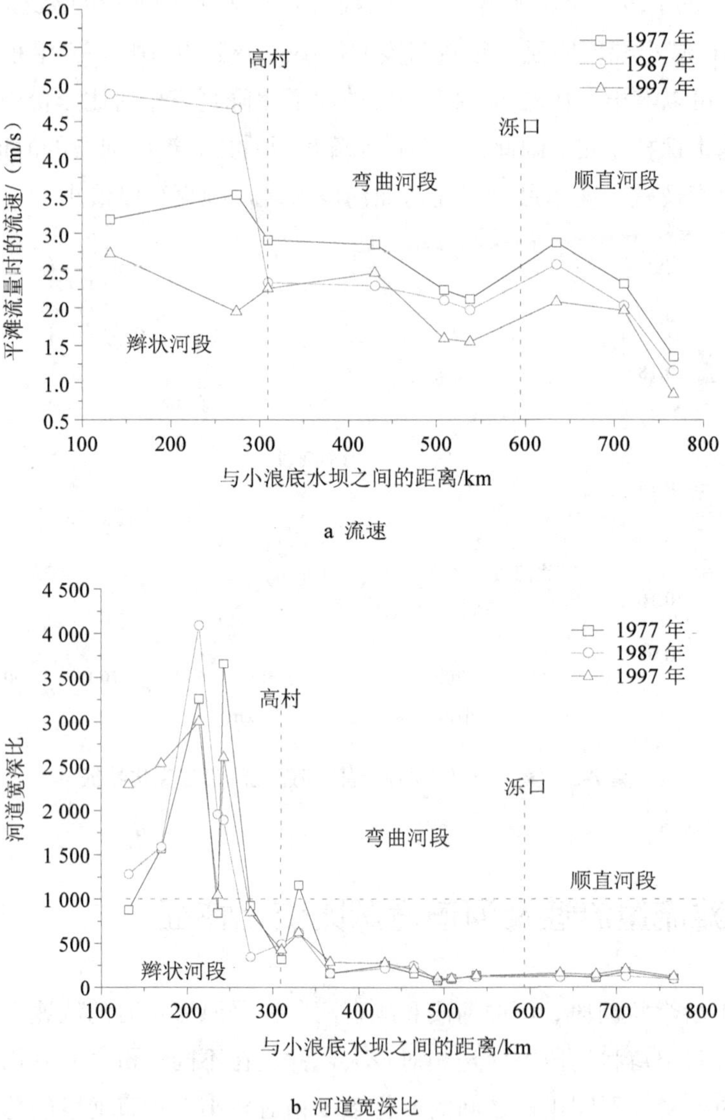

图 7-3 黄河下游不同河型段在平滩流量时的流速及河道宽深比

河道宽深比是平滩流量时的河宽与平均水深的比值，宽深比越大表明河道越容易受水流的冲刷而变形，即河道的稳定性越差，反之，则河道的稳定性越高。图 7-3b 表明，黄河下游河道宽深比在辫状河段的最大，在不同年份以及不同断面之间波动明显，平均达到 2 000 以上，最小的也大于 800，同时，辫状河段的河道宽深比经历了由相对较小到大再到较小的过程，反映了该段河流的冲淤受到其上段比邻峡谷区的谷地限制以及下段比邻弯曲河段的二元边界条件的限制；顺直河段的最小，基本小于 200，在不同年份以及不同断面之间的变化幅度不明显；弯曲河段的介于上述两类河型段之间，介于 150～1 200 之间，且明显沿程变小。

7.3　不同河型段水流能耗率时空变化分析

河流的单位长度能耗率表示单位河长河床上所消耗的水流动能，见公式（7-1）：

$$\Omega = \gamma g Q_{\mathrm{bf}} S \tag{7-1}$$

单位面积能耗率是单位长度能耗率与河宽的比值，见公式（7-2）：

$$\omega = \gamma g Q_{\mathrm{bf}} S / B \tag{7-2}$$

上述两式中，Ω 为单位长度能耗率（W/m），ω 为单位面积能耗率（$\mathrm{W/m^2}$），γ 为河水密度（$\mathrm{kg/m^3}$），g 为重力加速度（9.8 $\mathrm{m/s^2}$），Q_{bf} 为平滩流量（$\mathrm{m^3/s}$），S 为河道比降（m/m），B 为平滩河宽（河道宽度）（m）。

在计算黄河下游能耗率时，不同断面的平滩流量 Q_{bf} 值收集于文献（Wu et al.，2008）；不同断面处河道比降 S 是利用收集于文献的河床高程（Wang et al.，2008）再进行 3 点滑动平均处理，然后计算这些断面处的河道比降；γ 可以近似地看作 1 000 $\mathrm{kg/m^3}$。据此计算的黄河下游 17 个河流断面的单位河长能耗率及单位面积能耗率在 1977 年、1987 年和 1997 年的沿程分布如图 7-4 所示。不同河段的平均能耗率值见表 7-1。

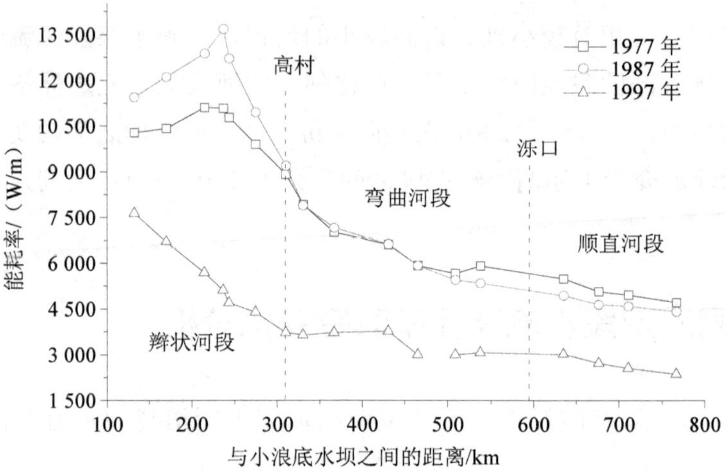

a 单位长度能耗率

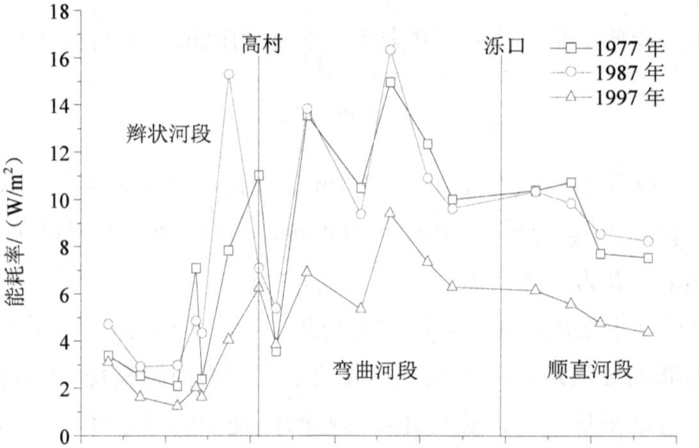

b 单位面积能耗率

图 7-4 黄河下游不同河型段能耗率空间变化特征

表 7-1　不同河型段的平均能耗率

能耗率	河段	1977 年	1987 年	1997 年
Ω /（W/m）	辫状河段	10 588.6	12 293.3	5 697.5
	弯曲河段	6 698.4	6 638.7	3 307.0
	顺直河段	5 053.0	4 646.0	2 653.6
ω /（W/m^2）	辫状河段	4.22	5.85	2.27
	弯曲河段	10.85	10.36	6.48
	顺直河段	9.09	9.24	5.21

就单位河长能耗率来看（图 7-4a），辫状河段的最大，弯曲河段的次之，顺直河段的最小。能耗率高，表明水流对河床的冲刷能力强，使得床面的泥沙处于严重扰动之中（王随继，2009），显然，水流的这种扰动能力在辫状河段最大，在顺直河段最小。对于不同年份，也存在明显的不同，在 1977 年和 1987 年，辫状河段的单位河长能耗率沿程由增大到减小，并且 1987 年比 1977 年略有增大；而对于顺直河段，1987 年比 1977 年略微减小；弯曲河段在上述两个年份变化不大，只是其末段随着顺直河段的调整而呈现减小的现象。但在 1997 年，随着此前几年黄河下游流量的持续减小其河道过水能力减弱，河道严重萎缩（陈建国等，2003；许炯心，孙季，2003；姚文艺等，2004），导致其平滩流量显著变小，因此，单位河长能耗率在整个下游段都明显变小，但仍然以辫状河段的最大，顺直河段的最小。同时，辫状河段经过充分调整，其单位河长能耗率沿程变小。

对于单位面积能耗率来说（图 7-4b），辫状河段的却是黄河下游三类河型段中最小的，并且呈现沿程震荡式增大现象；而弯曲河段的则在大幅震荡中呈现为最大的。并且，1977 年和 1987 年，辫状河段和顺直河段的单位面积能耗率基本上小于 10 W/m^2，尤其是在 1997 年，上述 3 个河型段的单位面积能耗率都小于 10 W/m^2。已经有很多研究者指出，冲积河流中网状河流以及顺直河流的单位面积能耗率基本上小于 10 W/m^2，而弯曲河流只有极少数的低于该值，但辫状河流的要远远大于该数值。根据 Ferguson（1981）对于英国河流的研究结果表明，顺直河流具有比较小的能耗率，一般为 1～60 W/m^2；弯曲河流具有中等能耗率，一般为 5～350 W/m^2；辫状河流具有高能耗率，一般大于 100 W/m^2。黄河下游的研究结果表明，弯曲河段及顺直河段的能耗率虽然很小但仍然处于 Ferguson 所界定的范围之内，而辫状河段的单位面积能耗率远小于其界定范围，并且小于弯曲河段及顺直河段的，这里的原因，是将来有待深入研究的课题之一。

7.4　粒度分布特征及中值粒径年际变化

从多年实测河床沉积物的平均粒度分布特征（图 7-5）可以看出，黄河下游辫状河段花园口站的平均粒径相对较粗，弯曲河段高村站的次之，顺直河段利津站的较细，其中中值粒径在上述 3 站分别为 3.00Φ、3.20Φ、3.67Φ，沿程逐渐减小。上述3站的河床沉积物中的悬移质泥沙组分分别占其总组分的12.76%、9.49%、5.60%，也呈现明显的沿程减小趋势，这表明河床沉积物的分选性在辫状河段最差，在弯曲河段为中等，在顺直河段最好。

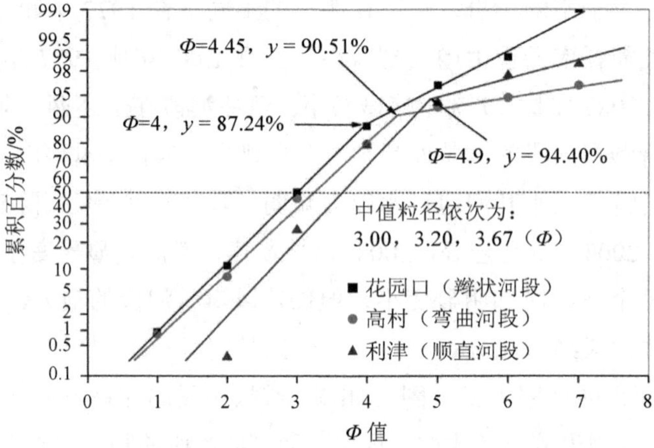

图 7-5　黄河下游不同河型段河床沉积物粒度分布特征

另外，从粒度分布特征（图 7-5）可以看出，河床沉积物主要由跳跃组分和悬移组分两部分构成，而推移质组分普遍缺失，表明黄河下游河床沉积物的粒度非常细，其中值粒径都处于极细砂范围，这主要是由于黄河下游的泥沙主要来自黄土高原的黄土，而黄土的粒径普遍较细，同时，晋陕峡谷中的粗粒泥沙在进入下游之前已经被三门峡等水库充分拦截而导致的。

从河床沉积物中值粒径的年际分布（图 7-6a）可见，在上述 3 个河型段的各自代表性水文站花园口、高村、利津站都呈现震荡性年际分布特征，而这种震荡幅度在花园口最大，表明其河道水动力变化幅度明显且频繁。总体上看，高村断面的有增大趋势，其他两个断面的无明显变化趋势。

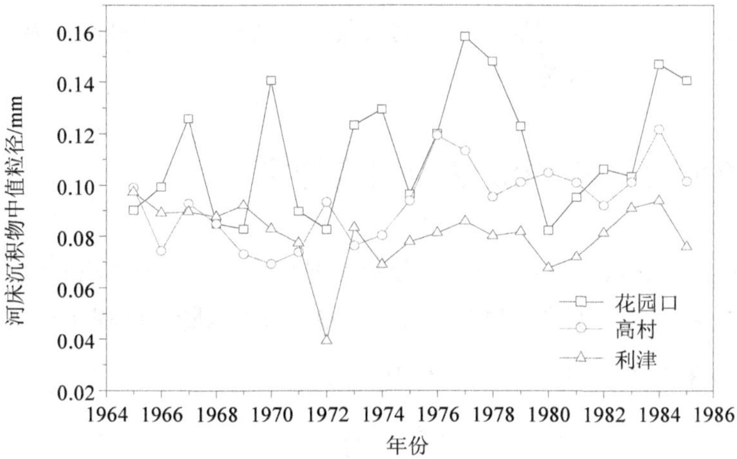

a 河床沉积物年内平均中值粒径

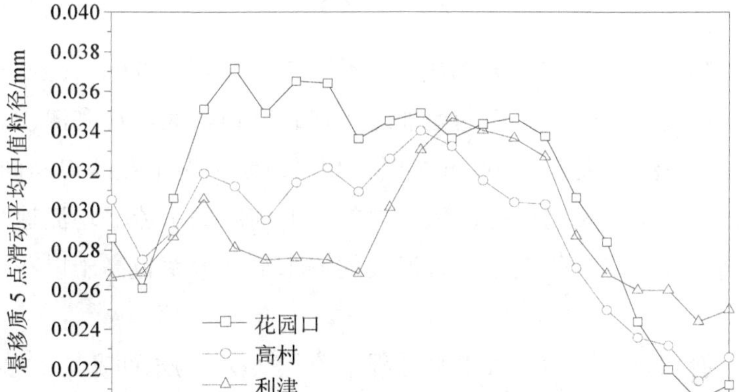

b 年均悬移质泥沙中值粒径的 5 点滑动平均值

图 7-6　黄河下游不同河型段泥沙中值粒径年际变化特征

悬移质泥沙中值粒径的年际分布（图 7-6b）采用 5 点滑动平均值，其明显趋势是，在 1966—1975 年间，悬移质中值粒径在上述 3 个站点沿程减小，并且差别较大；1976—1982 年间，在花园口断面依然是最大的，而在高村断面却是最小的；1983—1985 年间，表现为沿程增大现象。另外，自 1980 年以来，上述 3 个断面的悬移质泥沙中值粒径都明显减小，这与黄河下游的来水量减小以及中游的各类水土保持措施发挥作用有关。

7.5　水流断面形态对流量的响应特征

黄河下游花园口、孙口、利津站分别为辫状河段、弯曲河段和顺直河段的典型代表性水文站，其一次洪水过程中流量（Q）与流水断面面积（A）的关系曲线如图 7-7a 所示，拟合的相互关系式分别为：

$$A = 1.24Q^{0.9} \tag{7-3}$$

$$A = 21.6Q^{0.51} \tag{7-4}$$

$$A = 79.64Q^{0.32} \tag{7-5}$$

公式（7-3）、（7-4）、（7-5）的决定系数（R^2）分别为 0.94、0.69 和 0.14。显然，随着流量的增大，断面面积的增加速率在花园口最大，在利津次之，而在孙口最小。同时，在流量大于 1 200 m^3/s 时，相同流量情况下花园口断面面积最大，利津次之，孙口最小。表明以孙口为代表的弯曲河段的水流平均流速最大，输水输沙效率更高。以利津为代表的顺直河段的输水输沙效率也高于以花园口为代表的辫状河段。

花园口、孙口、利津站一次洪水过程中流量（Q）与水面宽（B）之间的关系曲线如图 7-7b 所示，拟合的相互关系式分别为：

$$B = 1.62Q^{0.82} \tag{7-6}$$

$$B = 90.1Q^{0.23} \tag{7-7}$$

$$B = 289.3Q^{0.04} \tag{7-8}$$

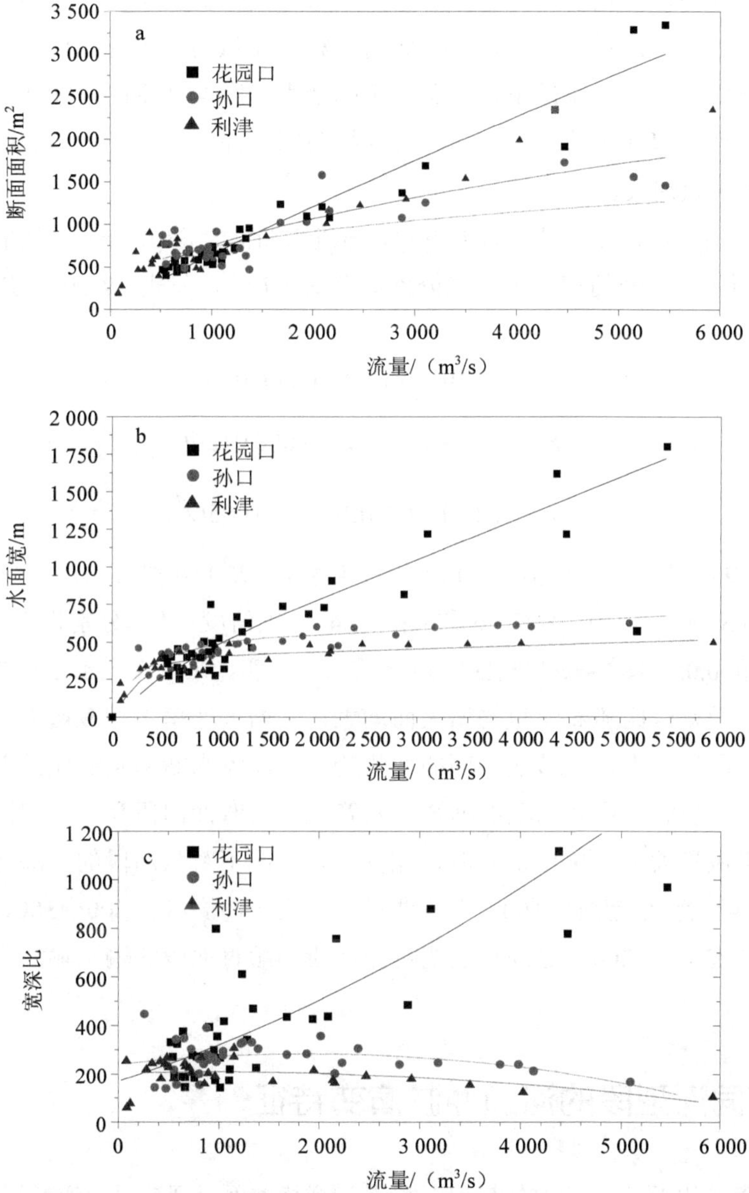

图 7-7 黄河下游不同河型段一次洪水过程中水流断面形态对流量的响应特征

公式（7-6）、公式（7-7）、公式（7-8）的决定系数（R^2）分别为 0.65、0.71 和 0.01。显然，在流量大于 1 000 m^3/s 时，相同流量情况下花园口断面的水面宽度最大，孙口次之，利津最小。随着流量的增大，水面宽度的增加速率在花园口最大，而在孙口和利津的基本相当。这同样表明弯曲河段和顺直河段的输水输沙效率远高于辫状河段。

上述三站一次洪水过程中流量（Q）与流水断面宽深比（r）之间的关系曲线如图 7-7c 所示，拟合的相互关系式分别如公式（7-9）、公式（7-10）、公式（7-11）所示：

$$r = 169.29 + 0.13Q + 0.000\,016Q^2 \tag{7-9}$$

$$r = 239.19 + 0.05Q - 0.000\,012Q^2 \tag{7-10}$$

$$r = 203.51 + 0.01Q - 0.000\,005Q^2 \tag{7-11}$$

式（7-9）、式（7-10）、式（7-11）的决定系数（R^2）分别为 0.70、0.11 和 0.19；标准偏差（SD）分别为 202.7、67.73 和 53.46；置信度（P）分别为小于 0.000 1，等于 0.14 和 0.05。图 7-7c 和相应的拟合关系式表明，在一次洪水过程中，辫状河段的流水断面宽深比随着流量的增大而增大，其增大速率也相应增大，而弯曲河段和顺直河段的却表现出截然不同的变化趋势，即流水断面宽深比随着流量的增大而减小，这反映了辫状河段的河道非常宽浅，而弯曲河段和顺直河段的河道相对窄深。当流量大于 1 000 m^3/s 时，相同流量情况下辫状河段的宽深比最大，并超过 300，最大甚至超过 1 100，而弯曲河段的次之，基本为 200～300，顺直河段的最小，基本小于 200。这同样表明弯曲河段和顺直河段的输水输沙效率远高于辫状河段。

7.6 不同河型段的河道冲淤演变特征

黄河下游位于辫状河段的花园口站，其河道横断面呈现多重河道特征（图 7-8a），各条河道的位置由于受到流水的侵蚀冲刷总是处于频繁变动的状态，而河床基本处于抬升过程中（图 7-8b）。另外，经常过水的河道大多数位于河道的右岸附近，这里，河道的摆动和滩地的加积明显，河床和滩地的演替频繁，如在断面起点距离为 700 m

处，在 1958 年时是最深的河道，而在 1977 年时则变为浅河道，加积升高约 1.4 m；至 1989 年，则淤积为高滩地。在 1958—1989 年的 31 年期间该处加积升高达到 4 m，年均垂向加积速率为 12.9 cm。其他一些地点的侵蚀刷深也非常剧烈，如在断面起点距离为 3 000 m 处，在 1958 年时为高滩地，至 1977 年由于侵蚀而有所降低，至 1989 年，则冲刷为较深河道。在 1958—1989 年该处累积刷深 1.8 m，下蚀速率为 5.8 cm/a。断面左岸部分河床上的生产堤局部限制了某些河道的侧向摆动。

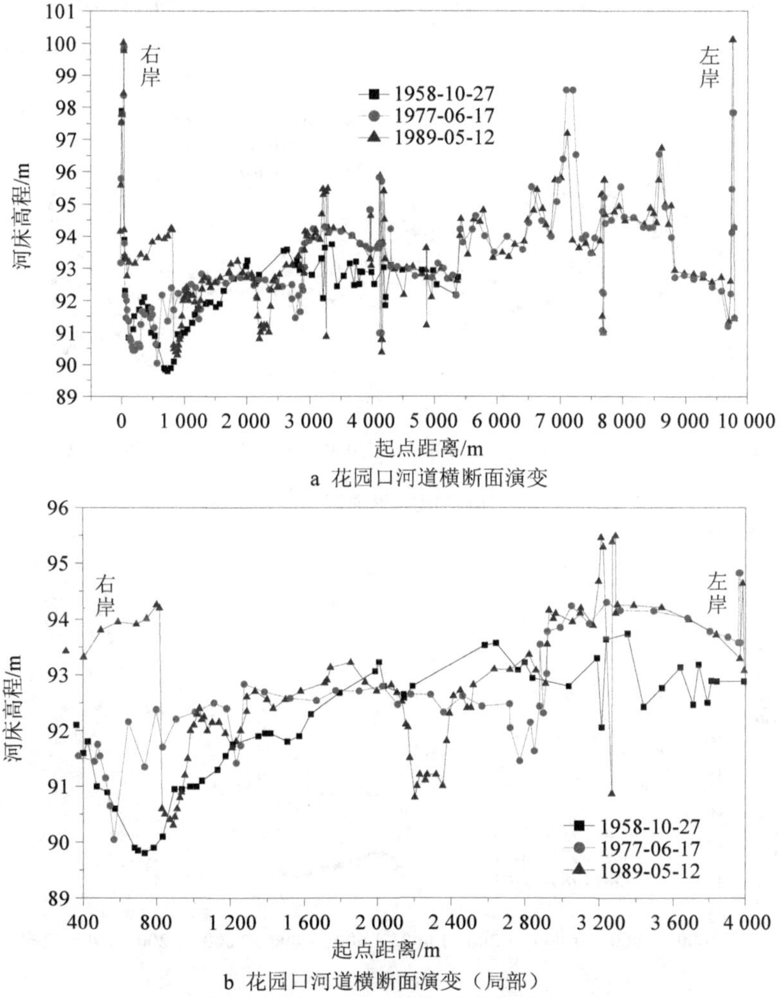

图 7-8　黄河下游辫状河道段花园口断面演变特征

在位于弯曲河段孙口站的河道断面呈现出典型的单一河道特征（图 7-9a），当然，在河漫滩上存在汛期洪水漫滩而形成的小而浅的冲沟。主河道及河漫滩的冲积过程表现出以垂向加积为主（图 7-9b），河道侧向摆动明显，天然堤比较发育。在 1958—1989 年期间河道深泓累积淤高 1.7 m，年垂向加积速率为 5.5 cm；同时，河道侧向迁移 226 m，迁移速率为 7.3 m/a。而滩地加积升高 2.0 m，加积速率为 6.5 cm/a。这里，仅有河岸大堤存在，但离河道较远，对河道的侧向迁移没有明显的限制作用，但是，后来建设的近岸生产堤对河道的摆动有所限制。

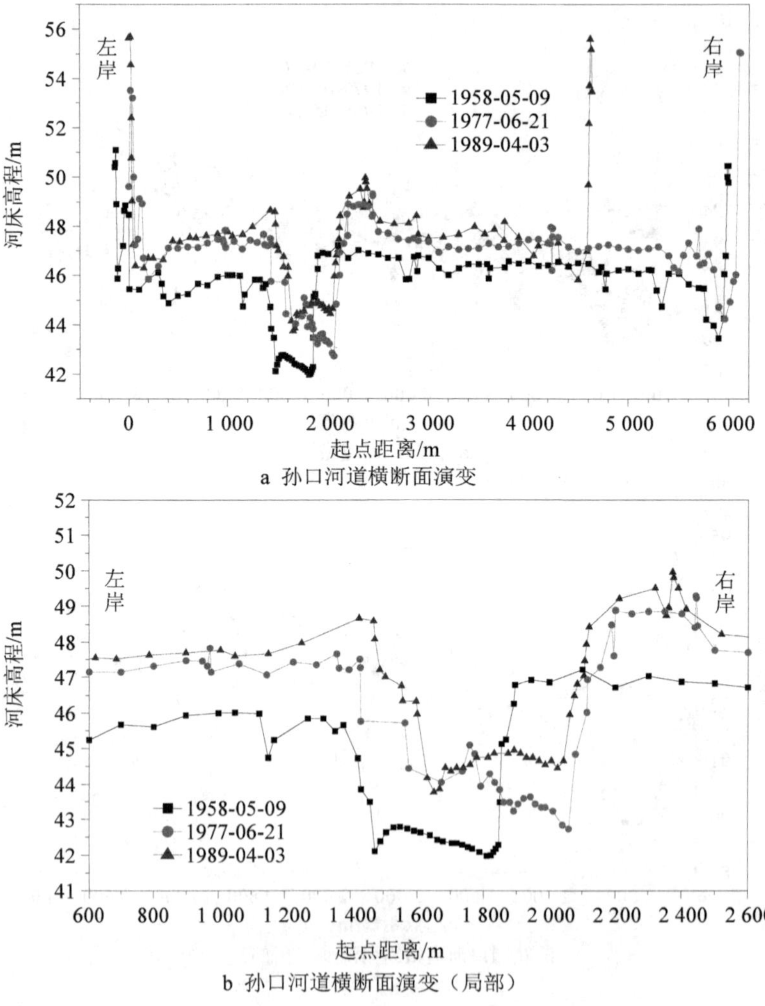

图 7-9 黄河下游弯曲河道段孙口断面演变特征

在位于顺直河段的艾山站（图 7-10a）和利津站（图 7-10b），由于大堤紧邻河道，严格限制了河道侧向迁移，使得河流流动中趋向于弯曲的本能受到限制，河道在演变中难以达到较高的弯度，因此，河道的演变以河床的加积升高为主。

在 1965—1989 年期间，艾山断面的河道深泓累积淤高 1.3 m（图 7-10a），年淤积速率为 5.4 cm，河床平均淤积升高 3.04 m，年淤积速率为 12.7 cm/a。

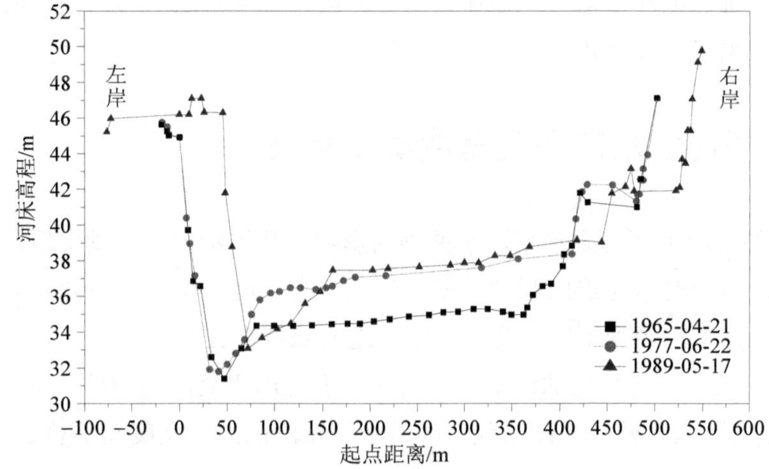

a 艾山河道横断面演变

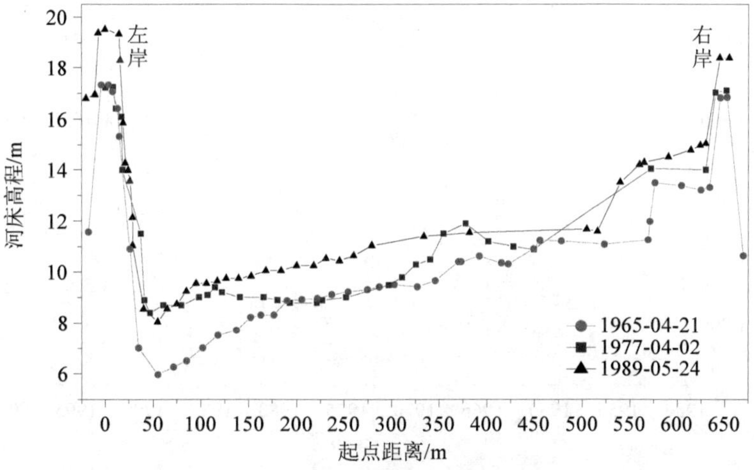

b 利津河道横断面演变

图 7-10 黄河下游顺直河道段断面演变特征

利津断面的河道深泓累积淤高 2.08 m（图 7-10b），年淤高速率为 8.7 cm；河床平均淤积升高 1.45 m，年淤高速率为 6.0 cm。

总之，不同河型段的河床都有不同程度的加积升高，河道的侧向冲淤变化在辫状河流段最为频繁且无规律可循，在弯曲河流段河道的侧向迁移具有继承性和趋势性，而河道弯曲度基本能够维持在相对较高水平。而顺直河流段由于大堤的约束，河道难以侧向摆动，只是在低水位时流路呈现一定的弯曲性，而河道的弯曲度总是三类河型段中较小的。

7.7 不同河型段的河道宽度演变特征

河道的宽度主要受到汛期洪水冲刷的影响，某年特大洪水发生后，河道不但会被刷深，也会对河岸造成强烈冲刷，导致河道宽度发生变化。此后如果遇到平水年份，则河道将经受不同程度的修饰改造而保持下去。

黄河下游不同河型段的河道宽度变化也表现出明显的规律性（图 7-11）。从空间变化来看，以花园口断面为代表的辫状河流段的河道宽度几乎总是呈现最宽，而顺直河流段的则总是最窄，弯曲河流段的介于上述二者之间。

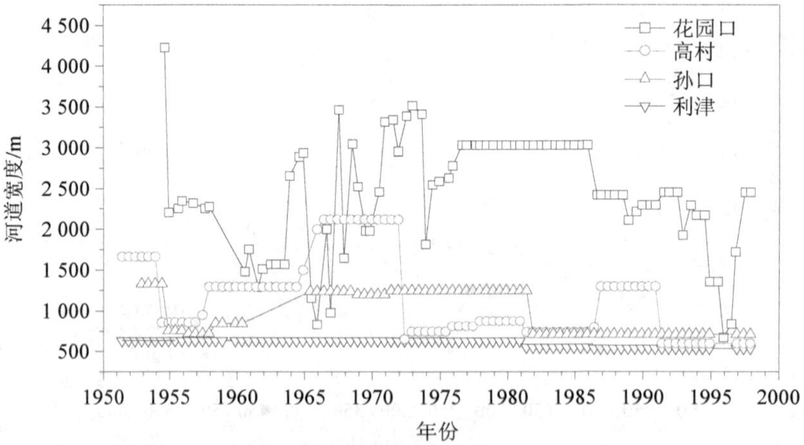

图 7-11 黄河下游不同河型段河道宽度的年际变化特征

从时间变化来看，辫状河段的花园口断面的河道宽度变幅最为明显，在 1954

年为最宽、1956—1963 年间明显变窄、波动幅度很小。在 1964—1973 年间在大幅度波动中趋向于变宽，这与三门峡水库的建成和拦沙运行密切相关。在 1974 年大幅变窄，此后至 1976 年逐渐变宽，这与三门峡水库的排沙运行相关。1977—1985 年保持稳定，因三门峡水库库容淤满，汛期蓄水拦沙功能消失，对下游河道的影响微弱。在 1986—1996 年间低幅波动中明显变窄，这是龙羊峡水库汛期蓄水造成下游河道洪峰流量明显下降的结果。此后又逐渐变宽，这是黄河下游因多年断流、生态恶化后，黄河流域资源管理在政策上发生变化以增加下游流量所引起的。

弯曲河段的高村断面和孙口断面的河道宽度随着时间的变化具有明显的阶段性特征，在 20 世纪 50 年代初期较宽，前者在 1954—1958 年、后者在 1955—1961 年明显变窄且都保持稳定。高村断面在 1959 年明显变宽，直至 1964 年间保持稳定，在 1965—1967 年间逐渐变宽，此后至 1972 年维持不变，在 1973 年大幅度变窄，此后至 1986 年间仅发生小幅度变化，在 20 世纪 80 年代后期变宽，1991 年起变为最窄。孙口断面最晚在 1965 年又明显变宽，此后至 1981 年基本维持不变，在 1982 年显著变窄，此后一直维持在考察年份中的最窄河宽。弯曲河段的上述断面宽度的变化除了受到断面上游水库建设和运行的影响外，也受到辫状河段泥沙冲淤作用的影响，因而其变化与辫状河段的有时同步，有时却不同步。

顺直河段利津断面的河道宽度随着时间几乎无明显的宽窄变化，仅在 1981 年微弱变窄而已（图 7-11）。显然，利津断面首先是坚固的临河大堤的保护和限制，使得其河宽维持稳定；其次是它远离那些大型水库，也远离冲淤最为剧烈的辫状河段，因此，无论是水库建设，还是辫状河段的阶段性强烈的泥沙冲淤，都未影响到利津断面宽度的变化。

7.8　小结

通过对黄河下游河道上的多种河型的分布及其空间演化现象的分析，可以得出以下几个方面的主要认识：

（1）黄河下游沿程出现辫状河流、弯曲河流、顺直河流的河型演变是河流自身调整及人为活动影响的结果，很小的河道比降（地貌条件）、以粉砂为主的极细河床质（河道边界条件）、洪枯水年内及年际的交替（气候条件）、大坝拦截粗粒泥沙及大堤的修建（人类影响）是导致这些河型出现并在适当地段发生河型转化的主要控制因素。考虑到目前顺直河段的河道比降仍然比其上游弯曲河段的大，可以认为相距很近的大堤是顺直河流得以出现的主要原因，否则，该河段将会是弯曲河流。

（2）黄河下游不同河型段间的沉积动力特征存在明显差别，其中河道比降、平滩流量时的流速、单位河长能耗率以及河床中值粒径都表现出在辫状河段最大，弯曲河段次之，顺直河段最小。这意味着辫状河段的河流综合动能较强，河道的冲淤变化明显，河道宽浅，流量增大时就产生散乱的复式河道；弯曲河段的动能次之，但能够使河道侧向迁移，呈现弯曲单河道特性；顺直河段的动能较小，河道的侧向迁移能力微弱，且具有高效输沙能力。

（3）单位面积能耗率在辫状河段最小，弯曲河段最大，顺直河段次之，其间的比值为0.52∶1.18∶1。在通常情况下，辫状河段的单位面积能耗率应该是这三类河型中最大的，而本章所展示的结果却完全相反。这是将来有必要进一步深入研究的课题。

（4）随着近年来水沙的阶段性减小，顺直河段在大堤的挟持下得以继续维持；弯曲河段的河道宽度略微变窄，河道的侧向摆动依然是该段河道演变的主要特点，河床加积速率在这些河型段中最大，但相对于几百公里的河长来说，每年多出数厘米的沉积速率不会导致整个河道比降发生明显变化；辫状河段河道与滩地的频繁更替仍将存在，但其能耗率明显减小，其比邻弯曲河段的河道会逐渐曲流化，表现为弯曲河段的适度上延，但延伸有限。

（5）由于河道比降非常小，因此，小浪底水库实施的清水冲沙对于降低河床的目标来说只能短期见效，每次冲沙过后，很可能是沉积作用的恢复期；而长期冲沙的结果会导致河床粗化，为进一步的冲沙带来了困难，黄河下游的悬河难以根治。因此，在针对下游河流各类治理措施中，最好的方法还是在中上游修建必要的水库和淤地坝，以便拦截大量粗泥沙，这样，可以使进入小浪底水库的泥沙量减少，从而维持其拦沙库容在相对较长时期内有效，这些综合措施会使得进入下游河道的粗泥沙进一步减少，从而减小下游河床的加积速率来抑制悬河的发展速度。当然，针对决口险情的大堤建设和维护也是非常必要的措施。

第 8 章　冲积河道沉积速率变化及成因分析

黄河不但以输沙量大闻名于世，而且以下游悬河的发育而受到高度关注。悬河的发育和发展源自于其河床沉积泥沙的数量大、沉积层持续变厚和多年保持的高沉积速率。黄河下游“地上悬河”形成后，河道决口的风险日益增高，潜在的洪水灾害威胁到滩区人民的生命安全。此外，黄河下游河段存在多种不同的河型，河道演变极其复杂，而不同河型的治理措施又各有其不同的适应性，这给下游河段的防洪工作造成很大压力。国内外许多研究者已经针对黄河下游河道在河型转化（倪晋仁，1989；倪晋仁等，2000；王随继，2008）、水沙变化（Liébault and Piégay，2001；王随继，2009）等方面做过一系列的研究，也探讨过人类活动对河道演变以及来水来沙的影响，包括水利工程的投入运行对河道冲淤及其演变的影响（许炯心，师长兴，1995；Pohl M，2004；申冠卿等，2007；冉立山等，2009a），这类研究工作或多或少地会涉及有关冲积河道的冲淤速率的讨论。

近年来一些研究人员针对黄河的不同冲积河段，分析了不同的水沙条件下河道断面调整特征（姚文艺等，2003；申冠卿等，2005）；拟合了河相系数与水力半径关系（范小黎等，2010），指出河道断面平均流速是制约包括沉积速率和河道迁移速率变化等在内的河道演变的主要影响因素；模拟分析河道断面形态参数在汛前、汛后的变化及其与河段入口水沙的定量关系（冯普林等，2005）；利用河道宽深比、河床质粒径大小和河道比降等参数，分析了黄河下游及河口河道演变模式及河槽横断面调整机制（Shi and Zhang，2003）。所有这些涉及河道横断面变化或者水沙量变化的研究，都或多或少与河床沉积速率大小变化有着一定的关联，但是，并未全面系统地解答过黄河流域干流及其支流的河床沉积速率的时空变化特征。尤其是近年来随着小浪底水库的建成和冲沙模式的实施，黄河下游河道的冲淤演变进入到新的阶段，其河床沉积速率变化与之前相比又会呈现出不同的特点。

因此，对于黄河上中下游河道及其不同支流的沉积速率变化、区域差异性及其影响因素等方面的系统研究仍然有待进一步开展。

本章利用黄河下游包括花园口、高村、孙口、泺口、艾山、利津等典型大断面在内的系列断面的实测数据和相关水文站的实测水文泥沙数据，对黄河下游河道断面的演变特征和变化趋势进行了研究，分别从同流量水位变化间接反映的河床冲淤和平滩流量下断面平均高程变化直接反映的河床冲淤两个方面计算了包括上述典型河道断面在内的系列河道断面的沉积速率，并分析了黄河下游河道沉积速率的时空变化特征及其主要影响因素。这一工作初步揭示了黄河下游河道沉积速率的变化特征和变化趋势，为有效促进黄河下游河道向健康河流发展的管理措施的制定提供了理论依据。

8.1　同流量水位变化揭示的河床沉积速率

黄河多年平均径流量约为 $580\times10^8\ m^3/a$，占全国河流总径流量的 2%，但是其输沙量巨大，21 世纪之前多年平均输送到黄河下游的泥沙为 16 亿 t，年均含沙量高达 37.8 kg/m^3，并且约 80%的泥沙都集中在每年的汛期。因黄河中游为泥沙丰富的黄土高原区域，众多高含沙支流携带大量泥沙汇入干流，流经下游时因水动力减弱输沙能力降低，致使东段河床沉积抬升明显（朱起茂，1982；戴英生，1986）。从花园口至高村河道全长 206.5 km、比降为 0.198‰，为心滩发育的辫状河型段（王随继，2003），是黄河下游的主要冲积河段，河道变化最频繁，悬河发育，防洪形势最为严峻；高村至泺口河段的河道比降略有变小，属弯曲河型；泺口至利津河段属顺直河段，河道比降小于 0.1‰，河道弯曲度为 1.19（陆中臣等，2000）。整个黄河下游的河道平均比降为 0.111‰，如此小的河道比降造成了水动力的迅速下降，必然会使来自中游的高含沙水流释放大量负载，大量悬移质泥沙会在这段河道里发生沉积，使得河床严重淤积，河床平均每年抬高 10～20 cm（戴英生，1986）。

8.1.1　典型断面中大流量时的河道冲淤特征

鉴于一些大河的河道断面和河床冲淤变化复杂，通常难以直接获得河床的沉积速率。另外，不同流量下河道遭受的冲淤区域和幅度也会有很大差异。因此，本章选取黄河下游不同河型段典型水文站在 1 000 m^3/s、2 000 m^3/s 和 3 000 m^3/s 三个中大流量级别时的水位在不同年份的净增减情况，在不考虑流速差别的情况下，这些水位的净增减可以近似地看作河床的净淤积值或净冲刷值，从而可用来判断相应时期河床的加积或冲刷厚度，并计算其加积或冲刷速率（王随继，2009）。黄河下游辫状河段的花园口站、弯曲河段的高村站和孙口站，以及顺直河段的利津站在上述三个级别流量时的水位变化分别如图 8-1 所示。

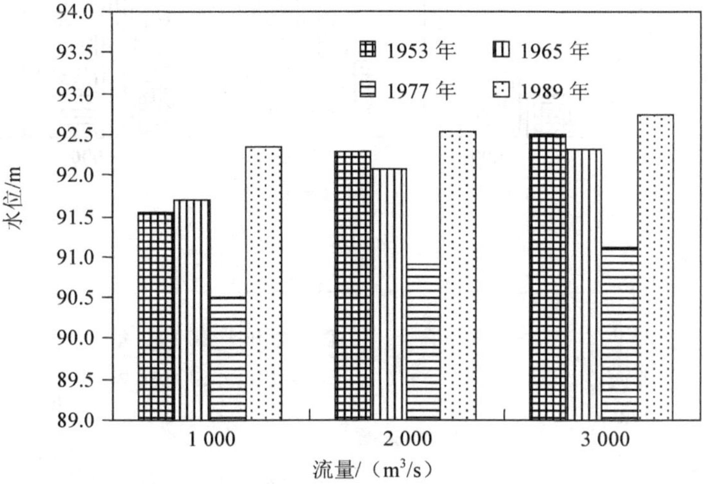

a 花园口水文站

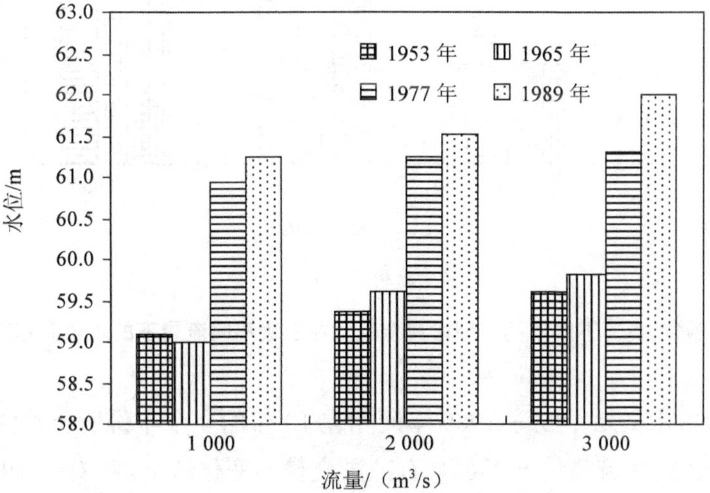

b 高村水文站

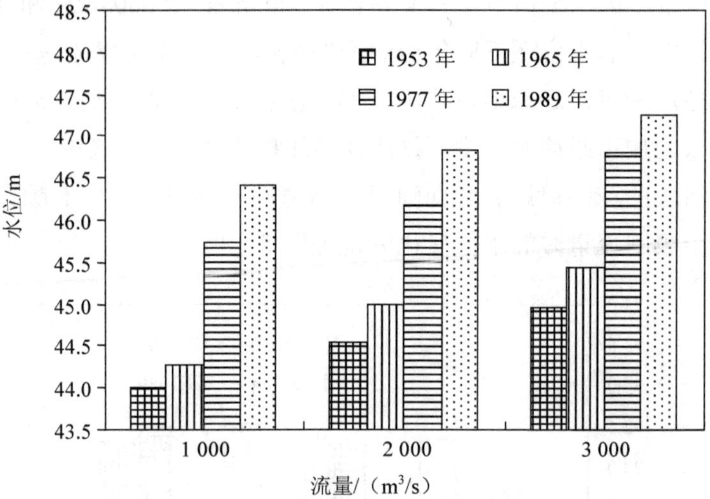

c 孙口水文站

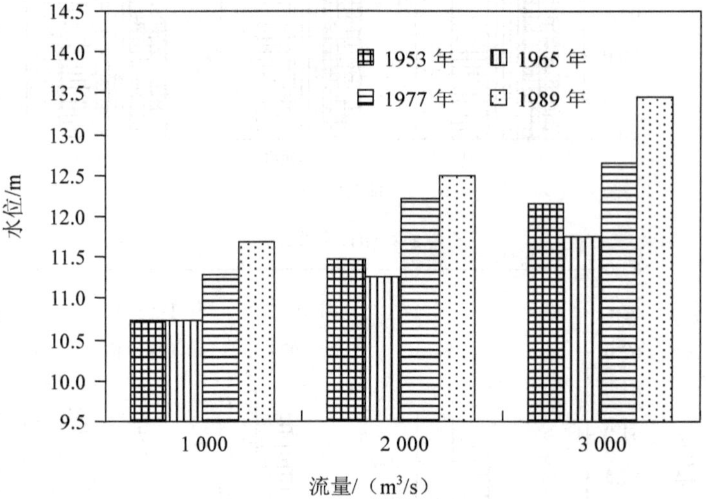

d 利津水文站

图 8-1 黄河下游不同河型段典型断面在三级不同流量下的水位高程变化

从花园口水文站 1953—1989 年间相差 12 年的 4 个年份所反映的水位可见，其河床在上述三种流量情况下都具有冲淤交替的变化特征，相对于 1965 年较高的水位，其 1977 年在上述三种流量时的水位都大幅降低，表明在 1965—1977 年间河道下蚀明显，这是对三门峡水库建成及运行模式的响应，也是人为影响下的河道调整的典型案例。在 1953—1989 年间总体上处于加积状态（图 8-1a），其年均沉积速率在上述三个流量级别下分别为 2.2 cm、0.67 cm、0.67 cm（表 8-1）。

表 8-1 1953—1989 年黄河下游典型断面在不同流量下的河床沉积速率比较

给定流量/（m^3/s）	花园口断面沉积速率/（cm/a）	高村断面沉积速率/（cm/a）	孙口断面沉积速率/（cm/a）	利津断面沉积速率/（cm/a）
1 000	2.20	5.94	6.64	2.67
2 000	0.67	5.97	6.39	2.81
3 000	0.67	6.69	6.36	3.56

相对于 1953 年三种流量时的水位，高村站除了流量为 1 000 m^3/s 时水位在 1965 年略微降低外，其他年份（1977 年和 1989 年）的水位都在升高，尤其是 1977 年的升幅非常显著（图 8-1b），在 1953—1989 年间三个流量级别下的年均沉积速率分别为 5.94 cm、5.97 cm、6.69 cm（表 8-1）。

与 1953 年的水位相比，孙口站 1965、1977 和 1989 年在上述三种流量时的水位（图 8-1c）都在持续升高，表明河道持续处于加积升高过程中。在 1953—1989 年间三个流量级别下的年均沉积速率分别为 6.64 cm、6.39 cm 和 6.36 cm（表 8-1）。

与 1953 年三种级别流量时的水位相比，利津站在 1965 的同级别水位持平或者降低（图 8-1d），表明河床高程不变（1 000 m^3/s 时）或者降低（2 000～3 000 m^3/s 时），而在 1977 和 1989 年的同级别水位都在升高，并且都比前一个年份的变高，表明这些年份的河床在加积升高。在 1953—1989 年间三个流量级别下的年均沉积速率分别为 2.67 cm、2.81 cm、3.56 cm（表 8-1）。

显然，无论是何种流量级别，弯曲河流段的高村站和孙口站的水位升高幅度最大，从而表明其河床加积厚度也最大，因此，其河床沉积速率也是最大的（表 8-1）。在 1 000 m^3/s 的较小流量时，辫状河流段的花园口站与顺直河流段的利津站基本相当，但在 2 000 m^3/s 和 3 000 m^3/s 的中、大级别流量时，花园口站的沉积速率远小于后者。黄河下游上述四个典型断面是沿程分布的，故可得知，在这 36 年间黄河下游河道在上述流量级别下平均沉积速率在空间上呈现上段和下段小、中段高的上凸曲线特征。

8.1.2 系列断面小流量时河床冲淤特征分析

前述的河床沉积速率都是针对中等到较大级别流量时的情况，难以清晰反映河床或者河道最深部分的冲淤态势。为了揭示黄河下游不同河型段河床最深区域的沉积速率，这里选取 500 m^3/s 这一小流量时水位变化来分析黄河下游 18 个沿程分布的河道断面在不同时期的变化情况。不同时期同流量水位变化所反映的河床沉积厚度和沉积速率如图 8-2 所示，各个河型段的平均沉积厚度和沉积速率见表 8-2。

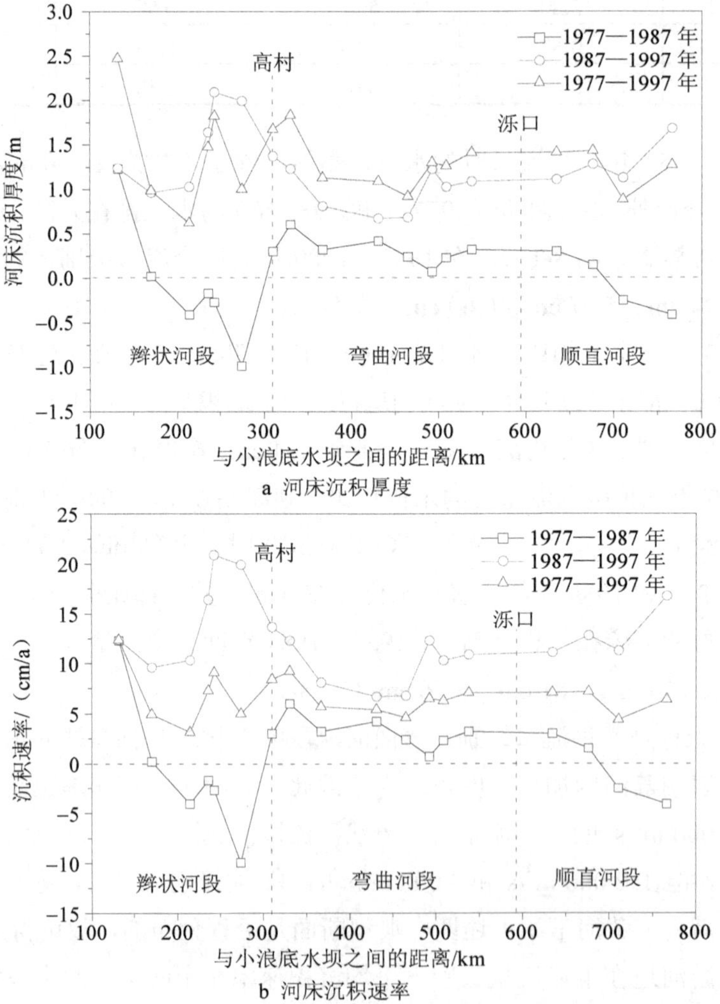

a 河床沉积厚度

b 河床沉积速率

图 8-2 流量为 500 m^3/s 时不同河型段在典型时期的河床沉积特征

表 8-2　黄河下游不同河型段特定时段 500 m^3/s 流量时河床平均沉积厚度和平均沉积速率

河型	沉积厚度/cm			沉积速率/（cm/a）		
	1977—1987 年	1987—1997 年	1977—1997 年	1977—1987 年	1987—1997 年	1977—1997 年
辫状河段	−9.8	149.2	139.3	−0.98	14.92	6.97
弯曲河段	31.3	101.4	132.6	3.13	10.14	6.65
顺直河段	−5.3	130.0	124.8	−0.53	13.00	6.28

由图 8-2a 可见，在 1977—1987 年间，辫状河段的河床以侵蚀冲刷为主；在弯曲河段表现为净沉积，即沉积作用起主导作用；在顺直河段的上段为净沉积，下段为净冲刷，沉积作用和侵蚀作用分别主导了顺直河段的上下两段。在 1987—1997 年间，上述三个河型段的河床都表现为净沉积，沉积作用起主导作用。河床沉积速率在上述不同河段具有类似的变化趋势（图 8-2b）。

在黄河下游三个不同类型的河道段中，当流量为 500 m^3/s 时，计算出的各段河床的平均沉积厚度及平均沉积速率见表 8-2。在 1977—1987 年间，辫状河段、弯曲河段和顺直河段河床的平均沉积速率分别为−0.98 cm/a、3.13 cm/a 和−0.53 cm/a；在 1987—1997 年间，上述三个河段河床的平均沉积速率分别为 14.92 cm/a、10.14 cm/a 和 13.00 cm/a。而在所统计的 20 年间，上述三个河段的河床平均沉积速率分别为 6.97 cm/a、6.65 cm/a 和 6.28 cm/a，呈现沿程减小的趋势，但彼此之间的差别并不明显。上述研究结果表明，辫状河段的沉积速率在不同时段变化幅度最为明显，而弯曲河段的则比较稳定，同时也表明，在相对较长的时期内，三个类型的河道段其河床最深部的沉积速率趋向于相同，这是长时间尺度中河流自动调整中河道纵剖面趋向于均衡的内在规律在起作用。

综合分析表 8-1 及表 8-2 可以发现，在一个相对较长的时间尺度内，低流量（500 m^3/s）时，黄河下游辫状河段、弯曲河段和顺直河段的平均河床沉积速率基本接近，但在这三个河段中以沿程减小为特征；中、大流量（2 000～3 000 m^3/s）时，辫状河段河床的沉积速率最小，而弯曲河段的最大。另外可以发现，相对较长的时间尺度内，在 500～3 000 m^3/s 的流量范围内，弯曲河段的沉积速率都是非常接近的，表明弯曲河段的沉积状况相对稳定，与流量的变化关系不大，而辫状河段的则与流量的变化关系非常密切。这就揭示了辫状河道的冲淤变化主要受制于流量的变化，流量的增加导致河床大幅展宽，接受沉积的床面面积大幅增大，因而其沉积速率变小，但河床沉积总量依然是非常可观的。

8.2 断面平均高程变化反映的河道沉积速率

选取黄河下游河段花园口、高村、泺口和利津 4 个水文站在 1965 年、1970 年、1975 年、1980 年、1985 年、1989 年、2006 年、2010 年和 2014 年 9 个年份的实测河道断面数据（黄河水利委员会，1961—2014 年）来分析这些河道断面的演变特征，并且以上述相邻年份为给定时段分别计算各个时期的上述断面的平均沉积速率。

河床平均沉积速率计算方法是通过某实测河道大断面上河岸（滩唇）之间的河床断面上的一系列河床高程数据进行积分运算求取其河道断面面积，以该断面面积数值除以河道（河岸或者滩唇之间）宽度可以得出河道平均深度，进而计算可得到河床平均高程；用某一断面在某一时段末年的河道平均高程减去开始年份的河道高程再除以该时段的总年份即可得到该时段该段的河床平均沉积速率。利用某一段面后一时段的平均沉积速率减去前一时段的平均沉积速率再除以前一时段的沉积速率即可得到该断面河道沉积速率的变化率。

8.2.1 河道断面侧向及垂向演变特征

花园口断面处于辫状河型段，是四个断面中单位长度能耗率最大的断面，因为其河道边界组成物质以粉细砂为主且非常疏松，河道位置在大堤间摆动频繁、摆动幅度较大，主流线变化不定，河床宽浅且侧向波动起伏较大（图 8-3a）。距右岸 3 000～4 000 m，1965 年为主河道，河床平均高程为 91.07 m，河槽不断淤积，在 1970 年沉积为浅河道，1975 年河床升高演变为滩地，平均河床高程淤高至 94.02 m。1975—1980 年，河流向右岸摆动，河道由起点距 5 408 m 展宽至 9 809 m，侧蚀速率达 880.2 m/a。1989—2006 年间在距右岸 7 700～8 700 m 河床局部侵蚀严重，下蚀速率为 26.65 cm/a。2010—2014 年间河床整体上发生冲刷。

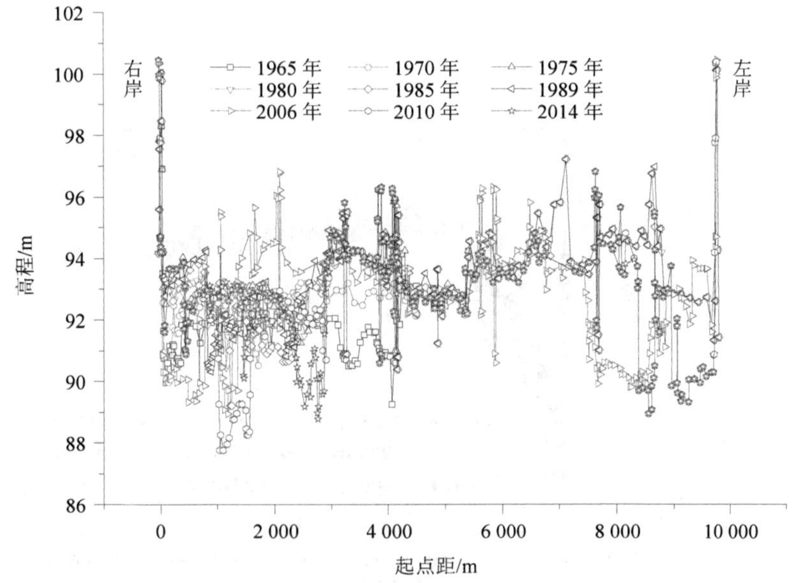
102
100
98
96
94
92
90
88
86
高程/m
右岸
左岸
1965 年
1970 年
1975 年
1980 年
1985 年
1989 年
2006 年
2010 年
2014 年
0
2 000
4 000
6 000
8 000
10 000
起点距/m

a 花园口

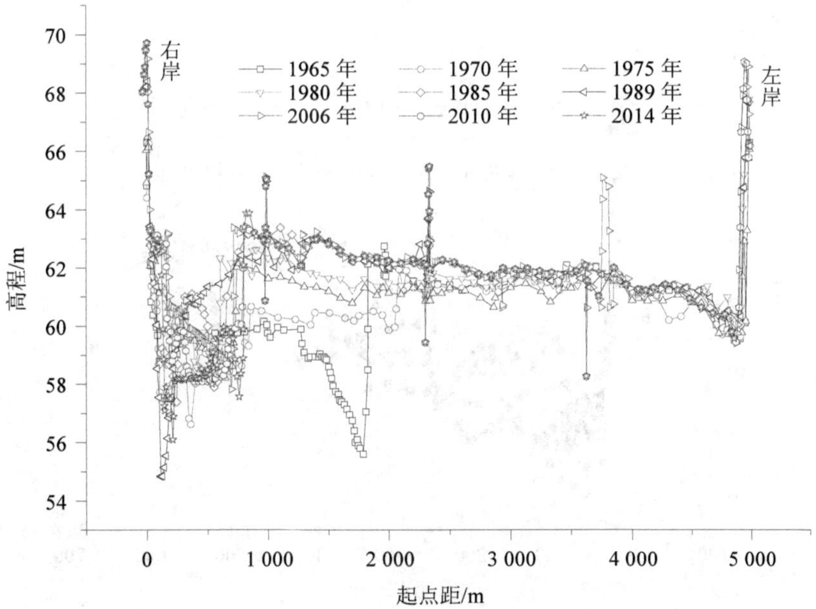
70
68
66
64
62
60
58
56
54
高程/m
右岸
左岸
1965 年
1970 年
1975 年
1980 年
1985 年
1989 年
2006 年
2010 年
2014 年
0
1 000
2 000
3 000
4 000
5 000
起点距/m

b 高村

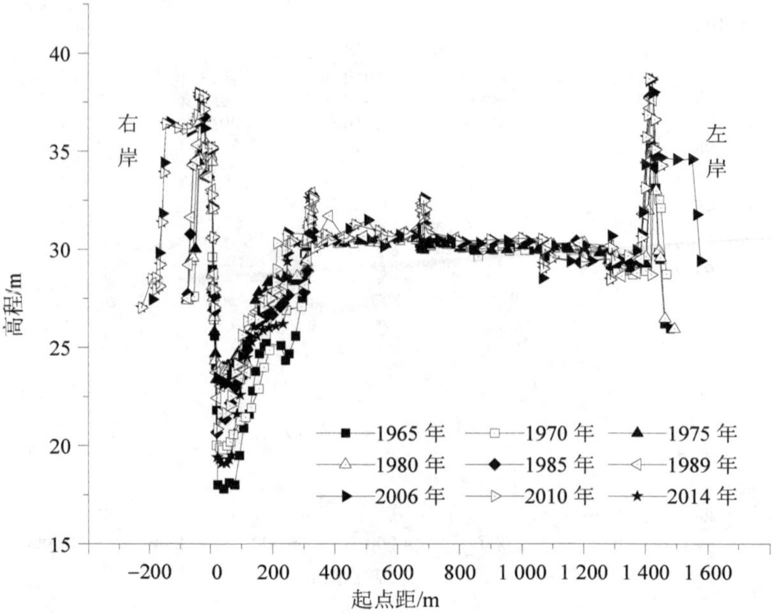

c 泺口

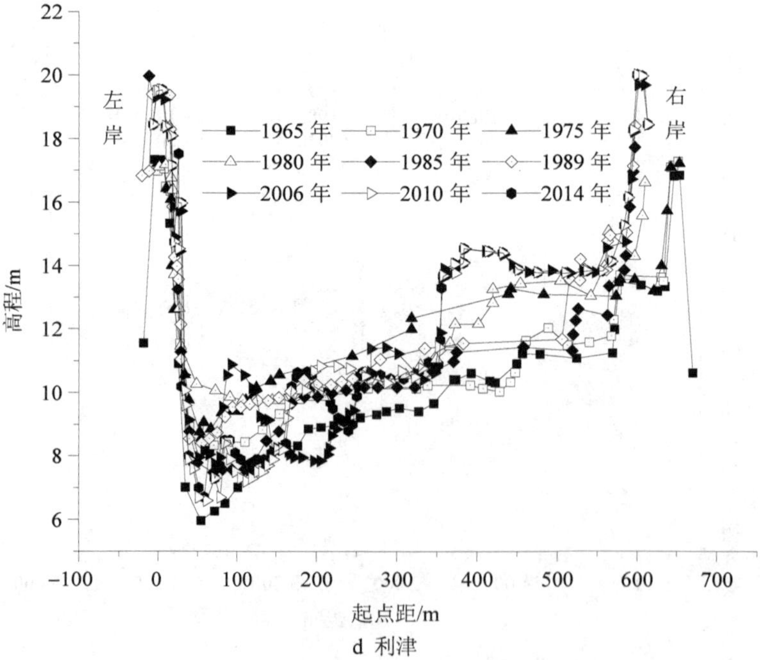

d 利津

图 8-3 典型河道横断面的冲淤演变特征

高村断面处于弯曲河段的上端，主河槽接近于右岸（图 8-3b），在横向环流的作用下易发生侧向迁移。1965 年主河槽位于距右岸 1 000～2 000 m，随着时间的推移，受到河流的侧蚀作用，深泓迁移，1970 年处于距右岸 1 000 m 之内。1970—2014 年间，河道位置较为固定，均分布于近右岸 1 000 m 以内。相比于右岸河床，左岸滩地变化幅度小，但河漫滩整体处于淤积升高状态。

泺口站和利津站均位于顺直河段。泺口横断面（图 8-3c）滩地无明显起伏波动，河道侧向移动范围小，河床变化主要发生在主槽区域。1965—1975 年间河道淤积抬升 5.48 m。1975—1980 年，河道较为稳定，1980—1985 年间深泓线下切，1985—1989 年间河床淤高。至 2014 年深泓点下切、位置最低，河床高程为 19.1 m。

利津断面河床明显呈现左低右高的倾斜状态（图 8-3d），整体上摆动较小。从 1965—1989 年，河床近于平行抬升或下降，形态基本保持稳定状态。2006 年相比于 1989 年，靠近右岸的河床淤高明显，2006—2014 年间河床床面起伏较大，滩地淤积而河床整体处于冲刷状态。

8.2.2　河道沉积速率的时间变化

花园口河道断面变化复杂，河床起伏较大。从图 8-4 可以看出，在 1965—1970 年、1970—1975 年、1975—1980 年间沉积速率值均大于零，表明在这三个时间段内花园口断面的河床均淤积抬高，平均沉积速率分别为 13.38 cm/a、9.01 cm/a 和 0.81 cm/a，并且随着时间呈现减小趋势。1980 年后淤积侵蚀交替发生。在 1965—2014 年间，花园口断面的河床平均沉积速率为 2.15 cm/a。

高村断面在 1965—2014 年间的河床平均沉积速率为 1.84 cm/a。在 1965—1970 年、1970—1975 年、1975—1980 年、1980—1985 年及 1989—2006 年间，其河床平均沉积速率均为正值，表明该断面处的河床持续淤高。其中 1970—1975 年间河床断面面积变化最大，为 2 133.17 m^2，河床平均沉积速率高达 9.28 cm/a；1985—1989 年、2006—2010 年、2010—2014 年间河床受到冲刷，沉积速率分别为−1.59 cm/a、−5.2 cm/a 和−2.37 cm/a。

泺口断面在 1965—2014 年间的河床平均沉积速率为 2.81 cm/a，整体处于抬升状态。但 1975—1980 年、1980—1985 年、2006—2010 年以及 2010—2014 年间河床的平均沉积速率分别为–1.97 cm/a、–12.92 cm/a、–1.75 cm/a 和–27.65 cm/a，总体上呈现出弱侵蚀与强侵蚀交替分布、侵蚀速率具有增大的趋势。在 1965—1970 年、1970—1975 年、1985—1989 年、1989—2006 年间其河床沉积速率分别为 10.85 cm/a、38.0 cm/a、15.36 cm/a 和 2.54 cm/a，有减小趋势。

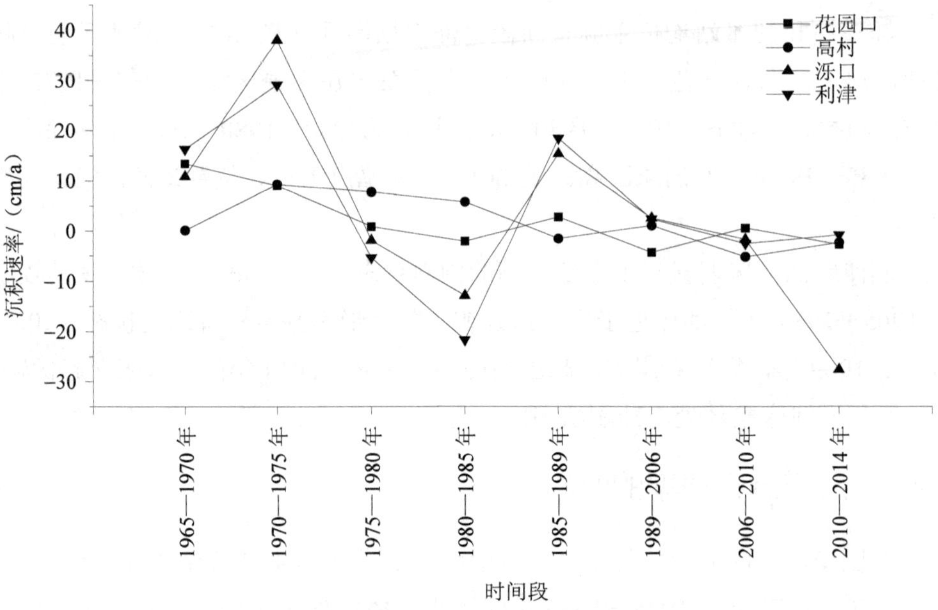

图 8-4 河床平均沉积速率的时间变化特征

利津断面在 1965—2014 年间的河床以淤积为主，其平均沉积速率为 4.44 cm/a，其中在 1965—1970 年、1970—1975 年、1985—1989 年、1989—2006 年间的河床沉积速率分别为 16.3 cm/a、29.08 cm/a、18.42 cm/a、2.34 cm/a，在 1975—1980 年、1980—1985 年、2006—2010 年和 2010—2014 年间的沉积速率分别为–5.41 cm/a、–21.77 cm/a、–2.57 cm/a 和–0.85 cm/a，沉积和侵蚀大致交替分布，并且，河床沉积速率和侵蚀速率都有明显变小趋势。

8.2.3 河道沉积速率的空间变化

在 1965—1970 年间，河床沉积速率从辫状河段的代表水文站花园口站的

5.26 cm/a 减小至弯曲河段代表性水文站高村站的 0.11 cm/a（图 8-5a）。顺直河段因为比降最小，河床沉积速率迅速增大，泺口断面的为 10.85 cm/a、利津站断面的为 16.3 cm/a。这四个断面的河床沉积速率沿程呈现出较小→很小→较大→大的变化趋势，并且自高村站起沿程增大。

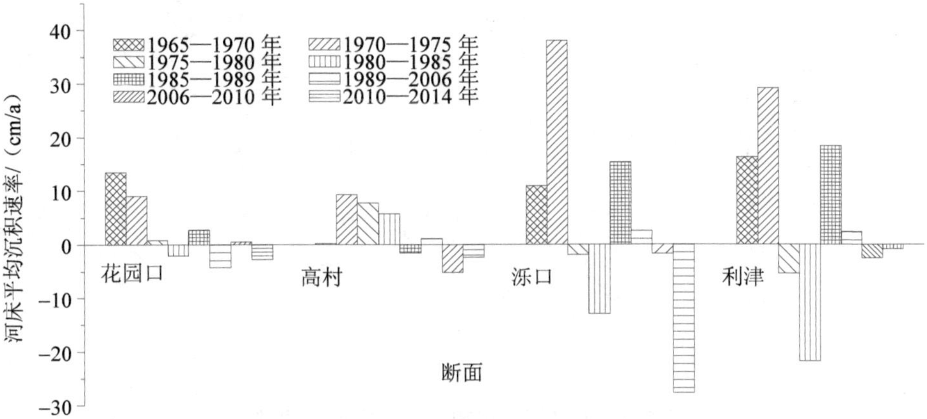

a

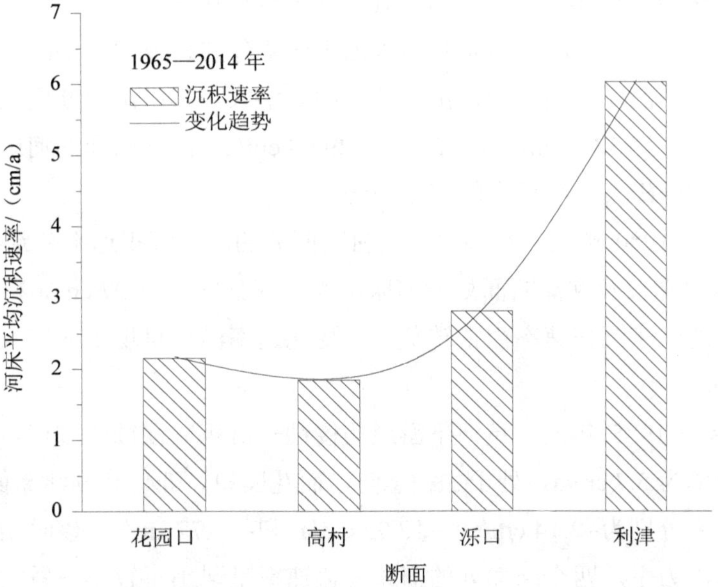

b

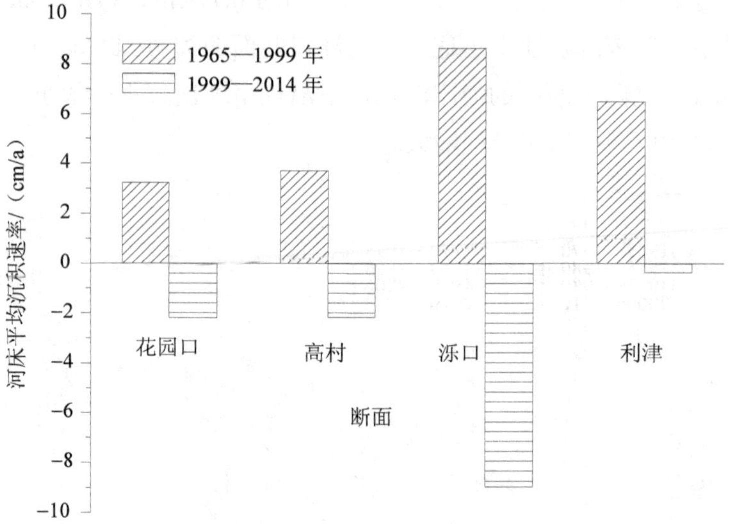

c

图 8-5 河床平均沉积速率的空间变化特征

在 1970—1975 年间，四个断面处的河床沉积速率均大于零，其中辫状河段的花园口站与弯曲河段的高村站其河床沉积速率分别为 9.01 cm/a 和 9.28 cm/a，十分接近。顺直河段的河床年均沉积速率明显增大，其中泺口断面处的河床年均沉积速率最大，达 38 cm/a，利津站的为 29.08 cm/a。四个断面的河床变化速率沿程呈现大→大→极大→次极大的变化趋势。

在 1975—1980 年间，花园口与高村断面处的河床沉积速率分别为 0.81 cm/a 和 7.71 cm/a，泺口及利津断面处的河床沉积速率分别为−1.97 cm/a 和−5.41 cm/a。四个断面处的河床沉积速率由正转负，其变化速率沿程呈现小→较大→小→较小的变化趋势。

在 1980—1985 年间，黄河下游经历侵蚀—沉积—侵蚀的过程。高村断面的河床沉积速率为 5.7 cm/a，处于加积态势，而花园口、泺口和利津断面受到冲刷，河床沉积速率分别为−2.14 cm/a、−12.92 cm/a 和−21.77 cm/a。该时期黄河下游河道以侵蚀作用为主，四个断面处的河床变化速率呈现小→较小→较大→次极大的变化趋势，其中断面侵蚀速率沿程呈现增大趋势。

在 1985—1989 年间，黄河下游经历沉积—侵蚀—沉积的过程。除高村断面的河床侵蚀速率为–1.59 cm/a 外，沿程的其他三个断面的沉积速率分别为 2.72 cm/a、15.36 cm/a、18.42 cm/a。四个断面处的河床变化速率沿程呈现小→小→大→大的变化趋势。

在 1989—2006 年间，黄河下游沿程发生冲刷—沉积的过程。花园口受到侵蚀，河床沉积速率为–4.3 cm/a，高村、泺口和利津站均处于淤积状态，河床沉积速率分别为 1.06 cm/a、2.54 cm/a 和 2.34 cm/a。四站的河床变化速率均较小，但呈现沿程增大趋势。

在 2006—2010 年间，花园口、高村、泺口和利津断面处的河床沉积速率分别为 0.48 cm/a、–5.2 cm/a、–1.75 cm/a 和–2.57 cm/a，其中后三个断面以侵蚀为主，从四站所处位置看，辫状河段为沉积，弯曲及顺直河段为侵蚀。

在 2010—2014 年间，黄河下游花园口、高村、泺口和利津断面处河床都发生侵蚀，其沉积速率分别为–2.75 cm/a、–2.37 cm/a、–27.65 cm/a 和–0.85 cm/a。其中辫状河段和弯曲河段的两个断面侵蚀程度较小，且前者略大于后者，顺直河段的泺口断面严重侵蚀，至利津断面变成轻微侵蚀。

在 1965—2014 年间，黄河下游上述四个断面处的平均沉积速率分别为 2.15 cm/a、1.84 cm/a、2.81 cm/a 和 4.44 cm/a，沿程呈现逐渐增大的变化趋势（图 8-5b），表明这半个世纪内黄河下游河道普遍接受沉积，河床以淤积抬升为主。

以黄河下游小浪底水库在 1999 年建成蓄水为时间节点可将全部时间序列划分为两个时段，1965—1999 年和 1999—2014 年。在 1965—1999 年间，黄河下游上述四个断面处的河床沉积速率均大于 3 cm/a，以淤积抬高为主（图 8-5c）；在 1999—2014 年间，这些断面处的河床平均沉积速率为–3.42 cm/a，且都为侵蚀状态，最大和最小侵蚀速率分别出现在泺口和利津断面，而花园口和高村断面处的侵蚀速率都接近于–2 cm/a。

8.3　沉积速率变化的影响因素分析

受自然和人为因素影响，黄河下游河道断面演变及河床沉积速率都随时间和空间的不同而变化，并且各主要控制因素在不同的阶段存在着彼此消长特征。其中气候变化、河道地貌特征、沉积物特性差异以及人类活动均会使河道断面、河床沉积速率发生不同程度的变化。

8.3.1 天然来水来沙变化的影响

流域来水来沙是河流造床的主要驱动力，河道横断面和纵剖面会因水沙条件改变而变化。Leoplod 等构建的河相关系理论表明，在冲积河流河道过水断面的水面宽（B）、平均水深（D）均与流量（Q）的某次方成正比（$B=aQ^b$，$D=cQ^f$）（Leopold and Maddock，1953）。丰水期径流量和流量均较大，河流挟沙能力强，对河床冲刷改造能力大，相反，枯水期河流对河床改造能力较弱。黄河流域水沙异源，径流量年际变化大，输沙量也极不均匀。不同的时间段对应着不同的水沙组合，1961—1962 年为枯水少沙型，1963 年为平水平沙型，1964 年为丰水多沙型，1965—1973 年为枯水多沙型，1974—1979 年为平水多沙型，1980—1985 年为平水年，泥沙偏多。1986 −1989 年与 2006—2014 年均为枯水枯沙型，这样的流域来水来沙及水沙组合对黄河下游的河床演变及其沉积速率影响显著。

上述水量丰枯和水沙组合的阶段性变化，会直接影响到黄河下游河道的冲淤状况，从而影响到河床沉积速率的大小变化。黄河下游 1970—1975 年间年均径流量为 315.87×10^8 m^3，比多年平均值（382.34×10^8 m^3）偏少 17.38%，距平百分率为 –20%～10%，可知该时间段整体属于偏枯水年，而含沙量较多年平均值偏多 29.39%，因此在该时段高村断面处河道淤积量比 1965—1970 年间的淤积量大，其河床沉积速率也相应比之前时段的大。1986—1989 年间水沙量、水沙脉动量减小，中小流天数增多，同时缺乏大洪水的冲刷，不利于河道输沙（王兆印等，2006），很大程度上致使河道萎缩，加速河道主槽淤积，使得河床沉积速率增大，导致河床抬升。

8.3.2 河道地貌条件的影响

黄河下游河型由辫状河段经弯曲河段向顺直河段转化。4 个水文站断面之间的河段中，花园口至高村的河道比降最大，高村到泺口的河道比降次之，泺口至利津的河道比降最小（王随继，2010）。在一定条件下，比降越小，河流挟沙能力越弱，水流对河床的冲刷作用就越弱。辫状河段河道比降最大，河岸极不发育，主要由粉砂质构成的河漫滩易被水流侵蚀，因而其河道极不稳定，导致花园口断面的主河槽变化不定，形成宽浅河道（图 8-3）。弯曲河流河岸中等发育，河漫滩为粉砂质和泥质二元结构（王随继，任明达，1999），而顺直河段河漫滩多为黏土和粉砂组成，并且厚度较大，河岸抗冲刷性强，河流稳定性最高。不同的河型河道比降、河床稳定性、河道边界条件以及输水输沙效率不同，进而对河道断面形态和河床变化速率产生不同程度的影响，这尤其会影响到河床沉积速率的空间变化。

8.3.3 人类活动影响

黄河下游河道沉积速率的变化除了受到水沙自然过程的影响外，还受到人类活动的强烈影响。人类活动主要表现在水库建设及其水沙调控、中上游坡面及沟道的水土保持工程建设、重要灌区的农田灌溉用水和城市的生活用水等方面。下面将重点分析不同的人类活动对黄河下游河道沉积速率的影响。

8.3.3.1 大坝建设及人为水沙调控

对黄河下游有着重要的影响的第一个大型水利工程三门峡水库自 1960 年开始蓄水拦沙（顾永杰，2010），运行一年半后，已有 93%的泥沙淤积于库内，除洪水期外，其余时段都下泄清水（张敏，2005）。1962—1973 年间改为“滞洪排沙”的运作方式，即时开闸迎洪。黄河下游天然情况下水沙不均衡，水库具有“滞洪削峰”的作用，在滞洪期，库区仍需具有一定的流动性，粗颗粒泥沙淤在水库内，排沙量减小。洪水期过后进行排沙，流量小而含沙量大，部分泥沙淤积在下游河道的主槽内，导致河床沉积速率增大。该时期河床普遍抬升，浅滩和主槽高差减小，河道断面趋于宽浅（钱宁等，1987）。花园口和高村断面的主河槽区域逐渐收缩（图 8-3）。高村到泺口断面的沉积速率急剧增大，河床整体处于抬升状态。

三门峡水库上游来水来沙年内分配不均，汛期所占比例较大，在 1973 年水库运行方式转为“蓄清排洪”。天然情况下，黄河下游汛期来沙量占全年的 85%，水库运行后黄河下游汛期来沙量占年来沙量的百分比增加了 12.6%（赵业安等，1994）。1975 年和 1976 年为丰水年，年均水量分别为 $512.09\times10^8 m^3$、$492.22\times10^8 m^3$。1980—1985 年来水量接近于多年平均径流量，河床经历侵蚀—沉积—侵蚀的过程。

但在 1982 年，三门峡至花园口区间出现 30 年一遇的大洪水，花园口断面的洪峰流量为 15 300 m^3/s，利津站侵蚀速率最大，高达–21.77 cm/a，特大洪水主导了下游河道的整体冲刷。

刘家峡水库于 1968 年建成，1986 年建成的龙羊峡水库位于刘家峡大坝上游 160 km 处。为更有效地起到防洪防凌等作用，两库在 1986 年 10 月实现联合调度，一定程度上调节了年内和年际天然来水量，使径流量保持相对稳定，增大了中下游水流含沙量。1980—1985 年间黄河下游年均来沙系数为 0.018 2 $kg\cdot s/m^6$，1986—1989 年间增至 0.093 4 $kg\cdot s/m^6$，1986 年两库联合调度后，来沙系数较前一阶段明显增大，增幅为 413.18%。1986—1989 年洪峰流量降低，黄河下游沿程各站的河床平均沉积速率除高村断面外均大于零，河床整体处于抬升状态。

1999 年 10 月小浪底水库正式投入运行，拦沙库容为 $75.5\times10^8\,m^3$，水库采取下泄清水的运行方式，十多年来对黄河下游进行每年数十天的连续性人为放水冲刷，河道过流能力以及防洪能力明显增强，黄河下游河道萎缩的局面受到控制（陈建国等，2016）。1999—2014 年黄河下游河道泥沙沉积量明显减少，上述各断面的河床平均沉积速率均小于零。由上述可见，水库的建设和运行对其下游河道的冲淤起着显著的影响，也影响到河床沉积速率的变化。

8.3.3.2　坡面及沟道中水土保持工程的影响

自 20 世纪 60 年代以来，一系列水土保持工作在黄河流域展开，以减少径流量和土壤侵蚀量。主要措施包括修建梯田、淤地坝、拦沙坝以及造林种草等。水土保持的治理效果与降雨量和降雨强度有关，只有在一定量级降雨下才起作用。当降雨量大或遇大暴雨年份，水保措施的减水减沙作用变小，水土流失量反而会增加，来沙量可能会增加（赵业安等，1994）。20 世纪 80 年代黄河中游地区大雨次数减少，暴雨强度减弱，年均减水量 20×10^8～$30\times10^8\,m^3$，减沙量 2×10^8～4×10^8 t。40%～50%的减少量为水土保持综合治理的结果（周静，2005）。2011 年《黄河流域水土保持公报》显示，黄河流域已累计初步治理水土流失面积 $22.56\times10^4\,m^2$，年均减少入黄泥沙 3.5×10^8～4.5×10^8 t。水土保持治理改变了下垫面，对地表产流不利，影响水流动能，对河床演变起着制约作用。不同的水土保持措施也会对河流水动力学特性产生不同的影响（姚文艺等，1999），进而可能会导致河流输沙率、河道断面以及河床冲淤等的变化，从而影响到下游河床沉积速率的变化。

8.3.3.3　农田灌溉和生活用水

随着社会经济的发展，人类对水资源需求日渐增大，农田灌溉和生活生产用水通过拦蓄引水使黄河径流量减少（王浩等，2005）。黄河流域多年平均年降水量为 445.8 mm，大部分地区处于半干旱区域，农田灌溉需水量大，2014 年农田灌溉耗水量占地表水耗水量的 72.1%。除此之外，还存在工业、居民生活和生态环境等用水需求。黄河总取水量从 2001 年 $474.55\times10^8\,m^3$ 波动增加至 2014 年的 $534.78\times10^8\,m^3$，地表用水量也呈增大趋势，从 $336.79\times10^8\,m^3$ 耗水量增大至 $410.53\times10^8\,m^3$（张俊峰等，2011）。据最新统计，黄河流域地表水开发利用率与消耗率已达 86% 和 71%，严重超出黄河水资源承载力。自 1986 年以后，黄河下游河道的水量沿程逐渐减少，沿途大量取用水致使许多年份断流。在花园口以下河段，地下水开采是影响地表水量的主要因素（张俊峰等，2011）。总之，农田灌溉和引水使得进入黄河下游的水沙量减小，从而一定程度上影响到下游河道的冲淤及河床沉积速率变化。

8.4　小结

本章利用黄河下游包括花园口、高村、孙口、泺口、艾山、利津等典型断面在内的诸多河道大断面多年观测数值，以及相关水文站实测的水文数据及其在 500 m^3/s、1 000 m^3/s、2 000 m^3/s 和 3 000 m^3/s 流量时的水位数值，对黄河下游不同时期的同流量水位变化间接反映的河床冲淤和平滩流量下断面平均高程变化直接反映的河床冲淤进行了分析，分别计算了典型河道断面在不同间隔时期的河道沉积速率，进而分析了黄河下游河道沉积速率在时间和空间上的变化特征，归纳了沉积速率时空变化的主要影响因素。得出下述主要结论：

（1）由同流量水位变化来看，无论是花园口、高村、孙口和利津 4 个典型断面上揭示的河道冲淤变化，还是不同河型段 18 个断面反映的河型段河道综合冲淤变化，都揭示了下述现象：在一个相对较长的时间尺度内，低流量（500 m^3/s）时黄河下游辫状河段、弯曲河段和顺直河段的平均河床沉积速率基本接近，但在这三个河段中以沿程减小为特征；中、大流量（2 000～3 000 m^3/s）时，辫状河段河床的沉积速率最小，而弯曲河段的最大。在 500～3 000 m^3/s 的流量范围内，弯曲河段的沉积速率都是非常接近的，表明弯曲河段的沉积状况相对稳定，与流量的变化关系不大；而辫状河段的则与流量的变化关系非常密切，表明辫状河道的冲淤变化主要受制于流量的变化，流量的增加导致河床大幅展宽，接受沉积的床面面积大幅增加，从而引起沉积速率变小，但河床沉积总量依然是非常可观的。黄河下游河道的平均沉积速率在空间上呈现上段和下段小、中段高的上凸曲线特征。

（2）由河道横断面河床高程变化来看，黄河下游花园口、高村、泺口和利津四个典型河道断面上的河床沉积速率自 1960 年以来都有明显减小的变化趋势，这与流域逐渐增强的水土保持措施、水库调节和引水相关，而由于水库运行方式的不同，其中部分时段呈现较大的侵蚀速率，尤其自 2010 年以来这一侵蚀态势更为明显。从空间变化趋势看，1960 年以来上述四个河道断面上的河床沉积速率自高村以下呈现出沿程增大趋势。对比沿程分布的辫状、弯曲和顺直三类河型可以发现，平均沉积速率在辫状和弯曲河段的相近，而顺直河段的最大，这主要与河道比降逐渐变小而引起的水动力变弱有关。这一变化趋势与同流量水位变化反映的河道沉积速率的空间变化在顺直河段的明显不同，其原因在于，两类研究方法所涉及的河床区域不同，其中利用河道横断面平均高程计算河道平均沉积速率时涉及平滩流量下的整个断面，而利用给定流量下水位变化计算平均沉积速率时仅仅涉及水面以下的河床部分。二者各自侧重揭示了河道内不同高程范围内的河道沉积速率，因而，前者反映了断面的整体沉积速率，后者反映了断面的局部沉积速率，都有重要的参考价值。

（3）黄河干流的诸多水库中，小浪底水库是 1999 年以来下游水沙量的直接控制枢纽，其建成和冲沙运行可以有效抑制黄河下游河床的淤积，降低了河床沉积速率，其功能是拦截了大量泥沙使之难以到达下游河段，以及清水冲沙使主河道河床相对降低。为了持续降低黄河下游的沉积速率，中上游水土保持措施的持续实施和小浪底水库有计划的清水冲沙仍然是未来黄河下游河道治理的最好选择。

第 9 章　汛期河相关系变化及河道调整趋势分析

每年汛期的河道演变是其全年演变中最为剧烈的时期，这时候高水位、大流速的高含沙量洪水往往可以改变河道在非汛期的演变趋势。汛期洪水可以对河床进行更为强烈的冲刷，对河岸进行相应改造，常常会形成相对窄深的河道形态，其弯曲度也可能会相对变小。比较相隔年份较长的不同时期的汛期河道演变特征，就会发现河道形态参数的调整趋向。本章以黄河下游河道为例，研究汛期河道的河相关系特征，对比不同时期河相关系揭示出的河道形态参数的大小，进而分析因汛期流量变化条件下的河道形态调整趋势，以了解黄河下游河道排洪输沙能力的变化机制。

9.1　河相关系研究及应用回顾

冲积河流的河道在流水作用下，通常都能通过自动调整使得河流系统达到动态的冲淤平衡状态，在这一调整过程中，河道过水断面的各形态因素（如水面宽、水深等）与流域因子（如流量）间存在某种定量的函数关系，这一函数关系被称为河相关系（也称河流水力几何形态关系）。目前，对河流河相关系的研究普遍采用 Leopold 和 Maddock（1953）基于冲积河流研究提出的水面宽（B）、平均水深（D）、平均流速（V）与流量（Q）之间的幂函数关系式：

$$B = aQ^{\mathrm{b}} \tag{9-1}$$

$$H = cQ^{\mathrm{f}} \tag{9-2}$$

$$U = kQ^{\mathrm{m}} \tag{9-3}$$

上述 3 式结合水流连续方程（$Q = BDV$）联解可知：$a \times c \times k = 1$；$b + f + m = 1$。

上述经验方程现在成为研究河相关系时普遍使用的公式，并在全球不同河流的研究中被广泛运用（Knighton，1974；Chang，1979；Carragher et al.，1983；Abrahams，1985；Knighton and Cryer，1990；倪晋仁，张仁，1992；惠遇甲，1995；方春明，1999；Huang and Nanson，2000；Castro and Jackson，2001；Dudley，2004；Arp et al.，2007；王随继等，2009；冉立山等，2009b）：有侧重断面河相关系的研究（Knighton，1975；Dingman，2007），也有侧重沿流程各断面河相关系的比较研究（Carlston，1969；Allen et al.，1994；Griffiths，2003；Merritt and Whole，2003），一些学者得出河相关系沿流程具有相似性（Griffiths，2003），也有学者得出河相关系沿流程存在不稳定性（Carlston，1969；Phillips，1990）。个别学者通过上述方程指数 b－f－m 的三角图解研究了河相关系的沿程变化情况（Rhodes，1987）。还有学者尝试对上述方程进行深度解释及扩展（Knighton，1979）。无论如何，河相关系的研究对于了解冲积河流的演变有着重要的意义，因为可以用之来建立某一特定河流的流水断面几何形态参数与其流量的关系，揭示流水主导下的河道调整规律，还可以用来估计已知形态下的河流流量及流速（Mohamoud and Parmar，2006）。

尽管上述关系是在对冲积河流的研究中得出的，但随着研究的不断深入，不少研究者发现，具有砾石河床质的山地河流过水断面各形态要素与流量间同样遵循上述关系（Andrews，1984；Wohl and Merritt，2008；王随继等，2009）。近几十年来，国内对河流河相关系的研究，主要侧重在长江、黄河、珠江等大河的部分河段，并取得了不少研究成果（齐璞，王昌高，1992；王随继，2002；许炯心，2006b）。其中，对黄河河相关系的研究主要侧重于黄河下游的游荡型河道（王随继，2003；冯普林等，2005；李小平等，2007），而对黄河下游发育的不同河型段的河相关系的对比研究鲜有涉及。本书针对黄河下游不同河型段在汛期的河相关系进行研究，期望对黄河下游河道在汛期的不同河型段以及同一河型甚至同一断面在不同年代的河相关系的对比研究中，揭示一些未曾发现的演变规律，了解黄河下游不同河型段的河道在汛期的排洪输沙机理，为黄河下游河道的有效治理提供理论支撑。

9.2　数据来源、研究方法及关键拟合参数

选取黄河下游长期进行断面观测的花园口、夹河滩、高村、孙口、艾山、泺口和利津等水文站作为分析其河道水力几何形态关系变化的核心水文站，其中花园口、夹河滩大断面位于辫状河段，高村、孙口和艾山大断面位于弯曲河段，而泺口和利津大断面位于顺直河段。这些河道大断面的水力几何形态变化可以揭示不同河型河道的演变特征。该研究所用到的数据为上述各水文站每年汛期的不同流量，以及在相应流量条件下的水面宽度、水深和流速值。考虑到数据资料的完整性，结合黄河主河道大型水库修建完成并开始运行的时间节点，分别选取 1971—1985 年和 2008—2014 年两个时期作为汛期河道调整机理分析的时间序列。该研究用到的上述数据资料均来自数据集《黄河流域水文资料——黄河下游区》（黄河水利委员会，1971—1985，2008—2014）。所有数据资料是黄河水利委员会下属专业机构进行系统观测的第一手资料，其观测时严格遵循中华人民共和国水利部颁布的相关实施标准，故数据资料翔实可信。

该研究用到的研究方法主要有针对河相关系拟合的非线性统计学方法，据此方法对黄河下游上述 7 个河道大断面汛期的流量-河宽、流量-平均水深、流量-平均流速等进行了拟合，所获得的所有河相关系的系数和指数列于表 9-1，同时也给出了每个河相关系的决定系数，以衡量自变量与因变量之间的相关性大小。

表 9-1　黄河下游 7 个大断面不同年份汛期河相关系的系数、指数及决定系数

断面	年份	水面宽（*B*）			平均水深（*D*）			平均流速（*V*）		
		a	b	R^2	*c*	f	R^2	*k*	m	R^2
花园口	1971	36.90	0.466	0.461	0.379	0.133	0.121	0.163	0.301	0.487
	1972	1.37	0.901	0.560	0.718	0.058	0.006	0.164	0.310	0.430
	1973	66.40	0.387	0.216	0.096	0.340	0.177	0.094	0.374	0.456
	1974	5.22	0.667	0.650	0.530	0.122	0.163	0.215	0.290	0.650
	1975	146.35	0.285	0.324	0.210	0.221	0.413	0.045	0.462	0.801
	1976	10.92	0.557	0.747	0.368	0.193	0.379	0.268	0.246	0.579

断面	年份	水面宽（*B*）			平均水深（*D*）			平均流速（*V*）		
		a	b	R^2	*c*	f	R^2	*k*	m	R^2
花园口	1977	18.86	0.461	0.188	0.193	0.309	0.326	0.131	0.351	0.748
	1978	9.01	0.559	0.408	0.602	0.139	0.158	0.176	0.320	0.636
	1980	18.03	0.514	0.354	0.348	0.181	0.196	0.134	0.346	0.522
	1981	14.48	0.568	0.752	0.422	0.135	0.285	0.259	0.249	0.781
	1982	1.57	0.799	0.805	1.103	0.060	0.022	0.417	0.193	0.592
	1983	13.39	0.547	0.553	0.487	0.144	0.166	0.144	0.323	0.711
	1984	2.30	0.772	0.742	1.111	0.045	0.021	0.436	0.176	0.415
	1985	1.58	0.815	0.725	2.70	0.076	0.075	0.322	0.224	0.556
	2008	6.399	0.580	0.706	1.503	0.092	0.141	0.165	0.275	0.647
	2009	20.82	0.390	0.417	1.109	0.166	0.150	0.046	0.454	0.791
	2010	8.35	0.547	0.524	0.802	0.177	0.446	0.082	0.370	0.462
	2011	221.82	0.088	0.102	0.453	0.244	0.301	0.014	0.627	0.948
	2012	5.21	0.589	0.462	5.671	0.073	0.015	0.106	0.347	0.537
	2013	6.51	0.574	0.804	2.363	0.017	0.005	0.052	0.443	0.876
	2014	16.76	0.466	0.614	0.795	0.175	0.339	0.092	0.341	0.757
夹河滩	1971	75.33	0.322	0.596	0.154	0.286	0.546	0.115	0.357	0.764
	1972	163.00	0.216	0.422	0.255	0.212	0.244	0.045	0.491	0.854
	1973	127.66	0.235	0.495	0.081	0.377	0.759	0.117	0.368	0.854
	1974	61.20	0.344	0.750	0.176	0.273	0.659	0.144	0.327	0.786
	1975	20.41	0.458	0.616	0.183	0.300	0.511	0.227	0.271	0.821
	1976	53.32	0.342	0.477	0.123	0.365	0.487	0.222	0.258	0.573
	1977	55.05	0.349	0.467	0.175	0.345	0.528	0.146	0.274	0.461
	1978	51.43	0.413	0.610	0.281	0.191	0.425	0.083	0.381	0.707
	1980	14.68	0.597	0.680	0.386	0.128	0.141	0.303	0.208	0.372
	1981	44.69	0.413	0.617	0.263	0.195	0.623	0.170	0.309	0.831
	1982	129.56	0.270	0.171	0.120	0.325	0.528	0.129	0.330	0.651
	1983	3.89	0.731	0.346	0.382	0.155	0.107	0.218	0.264	0.444
	1984	27.70	0.486	0.591	0.240	0.213	0.484	0.218	0.261	0.624
	1985	3.06	0.732	0.636	0.222	0.263	0.317	0.370	0.194	0.268
	2008	75.73	0.260	0.770	0.362	0.227	0.732	0.042	0.497	0.959

断面	年份	水面宽（*B*）			平均水深（*D*）			平均流速（*V*）		
		a	b	R^2	*c*	f	R^2	*k*	m	R^2
夹河滩	2009	48.51	0.296	0.943	0.577	0.187	0.358	0.053	0.468	0.856
	2010	86.37	0.205	0.379	0.450	0.242	0.476	0.042	0.494	0.840
	2011	62.87	0.232	0.422	0.470	0.244	0.579	0.059	0.454	0.873
	2012	8.80	0.485	0.426	0.965	0.178	0.193	0.259	0.245	0.314
	2013	0.92	0.826	0.795	3.219	0.021	0.009	0.578	0.139	0.486
	2014	6.72	0.572	0.722	0.579	0.203	0.379	0.148	0.313	0.675
高村	1971	6.69	0.671	0.593	0.493	0.134	0.050	0.428	0.169	0.200
	1972	245.16	0.107	0.454	0.037	0.504	0.843	0.080	0.434	0.863
	1973	176.19	0.164	0.788	0.042	0.480	0.886	0.112	0.383	0.904
	1974	126.37	0.190	0.870	0.068	0.425	0.885	0.113	0.390	0.922
	1975	149.94	0.167	0.901	0.008	0.708	0.872	0.234	0.284	0.774
	1976	81.67	0.260	0.873	0.059	0.446	0.909	0.189	0.308	0.922
	1977	82.57	0.246	0.716	0.207	0.291	0.643	0.143	0.351	0.879
	1978	155.11	0.184	0.541	0.079	0.400	0.673	0.093	0.405	0.902
	1980	116.99	0.213	0.634	0.118	0.340	0.830	0.084	0.430	0.857
	1981	98.78	0.222	0.674	0.042	0.508	0.456	0.203	0.303	0.833
	1982	373.99	0.054	0.071	0.006	0.758	0.875	0.272	0.254	0.816
	1983	216.47	0.139	0.222	0.014	0.633	0.538	0.224	0.282	0.768
	1984	106.69	0.202	0.242	0.051	0.495	0.676	0.230	0.277	0.789
	1985	324.03	0.072	0.219	0.019	0.619	0.905	0.138	0.332	0.846
	2008	91.38	0.225	0.418	0.099	0.400	0.915	0.136	0.349	0.876
	2009	84.33	0.240	0.708	0.083	0.425	0.930	0.148	0.331	0.910
	2010	60.04	0.289	0.738	0.138	0.336	0.793	0.131	0.346	0.884
	2011	146.50	0.184	0.810	0.098	0.388	0.886	0.077	0.416	0.922
	2012	99.77	0.232	0.567	0.105	0.385	0.880	0.103	0.374	0.888
	2013	59.56	0.295	0.755	0.097	0.404	0.899	0.193	0.288	0.834
	2014	60.21	0.299	0.764	0.480	0.179	0.345	0.056	0.457	0.853
孙口	1971	184.75	0.139	0.724	0.148	0.339	0.824	0.117	0.361	0.845
	1972	172.57	0.142	0.539	0.147	0.343	0.874	0.067	0.443	0.912
	1973	100.73	0.194	0.735	0.066	0.458	0.823	0.138	0.361	0.871

断面	年份	水面宽（B）			平均水深（D）			平均流速（V）		
		a	b	R^2	c	f	R^2	k	m	R^2
孙口	1974	175.96	0.119	0.626	0.148	0.351	0.897	0.058	0.475	0.937
	1975	83.09	0.219	0.837	0.115	0.392	0.889	0.134	0.359	0.920
	1976	54.23	0.303	0.685	0.029	0.565	0.795	0.296	0.231	0.667
	1977	49.25	0.305	0.777	0.092	0.425	0.836	0.204	0.284	0.812
	1978	124.88	0.187	0.853	0.092	0.402	0.925	0.092	0.406	0.931
	1980	167.44	0.152	0.445	0.173	0.304	0.745	0.054	0.483	0.897
	1981	129.16	0.188	0.926	0.037	0.525	0.913	0.154	0.328	0.882
	1982	48.66	0.305	0.835	0.055	0.486	0.856	0.327	0.229	0.624
	1983	57.17	0.284	0.845	0.065	0.450	0.885	0.255	0.273	0.799
	1984	136.00	0.181	0.728	0.031	0.546	0.936	0.206	0.293	0.839
	1985	66.74	0.263	0.869	0.078	0.437	0.906	0.181	0.309	0.838
	2008	138.62	0.159	0.878	0.117	0.397	0.829	0.071	0.427	0.879
	2009	117.99	0.176	0.685	0.186	0.341	0.798	0.053	0.467	0.884
	2010	140.64	0.151	0.807	0.105	0.419	0.860	0.080	0.408	0.850
	2011	68.49	0.245	0.734	0.211	0.326	0.817	0.100	0.383	0.819
	2012	185.19	0.111	0.773	0.100	0.429	0.820	0.060	0.448	0.821
	2013	181.46	0.112	0.913	0.049	0.524	0.929	0.124	0.352	0.860
	2014	139.76	0.142	0.738	0.264	0.296	0.716	0.039	0.514	0.876
艾山	1971	216.59	0.079	0.684	0.069	0.490	0.928	0.061	0.444	0.944
	1972	103.62	0.180	0.737	0.116	0.418	0.744	0.079	0.412	0.919
	1973	169.96	0.112	0.712	0.065	0.491	0.918	0.071	0.430	0.927
	1974	127.57	0.149	0.784	0.115	0.424	0.919	0.072	0.421	0.937
	1975	89.55	0.187	0.823	0.050	0.545	0.834	0.119	0.347	0.930
	1976	131.62	0.137	0.787	0.016	0.695	0.949	0.191	0.283	0.873
	1977	137.32	0.136	0.588	0.056	0.526	0.933	0.103	0.370	0.915
	1978	115.26	0.160	0.763	0.050	0.537	0.943	0.117	0.355	0.931
	1980	60.87	0.240	0.691	0.228	0.339	0.808	0.090	0.392	0.856
	1981	62.66	0.230	0.863	0.069	0.509	0.766	0.146	0.321	0.913
	1982	143.33	0.129	0.694	0.018	0.677	0.946	0.200	0.281	0.866
	1983	182.07	0.099	0.672	0.017	0.682	0.949	0.221	0.267	0.815

断面	年份	水面宽（B）			平均水深（D）			平均流速（V）		
		a	b	R^2	*c*	f	R^2	*k*	m	R^2
艾山	1984	94.00	0.178	0.754	0.017	0.683	0.931	0.302	0.227	0.784
	1985	125.85	0.144	0.712	0.024	0.640	0.954	0.209	0.273	0.871
	2008	83.71	0.186	0.563	0.040	0.592	0.901	0.287	0.232	0.679
	2009	82.14	0.191	0.730	0.081	0.500	0.855	0.151	0.314	0.723
	2010	76.12	0.202	0.636	0.102	0.468	0.847	0.124	0.338	0.780
	2011	50.99	0.251	0.762	0.199	0.383	0.814	0.121	0.343	0.777
	2012	70.53	0.207	0.766	0.094	0.481	0.779	0.144	0.321	0.673
	2013	129.84	0.129	0.765	0.060	0.546	0.932	0.148	0.308	0.763
	2014	72.02	0.210	0.720	0.172	0.387	0.702	0.091	0.391	0.795
泺口	1971	118.63	0.115	0.649	0.123	0.442	0.777	0.072	0.439	0.866
	1972	58.44	0.210	0.864	0.408	0.284	0.636	0.054	0.475	0.914
	1973	31.48	0.290	0.775	0.646	0.220	0.424	0.081	0.428	0.902
	1974	20.12	0.347	0.810	0.809	0.197	0.318	0.072	0.437	0.927
	1975	41.54	0.242	0.835	0.294	0.347	0.726	0.122	0.364	0.934
	1976	32.00	0.274	0.841	0.715	0.235	0.519	0.091	0.402	0.929
	1977	62.46	0.197	0.653	0.396	0.298	0.464	0.058	0.462	0.871
	1978	50.57	0.227	0.840	0.156	0.407	0.878	0.110	0.387	0.959
	1980	64.74	0.199	0.746	0.285	0.320	0.677	0.078	0.435	0.918
	1981	85.45	0.156	0.877	0.037	0.594	0.946	0.158	0.337	0.949
	1982	44.72	0.237	0.825	0.209	0.386	0.718	0.109	0.379	0.938
	1983	186.51	0.059	0.663	0.015	0.698	0.981	0.307	0.259	0.887
	1984	73.29	0.173	0.685	0.054	0.547	0.842	0.153	0.341	0.904
	1985	105.31	0.129	0.706	0.049	0.568	0.847	0.157	0.332	0.827
	2008	52.69	0.180	0.887	0.123	0.514	0.922	0.158	0.306	0.732
	2009	55.05	0.169	0.749	0.129	0.519	0.817	0.157	0.303	0.634
	2010	57.33	0.162	0.841	0.160	0.484	0.902	0.100	0.367	0.826
	2011	137.72	0.052	0.752	0.059	0.600	0.925	0.163	0.312	0.780
	2012	121.54	0.077	0.359	0.076	0.559	0.930	0.095	0.382	0.913
	2013	128.81	0.075	0.356	0.044	0.627	0.964	0.170	0.305	0.909
	2014	165.25	0.046	0.441	0.050	0.599	0.927	0.122	0.356	0.819

断面	年份	水面宽（*B*）			平均水深（*D*）			平均流速（*V*）		
		a	b	R^2	*c*	f	R^2	*k*	m	R^2
利津	1971	143.40	0.124	0.564	0.232	0.321	0.800	0.050	0.489	0.907
	1972	96.07	0.184	0.742	0.435	0.219	0.783	0.048	0.502	0.934
	1973	118.24	0.152	0.757	0.208	0.337	0.772	0.062	0.459	0.950
	1974	153.47	0.125	0.809	0.129	0.398	0.855	0.058	0.463	0.936
	1975	76.63	0.210	0.889	0.106	0.435	0.926	0.158	0.325	0.906
	1976	110.06	0.181	0.857	0.038	0.550	0.837	0.125	0.351	0.916
	1977	90.98	0.208	0.828	0.204	0.329	0.827	0.080	0.414	0.901
	1978	66.99	0.231	0.918	0.339	0.276	0.906	0.068	0.438	0.962
	1980	139.76	0.128	0.801	0.211	0.326	0.866	0.050	0.495	0.949
	1981	60.48	0.238	0.936	0.078	0.471	0.956	0.165	0.323	0.947
	1982	84.07	0.208	0.862	0.059	0.497	0.891	0.131	0.353	0.934
	1983	133.69	0.154	0.761	0.047	0.521	0.914	0.129	0.352	0.921
	1984	133.99	0.157	0.796	0.034	0.558	0.950	0.154	0.330	0.922
	1985	135.86	0.155	0.821	0.029	0.585	0.952	0.165	0.315	0.867
	2009	147.44	0.106	0.420	0.115	0.439	0.877	0.052	0.477	0.943
	2010	119.70	0.132	0.500	0.133	0.415	0.865	0.060	0.463	0.933
	2011	112.42	0.142	0.618	0.153	0.396	0.880	0.055	0.475	0.948
	2012	204.51	0.059	0.740	0.026	0.627	0.954	0.143	0.351	0.906
	2013	226.26	0.046	0.550	0.072	0.505	0.963	0.057	0.461	0.965
	2014	162.87	0.092	0.625	0.227	0.345	0.857	0.032	0.542	0.956

9.3 汛期河相关系参数的空间变化及相关关系

9.3.1 不同时期河相关系参数的空间变化趋势

黄河下游沿程分布的花园口、夹河滩、高村、孙口、艾山、泺口和利津 7 个大断面在 1971—1985 年和 2008—2014 年两个时期中根据各年汛期观测数据拟合的河相关系相关参数的平均值如表 9-2 所示，其中 *a*、*c* 和 *k* 分别表示流量-河宽关系、流量-平均水深关系、流量-平均流速关系的系数平均值，而 b、f 和 m 则分别表示上述三类河相关系式的指数平均值。需要指出的是，表 9-2 中的决定系数也是同时期的汛期流量和河道断面参数或平均流速间拟合关系的决定系数的平均值，它可以用来反映上述不同时期中河相关系平均相关性的高低程度。

表 9-2 河道大断面不同时期汛期河相关系相关参数的平均值

大断面	起止年份	水面宽（*B*）			平均水深（*D*）			平均流速（*V*）		
		a	b	R^2	*c*	f	R^2	*k*	m	R^2
花园口	1971—1985	24.741	0.593	0.535	0.662	0.154	0.179	0.212	0.298	0.597
	2008—2014	40.838	0.462	0.518	1.814	0.135	0.200	0.080	0.408	0.717
夹河滩	1971—1985	59.356	0.422	0.534	0.217	0.259	0.454	0.179	0.307	0.644
	2008—2014	41.417	0.411	0.637	0.946	0.186	0.389	0.169	0.373	0.715
高村	1971—1985	161.475	0.207	0.557	0.089	0.482	0.717	0.182	0.329	0.805
	2008—2014	85.970	0.252	0.680	0.157	0.360	0.807	0.121	0.366	0.881
孙口	1971—1985	110.759	0.213	0.745	0.091	0.430	0.865	0.163	0.345	0.841
	2008—2014	138.879	0.157	0.790	0.147	0.390	0.824	0.075	0.428	0.856
艾山	1971—1985	125.734	0.154	0.733	0.065	0.547	0.894	0.142	0.345	0.892
	2008—2014	80.764	0.197	0.706	0.107	0.480	0.833	0.152	0.321	0.741
泺口	1971—1985	69.661	0.204	0.769	0.300	0.396	0.697	0.116	0.391	0.909
	2008—2014	102.627	0.109	0.626	0.092	0.557	0.912	0.138	0.333	0.802
利津	1971—1985	110.264	0.175	0.810	0.154	0.416	0.874	0.103	0.401	0.925
	2008—2014	139.029	0.082	0.493	0.104	0.390	0.771	0.057	0.396	0.807

如前所述，该研究选取的从花园口至利津 7 个河道大断面在空间上是沿程分布的，因此，这些大断面的河相关系相关参数的变化也是其空间特性的体现。图 9-1 展示了 1971—1985 年和 2008—2014 年两个时期内根据各年汛期不同流量及其所对应的水流断面参数及流速拟合而来的河相关系的系数和指数的平均值沿程分布情况。

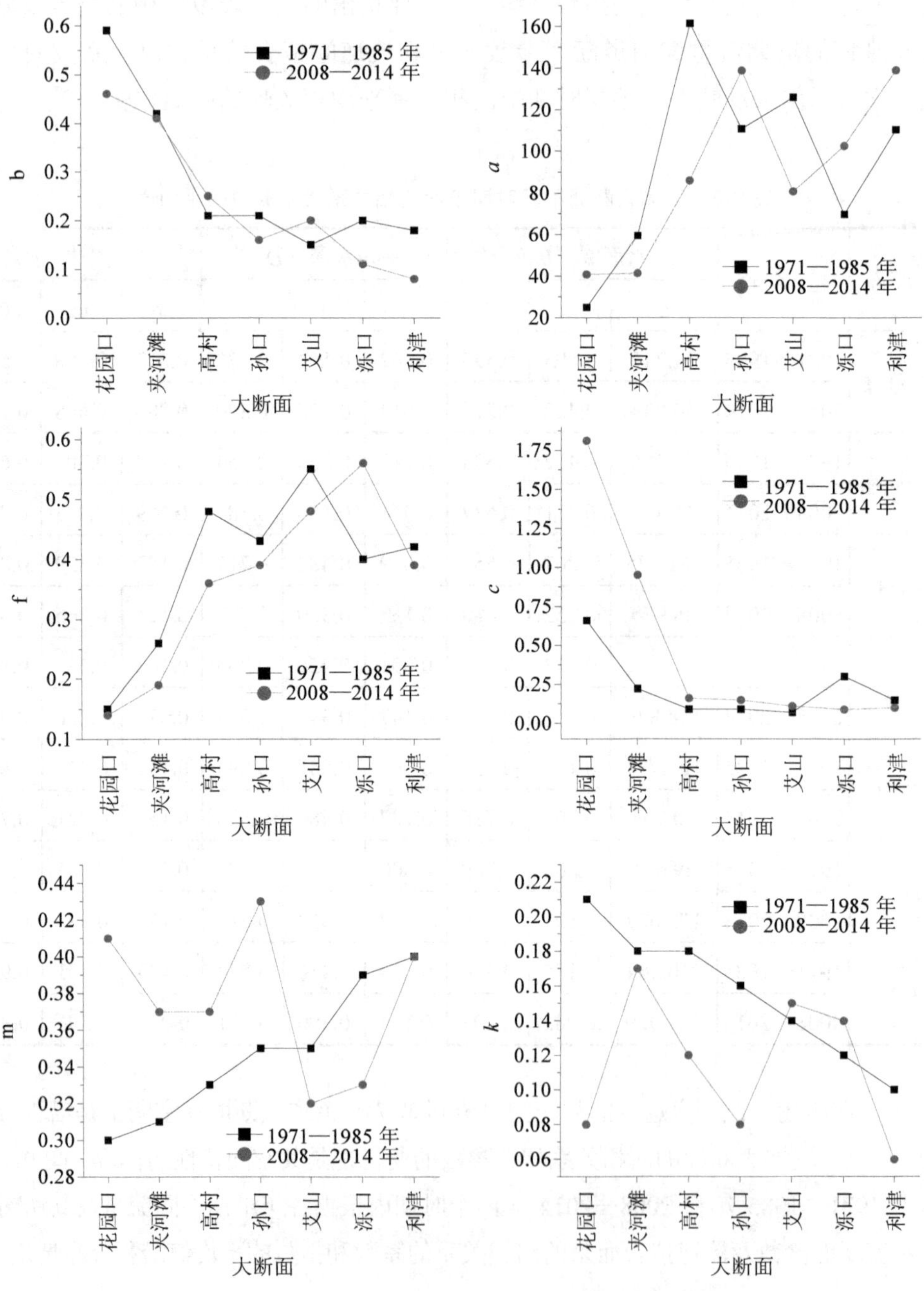

图 9-1　不同时期汛期河相关系的系数平均值与指数平均值沿程变化特征

流量-河宽这一河相关系的指数平均值明显具有沿程变小的趋势（图 9-1），并且在 1971—1985 年和 2008—2014 年两个时期内数值大小非常接近。这两个时期中该值相差最为明显且呈现出相似性的大断面为泺口和利津，二者均位于以顺直河型为特征的下游下段；其次是花园口，该大断面位于黄河下游上段以辫状河型为特征的河段的起始段。位于辫状河段末段的夹河滩大断面的汛期流量-河宽河相关系的指数平均值在这两个时期几乎未有明显变化。无论如何，黄河下游的辫状河段和顺直河段的 4 个大断面，该指数的平均值在 2008—2014 年间均小于 1971—1985 年间，这表明，随着时间的推进和下游洪峰流量阶段性变小的过程，该值相应变小。

与前述两个河段有所不同，弯曲河段 3 个大断面（高村、孙口和艾山）的流量-河宽这一河相关系的指数平均值明显小于辫状河段的，总体上略大于顺直河段的（图 9-1）。与 1971—1985 年相比，高村和艾山大断面的这一指数平均值在 2008—2014 年间明显变大，仅在孙口大断面的明显变小。

相对来说，流量-河宽河相关系的系数平均值沿程具有较大的波动性（图 9-1），总体来看，位于下游上段辫状河段大断面的最小，位于中断弯曲河段大断面的最大，而位于下段顺直河段大断面的次之。对比两个时期可以发现，同一大断面上当其流量-河宽河相关系的指数平均值增大时，其系数平均值则相应减小，反之亦然。这反映了同一河相关系式的指数和系数之间存在着紧密的内在联系。

上述两个时期中，流量-平均水深这一河相关系的指数平均值基本上具有沿程变大的趋势（图 9-1），在 1971—1985 年间仅顺直河段泺口和利津两个大断面的和弯曲河段孙口大断面的例外，而在 2008—2014 年间仅利津这一大断面的例外。与前一时期相比，后一时期的指数平均值总体上普遍变小，而系数平均值普遍增大。系数平均值在空间上也具有明显的趋势性变化：自花园口向高村显著变小，但在高村及其以下断面的该值大致相当，变化较小。

在 1971—1985 年间，流量-平均流速这一河相关系的指数平均值沿程单调升高（图 9-1），而系数平均值沿程则单调降低。在 2008—2014 年间，指数平均值沿程呈现“W”状分布，系数平均值沿程则呈现“M”状分布特征。此外可见，后一时期的波动性明显变大、规律性明显变差。

9.3.2　同类河相关系指数和系数间的拟合关系

黄河下游不同时期内上述 7 个断面各年汛期河相关系的指数平均值和系数平

均值之间具有良好的统计关系（图 9-2），其中流量-河宽河相关系、流量-平均水深河相关系的指数平均值和系数平均值之间各自具有良好的幂函数关系，而流量-平均流速河相关系的则具有更为简单的线性关系。

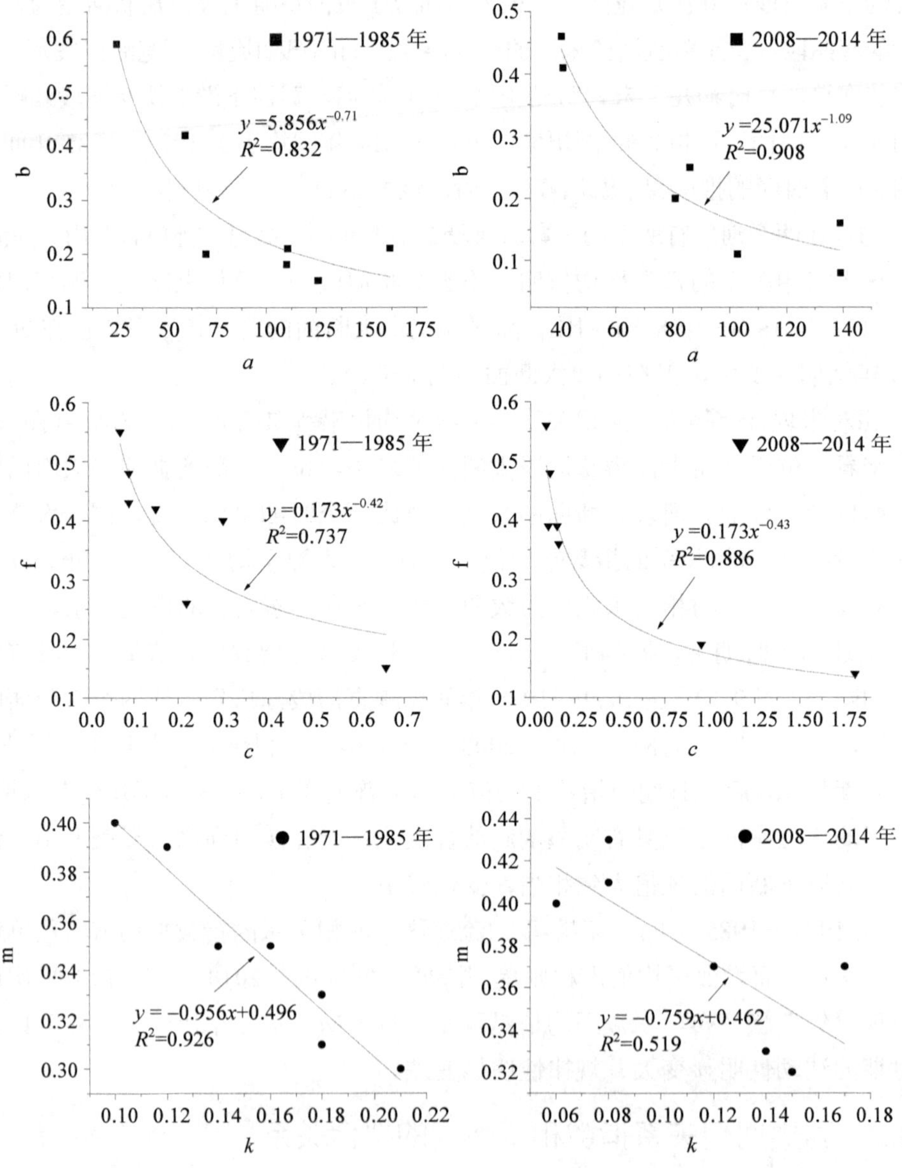

图 9-2　汛期河相关系中平均系数与指数间相互关系及其在不同时期的比较

比较 1971—1985 年和 2008—2014 年两个时期内的拟合关系式及其决定系数可见（图 9-2），流量-河宽以及流量-平均水深河相关系的指数平均值和系数平均值之间的幂函数关系有所变好，其决定系数分别由 0.832 和 0.737 增大到 0.908 和 0.886。流量-平均流速河相关系的线性关系有所变差，其决定系数由 0.926 减小到 0.519，这表明，不同流量状态下流速的波动性有所变大，流速与流量之间原有的内在规律性有所减弱，这是因为后一时期受到人类活动影响更多且更强的缘故。

9.4　不同河型段汛期河道调整趋势分析

天然条件下，排洪输沙是河流系统的自然属性，受制于汛期流域降水量及降水强度的空间分布、各条支流的汇流效率、河道的过流能力、水动力沿程变化、河道岸床的可侵蚀性等多重因素的影响。近年来，逐渐增强的人类活动使得河流排洪输沙受到人类活动的强烈影响。黄河下游河道的汛期排洪输沙，已经是人为强烈影响下的非单纯自然过程。无论如何，在上述多重因素的影响下，河道会因之而进行断面形态的适当调整，这最终会表现在河道水力几何形态各有关参数的变化中。为了揭示自然和人文等多重因素耦合下的河流演变特征和汛期洪水过程中河道调整特点，需要深入研究汛期河流的河相关系和比较其在不同时期的差异性，从而可据此来判断变化环境下汛期河道的调整趋势，为提升汛期河道排洪输沙能力为目的的治理措施的制定提供科学依据。

人类活动会直接或者间接地影响到河流的水沙量及其传输过程，从而会影响到河流河道的演变过程和演变趋势。人类活动的方式多种多样，包括坡地梯田建设和植林种草会减少产水产沙量，引水、淤地坝建设和大型水库建设等会引起径流的阶段性变化，但是，影响黄河流域汛期河道演变的主要人类活动是主河道上建设的若干大型水库。这些大型水库通过大量拦截汛期的洪水从而达到削减其下游洪峰的作用，也因为拦蓄洪水挟带的大量泥沙而使出库水流的含沙量相对变低，这在有效减少洪水灾害发生几率的同时，也直接影响和改变着水库下游汛期河道原有的天然演变态势。黄河流域在 1968 年和 1986 年分别建成了刘家峡水库（位于甘肃省临夏回族自治州永靖县，总库容量 57 亿 m^3，有效库容量 41.5 亿 m^3）和龙羊峡水库（位于黄河上游青海省共和县和贵南县交界的龙羊峡谷，控制面积

13 万 km^2，总库容 247 亿 m^3，调节库容 194 亿 m^3），于 1999 年建成了小浪底水库（位于黄河中游最后一段峡谷的出口处，在三门峡水库下游 130 km，控制流域面积 69.4 万 km^2，占黄河流域总面积的 92.3%；总库容 126.5 亿 m^3，淤沙库容 75.5 亿 m^3，调水调沙库容 10.5 亿 m^3，长期有效库容 51 亿 m^3）。这些水库的联合运行有效降低了黄河下游的天然洪峰、极大程度上减小了输送到黄河下游的泥沙量，尤其是小浪底水库建成以来上述现象最为显著。因此，以大型水库集中建设阶段作为时间分水岭，考察其前后两个时期内汛期河道河相关系的相同和相异之处，是揭示水库影响下汛期河道调整趋势的路径之一。

由于资料观测的缺憾，1968 年之前黄河下游进行过长期观测的大断面有限，观测数据不完整，从而难以完整和有效地分析刘家峡水库建设之前黄河下游的河相关系。由于黄河流域内库容最大的龙羊峡水库和第二大的小浪底水库的建设，极大地改变了黄河下游河道的行洪过程，也对汛期河道的调整产生了显著影响。为此，这里选取 1971—1985 年和 2008—2014 年两个时期内各年份汛期的不同流量和相应的水流断面参数，构建了不同年份的黄河下游 7 个不同大断面处的河相关系，这可以有效分析这两个大型水库建设之前和之后的下游河道河相关系各有关参数的变化特征，结合该河段沿程出现的三类不同河型，可望揭示多因素影响下黄河下游不同河型段洪水过程中河道的调整趋势。

9.4.1 辫状河型段汛期河道的调整趋势

如前所述，本章所涉及的黄河下游的 7 个大断面（花园口、夹河滩、高村、孙口、艾山、泺口和利津，它们至小浪底大坝的距离分别为 131.93 km、236.09 km、309.56 km、430.94 km、494.14 km、594.34 km 和 66.42 km）中，其中花园口和夹河滩大断面位于辫状河段，它们在汛期的调整趋势可以代表所在处河道在汛期的大体调整趋势。根据这两个大断面在 1971—1978 年间和 2008—2014 年间所拟合出的各年份汛期河相关系的三类指数——流量-河宽河相关系的指数（b）、流量-平均水深河相关系的指数（f）和流量-平均流速河相关系的指数（m），绘制了指数分布三角图（图 9-3）。对比前后两个时期上述三类指数散点的在三角图上的相对位置，结合这两个时期水流断面河相关系指数的各自平均值及总平均值的变化（表 9-3），即可以获知这两个大断面在经历大型水库长期削减洪峰情况下的汛期河道调整趋势。此外，不同断面各类河相关系的决定系数在这两个时期也有明显变化，可用来分析进一步分析河相关系自变量和因变量之间相关性的高低变化。

由图 9-3 可见，花园口大断面汛期河相关系的水深指数在上述两个时期的散点分布变化不明显，但平均值由前一时期的 0.19 减小为后一时期的 0.13（表 9-3）；流速指数明显增大，其平均值由 0.33 增加至 0.41；河宽指数有所减小，其平均值由 0.54 减小到 0.46。这表明，在受到长期的人为作用削减洪峰的情况下，花园口断面所在处的河道在汛期以减小河宽、增大流速、减小水深的方式进行调整，使得汛期河道断面宽深比在 2008—2014 年间较 1971—1978 年间有所减小，河道断面形态变得相对有利于水沙通过，而流速增大有助于带走上游来沙和本地的部分河床沙，因而排洪输沙能力明显增强。

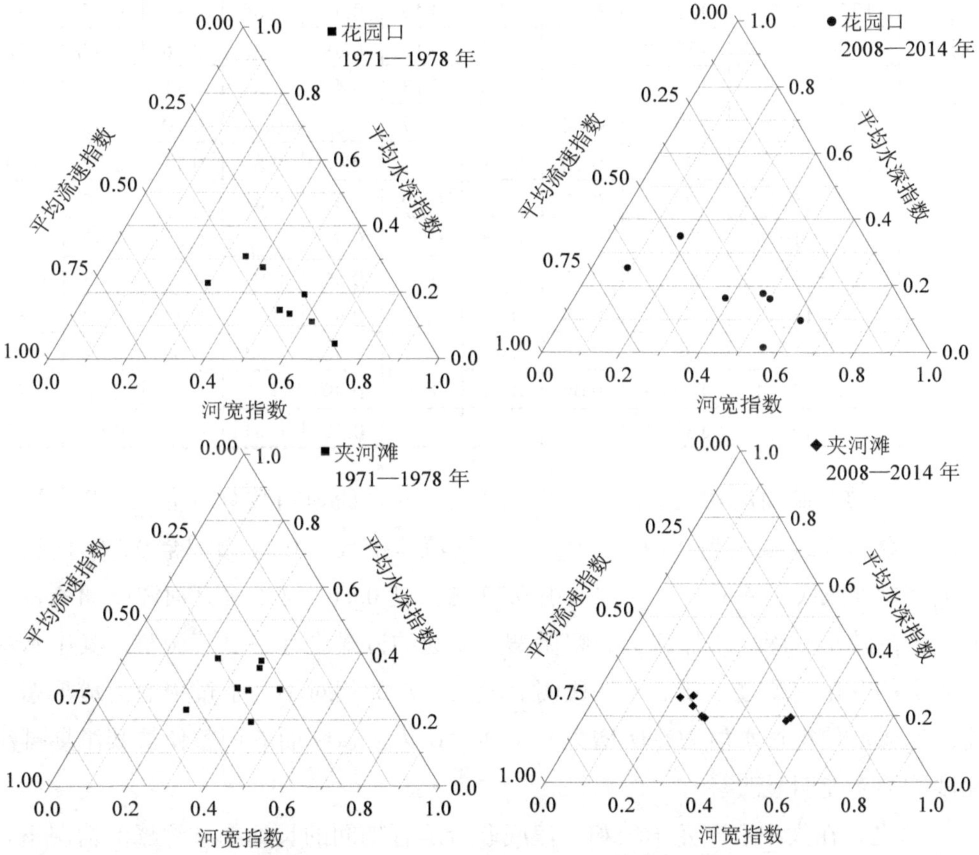

图 9-3　黄河下游辫状河段不同时期汛期河相关系指数变化特征

表 9-3 黄河下游河道大断面不同时期汛期河相关系相关参数的平均值

大断面	起止年份	水面宽（B）			平均水深（D）			平均流速（V）		
		a	b	R^2	c	f	R^2	k	m	R^2
花园口	1971—1978	36.88	0.54	0.44	0.39	0.19	0.22	0.16	0.33	0.60
	2008—2014	40.84	0.46	0.52	1.81	0.13	0.20	0.08	0.41	0.72
	上述 15 年	38.86	0.50	0.48	1.10	0.16	0.21	0.12	0.37	0.66
夹河滩	1971—1978	75.93	0.33	0.55	0.18	0.29	0.52	0.14	0.34	0.73
	2008—2014	41.42	0.41	0.64	0.95	0.19	0.39	0.17	0.37	0.71
	上述 15 年	58.68	0.37	0.60	0.57	0.24	0.46	0.16	0.36	0.72
高村	1971—1978	127.96	0.25	0.72	0.12	0.42	0.72	0.17	0.34	0.80
	2008—2014	85.97	0.25	0.68	0.16	0.36	0.81	0.12	0.37	0.88
	上述 15 年	106.97	0.25	0.70	0.14	0.39	0.77	0.15	0.36	0.84
孙口	1971—1978	118.18	0.20	0.72	0.10	0.41	0.86	0.14	0.37	0.86
	2008—2014	138.88	0.16	0.79	0.15	0.39	0.82	0.08	0.43	0.86
	上述 15 年	128.53	0.18	0.76	0.13	0.40	0.84	0.11	0.40	0.86
艾山	1971—1978	136.44	0.14	0.73	0.07	0.52	0.90	0.10	0.38	0.92
	2008—2014	80.76	0.20	0.71	0.11	0.48	0.83	0.15	0.32	0.74
	上述 15 年	108.60	0.17	0.72	0.09	0.50	0.87	0.13	0.35	0.83
泺口	1971—1978	51.91	0.24	0.78	0.44	0.30	0.59	0.08	0.42	0.91
	1971—1978	102.63	0.11	0.63	0.09	0.56	0.91	0.14	0.33	0.80
	上述 15 年	77.27	0.18	0.71	0.27	0.43	0.75	0.11	0.38	0.86
利津	1971—1985	106.98	0.18	0.80	0.21	0.36	0.84	0.08	0.43	0.93
	2008—2014	139.03	0.08	0.49	0.10	0.39	0.77	0.06	0.40	0.81
	上述 15 年	123.01	0.13	0.65	0.16	0.38	0.81	0.07	0.42	0.87

夹河滩大断面河相关系的水深指数明显减小、流速指数有所增大，其中平均水深指数由 0.29 减小到 0.19（表 9-3），平均流速指数由 0.34 微增至 0.37，而河宽指数略微增大（图 9-3），其平均值由 0.33 增大到 0.41。这表明夹河滩断面所在处的河道以减小水深、增加河宽、略微增大流速的方式进行不显著调整，其中水深和河宽的变化使得过水断面宽深比明显变大，形成相对不利于过水的河道形态，而流速微增使得过水能力有所增大。总体上认为，该断面的调整使得其汛期排洪输沙能力未能明显改善。

总之，在大型水库龙羊峡和小浪底联合运行期间的长期削减洪峰的情况下，黄河下游辫状河段的汛期河道排洪输沙能力在其上段明显增强、而在其下段未有明显改善，这主要受到上段在汛期发生明显冲刷而使小浪底水库出库含沙量较低的洪水的含沙量再次变大，部分被冲刷的河床泥沙运移至下段夹河滩附近的河段后，由于河道比降的变小而又发生了淤积的缘故。

9.4.2 弯曲河型段汛期河道的调整趋势

这里选取位于黄河下游弯曲河段内的河道大断面高村、孙口和艾山三个断面。根据它们在 1971—1978 年间和 2008—2014 年间所拟合的各年份汛期河相关系的三类指数绘制的散点分布三角图如图 9-4 所示。对比这两个时期内的指数散点位置的相对变化情况，即可获知这些断面在经历龙羊峡和小浪底等大型水库联合运行削减洪峰的情况下的汛期河道断面调整趋势。

与 1971—1978 年间相比，2008—2014 年间的高村断面汛期河相关系的水深指数总体上变小，其平均值由 0.42 减小到 0.36（表 9-3）；平均流速指数有所增大，其平均值由 0.34 增大到 0.37；两个时期河宽指数平均值都为 0.25。散点分布区域有所收敛（图 9-4），表示河相关系年际间的一致性变好。所有这些现象表明，高村断面处的河道在经历大型水库长期削减洪峰的情况下，汛期河道断面以减小水深和微增流速的方式调整，过水断面宽深比有所变大，其排洪输沙能力有所降低。

上述两个时期相比，孙口断面汛期河相关系的水深指数散点分布态势总体上变化不明显，但其平均值由 0.41 略微减小到 0.39；流速指数有所增加，其平均值由 0.37 增大到 0.43；河宽指数总体上在减小，其平均值由 0.20 减小到 0.16（图 9-4，表 9-3）。这些现象表明，孙口断面所在处的河道在经历大型水库长期的削减洪峰的情况下，汛期河道断面以减小河宽和水深、增大流速的方式进行着调整。总体上看，该处河道的排洪输沙能力略有增大。

相较于 1971—1978 年间，艾山断面在 2008—2014 年间的汛期河相关系的水深指数有所减小，由前一时期的 0.52 减小到后一时期的 0.48（表 9-3）；流速指数总体上有所减小，由 0.38 减小到 0.32；河宽指数总体上有所增大（图 9-4），由早期的 0.14 增大到后期的 0.20。这些现象表明，艾山断面所在处的河道在经历龙羊峡和小浪底等大型水库长期的削减洪峰的情况下，汛期河道断面以增大河宽、减小水深和流速的方式进行着调整，其汛期过水断面的宽深比有所变大。因此，该断面所在处的河道汛期排洪输沙能力明显降低。

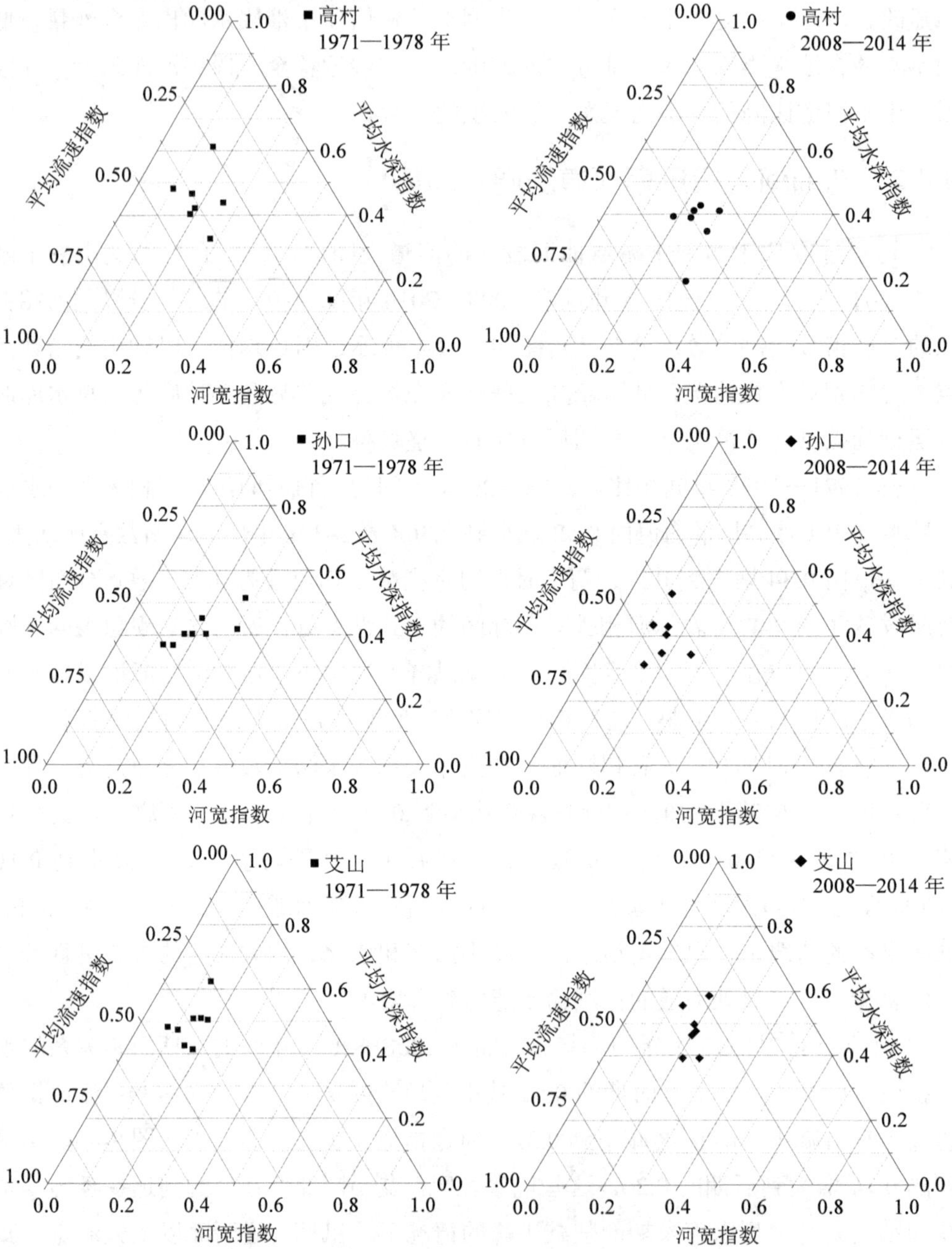

图 9-4　黄河下游弯曲河段不同时期汛期河相关系指数变化特征

综合来看，黄河下游弯曲河段的河道在大型水库长期削减洪峰的作用下，不同断面上河道调整的方向具有一定的差异，河道汛期排洪输沙能力在上述 3 个大断面沿程表现出有所降低、略微改善和明显降低的态势。原因主要是小浪底水库下泄的水流因含沙量降低而引起该水库大坝以下直至花园口附近的河段的床沙遭受冲刷，由此而搬运到弯曲河段的较粗颗粒泥沙，在高村河道段发生部分淤积，而在孙口河段表现出不平衡输沙特性，但在艾山河段则发生明显淤积，使得河道汛期排洪输沙能力的调整在空间上表现出交替性变化特征。综合来看，弯曲河段中段的汛期排洪输沙能力有所改善，而其上下两段，尤其是下段有所恶化。

9.4.3　顺直河型段汛期河道的调整趋势

顺直河段所选取的大断面为泺口和利津水文站，这两个大断面所在的河段的弯曲度小于 1.2，具有顺直河型特性，当然，个别小尺度河段上仍然呈现弯曲河型特性。这两个断面在 1971—1978 年和 2008—2014 年间各年份的三类河相关系的指数值分布三角图见图 9-5。

与 1971—1978 年时期相比，在 2008—2014 年间泺口大断面的水深指数显著增大（图 9-5），其平均值由早期的 0.30 增大到后期的 0.56（表 9-3）；流速指数明显减小，其平均值由 0.42 减小到 0.33；河宽指数也明显减小，其平均值由 0.24 减小到 0.11。这些现象表明，泺口大断面处的河道在经历龙羊峡和小浪底等大型水库长期的削减洪峰的情况下，汛期以减小河宽、增大水深和减小流速的方式进行着调整。水流断面宽深比明显变小，这有利于汛期水沙的顺利通过，但其下游河道变窄在汛期产生一定的壅水现象使得其流速发生减小从而不利于水沙运行，这二者发生部分抵消作用，使得该断面所在处的河道汛期排洪输沙能力改善不明显。

对比前后两个时期可以发现，利津大断面的水深指数有所增大（图 9-5），其平均值由前一时期的 0.36 增大到后一时期的 0.39（表 9-3）；流速指数略有减小，其平均值由 0.43 减小到 0.40；河宽指数变化略有减小，由前期的 0.18 减小到后期的 0.08。这些现象表明，利津大断面处的河道在经历龙羊峡和小浪底等大型水库长期的削减洪峰的过程中，汛期的过水断面以减小河宽、增大水深和减小流速的方式进行着调整，其过水断面宽深比有所变小，这有利于汛期河道的输水输沙，但是，流速的变小则不利于输水输沙。这一调整模式与泺口断面处河道汛期调整状况相似，也未明显改善其汛期排洪输沙能力。

总体来看，黄河下游顺直河段的河道汛期排洪输沙能力改善不明显。

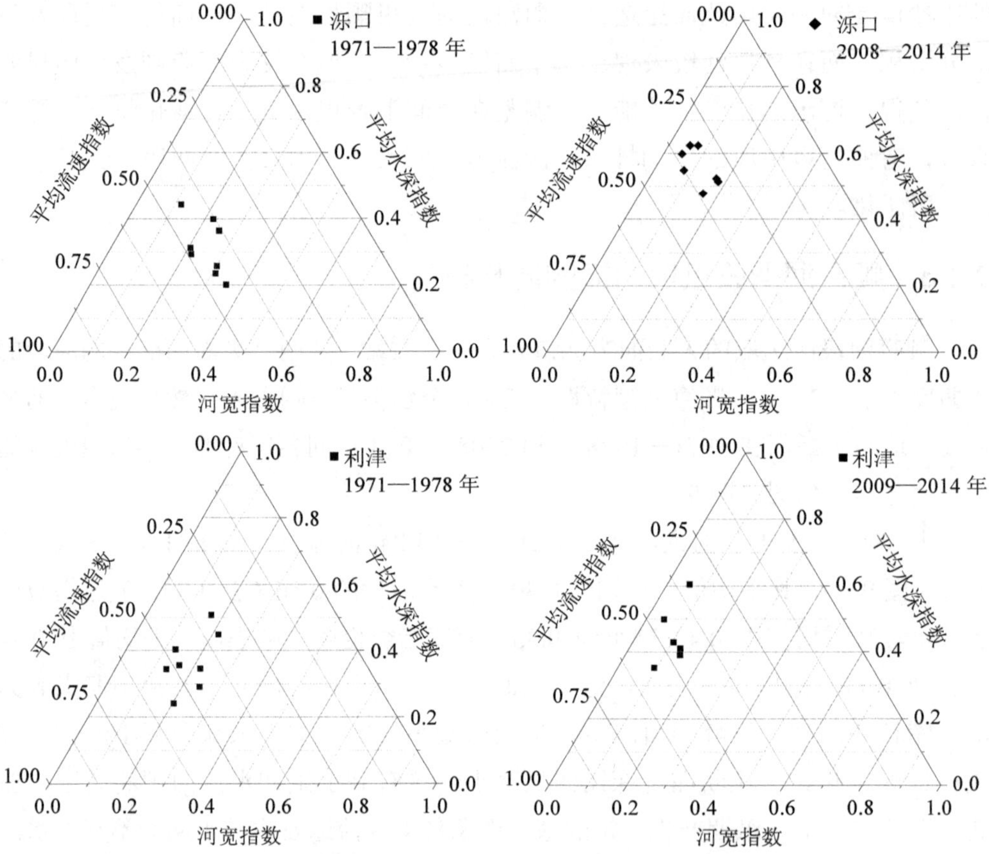

图 9-5 黄河下游顺直河段不同时期汛期河相关系指数变化特征

9.5 小结

通过对黄河下游河道 7 个大断面汛期河相关系的拟合结果，分析了这些断面上河道形态的调整趋势，得出下述主要结论：

（1）对比黄河下游 7 个大断面在 1971—1985 年和 2008—2014 年这两个时期河相关系相关参数可以发现，流量-河宽这一河相关系的指数平均值明显具有沿程变小的趋势；其系数平均值沿程波动性明显，且以辫状河段的最小、弯曲河段的最大、顺直河段的居间为特征。流量-平均水深这一河相关系的指数平均值，除个别断面外，基本上具有沿程变大的趋势；其系数平均值自花园口向高村显著变小，高村以下大致相当，在空间上呈现出明显的趋势性。与前述不同，流量-平均流速这一河相关系的指数以及系数的平均值在这两个时期大相径庭，1971—1985 年间，指数平均值沿程单调升高，而系数平均值沿程则单调降低；在 2008—2014 年间，指数平均值沿程呈现“W”状分布、系数平均值沿程则呈现“M”状分布特征，沿程表现出明显分化现象。

（2）黄河下游上述两个不同时期内汛期河相关系的指数平均值和系数平均值之间具有良好的统计关系，其中流量-河宽河相关系、流量-平均水深河相关系的指数平均值和系数平均值之间分别具有良好的幂函数关系，而流量-平均流速河相关系的则具有良好的线性关系。

（3）根据黄河下游 7 个不同大断面在上述两个时期内的三类河相关系的拟合指数可知，在经过 20 余年大型水库削减洪峰的影响下，汛期河道断面形态的调整方式在不同河型段有所不同。辫状河段花园口断面所在处的河道以减小河宽、增大流速、减小水深的方式进行调整，夹河滩断面所在处的河道以减小水深、增加河宽、略微增大流速的方式进行微调。弯曲河段的高村断面所在处的河道以减小水深和微增流速的方式调整；孙口断面所在处的河道以减小河宽和水深、增大流速的方式调整；艾山断面所在处的河道以增大河宽、减小水深和流速的方式调整。顺直河段的泺口断面所在处的河道以减小河宽、增大水深和减小流速的方式调整；利津断面所在处的河道以减小河宽、增大水深和减小流速的方式调整。

（4）在经历了 20 余年大型水库联合运行的削减洪峰的影响下，汛期黄河下游辫状河段的河道排洪输沙能力在其上段明显增强、下段未有改善；弯曲河段的河道排洪输沙能力沿程表现出有所降低、略微改善和明显降低的态势；顺直河段的河道排洪输沙能力改善不明显。

（5）期望通过小浪底水库实施的清水冲沙来改善整个黄河下游河道汛期的排

洪输沙能力，还有许多水沙输移过程的内在机制需要明晰，尤其要弄清的是，在经过龙羊峡 20 多年的削减洪峰及小浪底水库近 10 年大量拦沙、削减洪峰和清水冲沙的作用下，为何黄河下游河道仅有辫状河段的上段和弯曲河段的中段的汛期排洪输沙能力有所改善，而其他河段的改善不明显的制约因素，也因此需要出台具有针对性的有效应对措施。要显著改善黄河下游河道排洪输沙能力仍然是任重而道远。

第 10 章　河道断面参数变化及水沙过程响应

冲积河流的水沙过程在年内和年际间总是处于不断的变化之中，而随着气候变化其水沙过程也会呈现出阶段性变化特征。近几十年来随着人类活动的增强，水沙过程又会受到程度不同的人类活动的干预。由气候变化和人类活动引起的水沙变化最终会影响到冲积河流河道断面参数的调整。本章基于黄河下游河道典型水文站长期观测资料分析的基础上，期望揭示河道断面参数的变化特征及其对水沙过程的响应机制。

10.1　水沙过程与河道断面调整研究简述

来水来沙与河床边界之间相互影响、相互制约，使得自然条件下冲积河流能够通过自我调节，维持相对平衡状态（许炯心等，2016）。研究河床的演变本质上就是研究组成河床边界物质被流水侵蚀、搬运和堆积的过程（钱宁等，1987），以及河道随之进行纵、横剖面和河势的调整过程（师长兴，2016）。河道纵剖面的调整在短期内不易被测出，其变化常常需要在地貌时间尺度上才能够鉴别，而河道横断面的调整对来水来沙变化较为敏感，可以在水文时间尺度上进行观测，水沙组合的多样性决定了河床平面形态和断面变化的复杂性（Phillips，2003）。长期以来，国内外许多专家和学者对河道断面演变及其影响因素进行过大量研究（Biedenharn et al.，2000；李茂田等，2004；黄才安等，2011；许炯心，2016），例如，Schumm（1969）基于低含沙河流的演变研究，建立了河床形态随水沙变化调整趋向的预测关系，费祥俊和吴保生（2015）基于高含沙河流的特性优化了平衡输沙的一般关系式，进一步研究了来水来沙条件变化后河道横断面与纵剖面等相关河道形态参数的演变趋势。

近年来一些学者基于河道断面特征对黄河下游进行了研究（曹文洪，2004；胡春宏等，2006；吴保生等，2008；Wang and Li，2011；董占地等，2015），在不同的水沙条件下河道断面会出现相应的调整，当悬移质泥沙含量在一定范围内增加时，河道宽深比会随之增加，河流弯曲度逐渐减小（申冠卿等，2005）。自20世纪90年代以来，黄河下游河道水沙条件发生了变化，主槽淤积严重，河道发生萎缩（陈界仁，夏爱平，2002；冯普林等，2005）。相关研究结果有助于认识黄河下游汛期河道演变的本质。

但已有的研究工作主要侧重于黄河下游地区河道断面形态对水沙参数单变量的响应及针对不同来水来沙条件下的河道断面的调整趋势等，而对于河道形态参数与水沙变化多因素间的内在关系以及各因素的重要程度等方面的研究尚显不足。本章利用黄河下游花园口、高村和泺口3个水文站的实测数据，在对水沙年际变化以及河道断面形态参数年际变化进行分析的基础上，进一步揭示河道断面形态参数与多个主要因变量之间的相关关系，进而利用显著性因子确定影响河道断面形态变化的主要影响因素。该研究工作可为黄河下游水沙调控和有效控制河道萎缩提供理论依据。

10.2 数据资料与研究方法

10.2.1 研究区输水输沙特征概况

黄河下游指郑州桃花峪至黄河河口之间的河段，全长785.6 km，自西向东由山区流入平原地区（图10-1）。该区域属于温带季风性气候，年均降水量大于600 mm，年内降水主要集中在6—9月份。下游水沙主要来自于花园口以上地区，汛期来水量占年均来水量的38%，而汛期来沙量则占年均来沙量的96%（Xia et al.，2014）。水量主要来自于上游地区，包括兰州以上、秦岭北麓及洛河、沁河地区，这些地区输送到黄河下游的年均径流量占年均总径流量的53%；泥沙主要源自中游地区，区间增加沙量占到总沙量的90%以上，尤其是头道拐至龙门区间，年均来沙量占总来沙量的56%。整个黄河下游的河道平均比降为0.111‰，河道比降小，加之水沙严重不协调，使下游河床淤积严重，形成“地上悬河”。

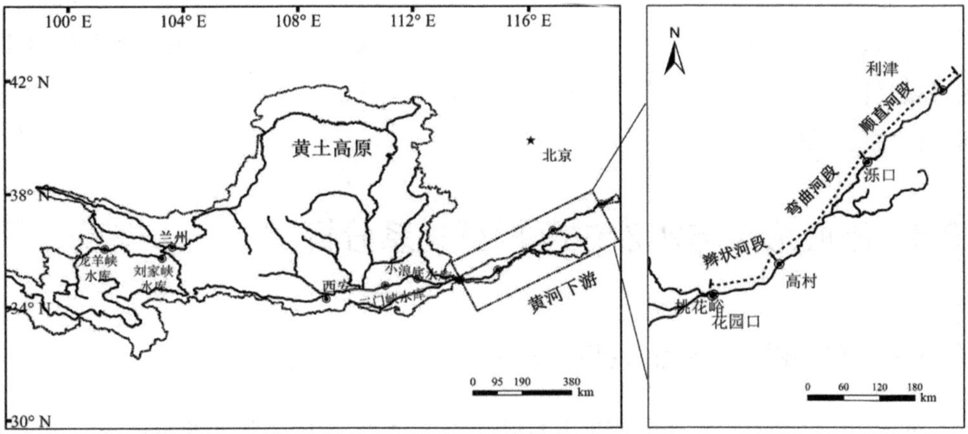

图 10-1　黄河下游不同河型段及典型断面的位置

10.2.2　数据来源和研究方法介绍

选取黄河下游长期进行断面观测的分别处于辫状、弯曲和顺直河段的花园口、高村和泺口 3 个水文站所在断面作为研究河道断面形态参数变化的断面，这些河道断面的形态参数变化可以揭示不同河型河道断面的变化特征。利用每个水文站在 1965—2015 年间的每年及汛期（5—10 月）逐年实测水沙数据和每年汛前的河道断面观测数据来分别计算其相关水沙参数和河道形态参数的年际变化。其中计算的水文参数主要有年平均流量、汛期平均流量和汛期来沙系数等，河道断面参数包括主槽宽度、深度以及主槽面积。所有基础数据由黄河水利委员会实测所得，记录于《黄河流域水文资料——黄河下游区》（黄河水利委员会，1965—2015）。

本章用到的研究方法主要有积分方法、Pearson 相关分析以及多元逐步回归法。在年径流量与年输沙量的分析计算中涉及的极值比均采用年际极值比，即用当年径流量和当年输沙量的最大值分别除以其当年的最小值，极值比的大小可表征水沙参数年内变化幅度。河道断面形态参数通过积分方法计算获得，运用某实测河道断面上河岸（滩唇）间的一系列河床高程数据进行积分求出主槽面积，以该值除以河岸（滩唇）之间的宽度得出主槽平均深度。采用 Pearson 相关分析可以检验水沙参数与河道断面形态参数之间的相关性，如年均流量、输沙量与河道断面形态参数可能存在的关系。对主槽宽深比、汛期平均来沙系数等参数进行以自然对数转化，通过逐步回归确定显著性因子，同时使拟合方程残差平方和最小，获得最优回归模型。以 T 检验来判断真实值和预测值之间有无显著性差异，验证回归模型的合理性。

10.3 断面形态与水沙过程相互关系分析

10.3.1 河道断面形态参数的变化特征

黄河下游河段的河型变化非常复杂，不同河型段主河槽形态的差异性也十分显著。利用 1965—2015 年间河道断面的观测值，分别计算了花园口、高村、泺口断面每年汛前河道断面参数，包括河道断面平滩面积（A）、平滩宽度（W）、平滩深度（H）（图 10-2）。

辫状河段花园口断面主槽相对宽浅。主河槽多年平均宽度为 2 078.06 m，平均深度仅为 1.62 m，主槽平均面积为 3 285.43 m^2。该河段河道变化不定，主槽宽度的变幅为 423～5425 m，极值比高达 11.82，年平均深度为 0.46～3.25 m。河道整体上呈现宽浅状态，河槽形态参数中宽度与面积变化均呈现出先波动减小至小幅增大进而维持稳定后小幅减小的趋势（图 10-2a）。在 1965—2000 年间，主槽深度与主槽面积变化趋势一致，而在 2000 年之后，主槽深度波动性增大，且增幅明显。

弯曲河段高村断面的河道多年平均宽度为 969.24 m，平均深度为 2.43 m，平均面积为 2 206.52 m^2。该断面年均主河槽宽度极值比为 3.21，年平均深度极值比为 5.38。在 1965—2000 年间断面形态指标主槽宽度与面积变化趋势大致相同（图 10-2b），呈现出先波动增大进而变化幅度趋于平缓之后小幅波动性减小的趋势。在 2000—2015 年间主槽深度与面积变化相似均呈波动增大趋势，而河道宽度维持低值且变化不明显。

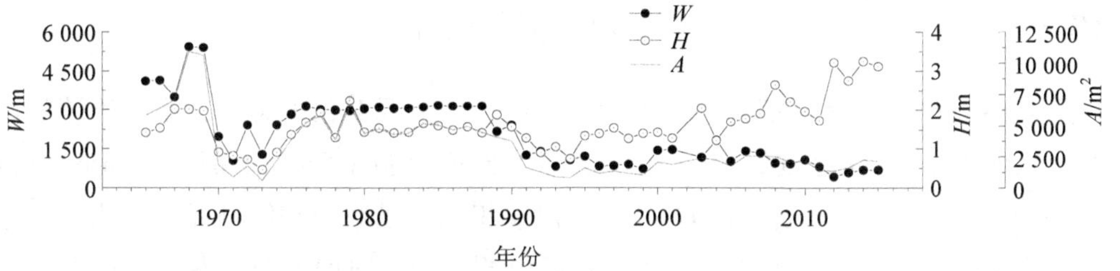

a 花园口

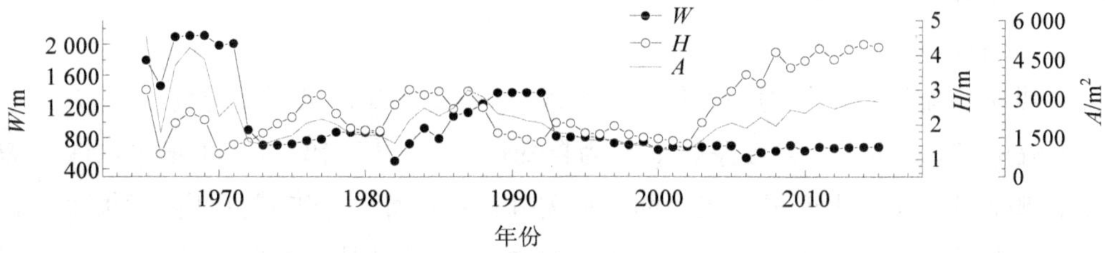

b 高村

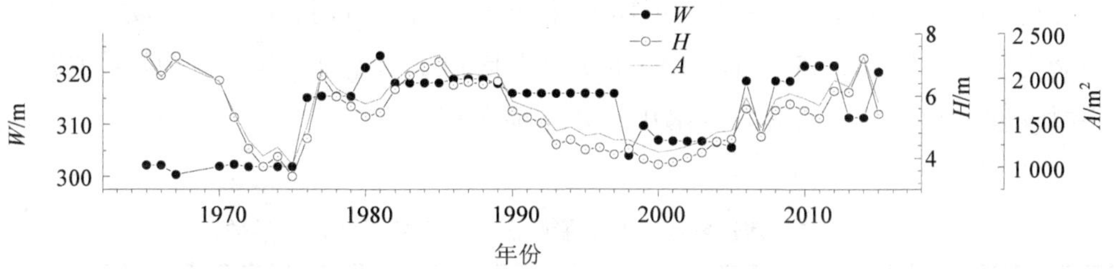

c 泺口

图 10-2　黄河下游典型断面形态参数年际变化

顺直河段泺口断面的河道多年平均宽度为 310.09 m，平均深度为 5.35 m，平均面积为 1 668.72 m^2。该河道断面形态指标整体变化幅度较小，主槽各年宽度保持在 300.31～323.19 m，极值比仅为 0.076，年平均深度为 2.86～7.36 m，其中主槽年平均深度和主槽面积呈相似变化趋势，即随时间呈现出减小、增大、减小以及增大的变化趋势（图 10-2c），其中河道深度变化与河道面积变化趋势非常接近。顺直河段河岸抗冲刷性强且受到人为影响较大，河道宽度变化率较小。

10.3.2 断面形态参数与水沙间的相关关系

自然条件下河流系统会根据不同的来水来沙情况对其形态进行不断的调整，上游来水来沙可以通过河段下泄，使河流始终维持着动态平衡（Chorley and Kennedy，1971；Werritty，1997），从而出现相应的横断面和纵剖面。因此，河道断面的几何形态是挟沙水流与河床相互适应的产物，河槽断面形态要素与水流、泥沙因素间存在着某种定量关系。

1）各因素线性相关分析

以年均流量 Q、年均输沙量 Q_s、汛期平均流量 Q_f、汛期平均输沙率 Q_{fs}、年最大流量 Q_m 及年平均来沙系数 ξ 作为自变量，以主槽宽度 W、主槽平均深度 H 及主槽面积 A 作为因变量，采用简单相关分析法计算多个变量间两两相关关系。

计算黄河下游 3 个典型断面参数，同时与各影响因子间两两进行 Pearson 相关分析，各河道断面的相关关系矩阵见表 10-1，当 N=50 时，相关系数高于 0.361，显著性水平则优于 0.05。由表 10-1 可知，花园口主槽宽度、高村主槽宽度与泺口主槽深度与水沙变量指标大多在 0.05 水平显著相关。

表 10-1 河道断面参数与影响因子之间关系的相关系数

河道断面	形态参数	Q /（m^3/s）	Q_s /10^8 t	Q_f /（m^3/s）	Q_{fs} /（t/s）	Q_m /（m^3/s）	ξ /（kg·s·m^{-6}）
花园口	W（m）	0.73**	0.63**	0.72**	0.60**	0.59**	0.03
	H（m）	0.05	–0.31*	0.07	–0.28	–0.03	–0.68**
	A（m^2）	0.71**	0.54**	0.72**	0.53**	0.54**	–0.14
高村	W（m）	0.52**	0.59**	0.49**	0.57**	0.34*	0.25
	H（m）	0.10	–0.30*	0.12	–0.26	0.14	–0.78**
	A（m^2）	0.68**	0.44**	0.68**	0.45**	0.49**	–0.38**
泺口	W（m）	–0.01	–0.07	0.03	–0.04	0.07	–0.15
	H（m）	0.57**	0.33*	0.59**	0.37**	0.63**	–0.42**
	A（m^2）	0.51**	0.27	0.54**	0.32*	0.59**	–0.42**

注：**表示在 0.01 水平（双侧）上显著相关。*表示在 0.05 水平（双侧）上显著相关。

综合分析花园口、高村、泺口 3 个水文站的相关系数，水量变化与断面形态之间的相关系数均高于沙量变化与断面形态之间的，说明来水量变化对断面形态变化的作用优于泥沙变化。

2）河道断面形态与来水量间的关系

在水流和泥沙两种因素对河道断面形态变化的影响中，水流作用占主导地位，因此，首先分析主槽面积、主槽宽深比对来水条件的响应。以历年资料为基础，计算出年均流量、汛期平均流量，建立花园口、高村、泺口 3 个断面的河道主槽宽深比与前一年平均流量之间的多项式关系如下：

花园口断面：

$$\frac{W}{H} = -0.000\,3x^2 + 1.90x - 220.46 \tag{10-1}$$

高村断面：

$$\frac{W}{H} = -0.000\,07x^2 + 0.36x + 197.67 \tag{10-2}$$

泺口断面：

$$\frac{W}{H} = 0.000\,006x^2 - 0.03x + 83.80 \tag{10-3}$$

公式中，W/H 为当年的河道断面宽深比，x 为前一年的平均流量。

由公式（10-1）～公式（10-3）结合图 10-3 可知，通常情况，花园口所在河段宽深比与流量呈正相关关系，主槽宽深比随流量的增大而增大，同时，该断面的宽深比远远大于高村及泺口断面的；高村断面宽深比与年均流量拟合关系不显著；在泺口断面处主槽宽深比与年均流量呈现负相关关系，且关系较为密切。

一般情况下主槽面积随着年来水量的增大而增大。根据实测资料及图 10-3 可以看出黄河下游上述 3 个水文站的主槽面积均随流量的增大而增大，但变化的幅度各不相同。花园口断面为辫状河段的代表性断面，独特的河床地貌和泥沙条件使河床善冲善淤，面积变化幅度较高村段和泺口段的大；花园口断面为平滑上凸的拟合曲线，曲线的斜率逐渐减小，表明当流量达到一定值之后，辫状河主槽面积变化不显著。就主槽的河宽和平均深度而言，花园口断面河宽随流量的增大而增大，主槽宽度与年均流量间拟合的多项式关系的决定系数 R^2 为 0.537（表 10-2），远高于主槽平均深度与年均流量的决定系数（0.004），表明年均流量与水深相关性很低。高村断面流量与主槽宽度、深度的相关关系均较弱，但与水流断面面积的相关性较好。泺口断面流量与主槽平均深度间拟合关系的决定系数为 0.428，远高于流量与主槽宽度间拟合关系的决定系数（0.054），表明水深随流量的变化相较河宽随流量的变化关系更为密切；而流量与水流断面面积间的相关性较好，其决定系数为 0.397。

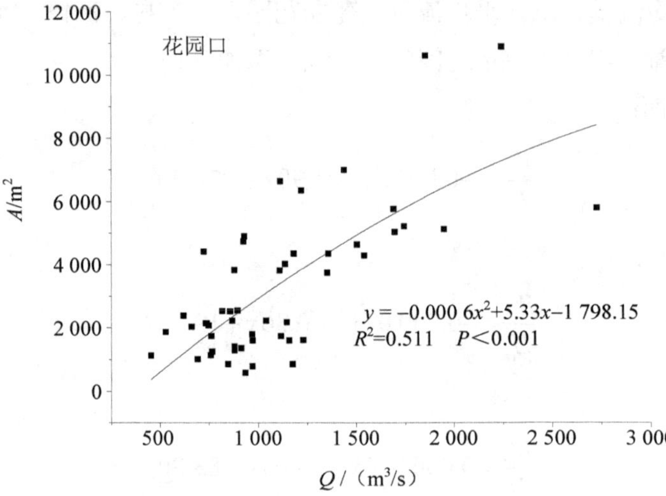

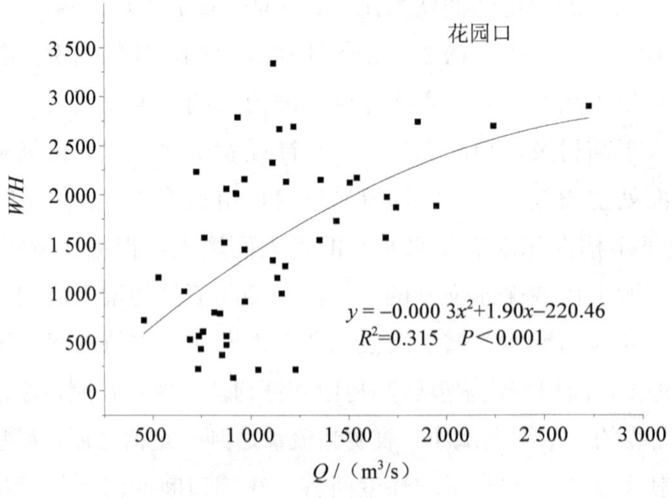

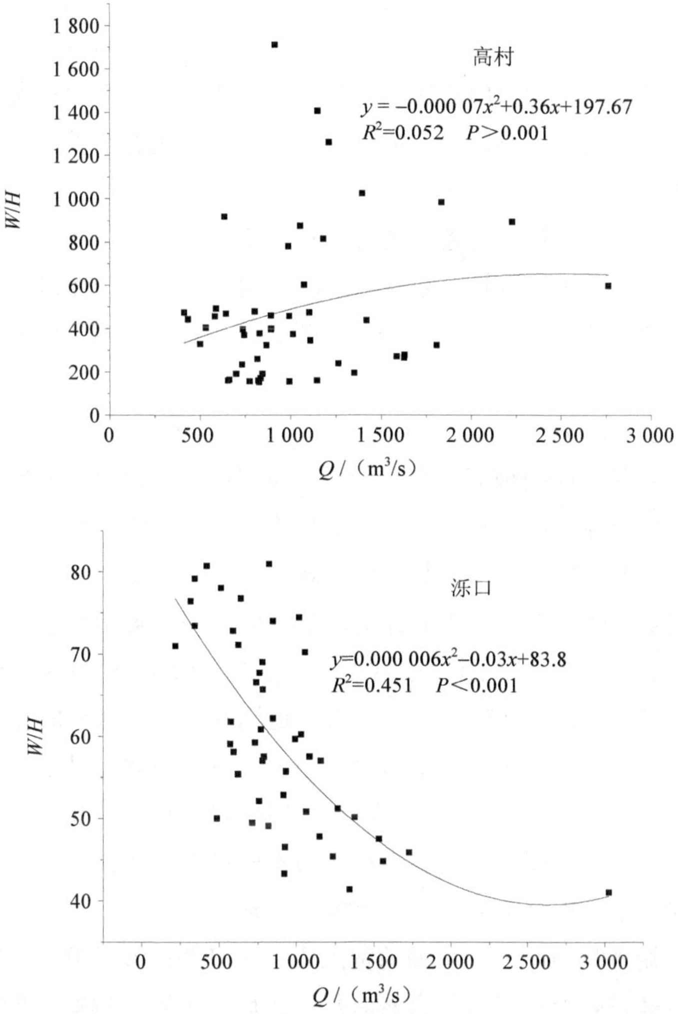

图 10-3　典型水文站水流断面形态参数与年均流量间的拟合关系

表 10-2　典型断面平均水沙参数与断面形态参数间的多项式拟合关系的 R^2（汛前）比较

河道断面	Q-A	Q-W	Q-H	Q-W/H
花园口	0.511	0.537	0.004	0.315
高村	0.510	0.190	0.014	0.05
泺口	0.397	0.054	0.428	0.451

对比下游三个典型河道断面形态参数与年均流量的拟合曲线的变化情况可知，主槽面积均与流量呈正相关；主槽宽度均随年均流量的增大而增大，且相关系数沿程逐渐降低；主槽深度随流量变化的多项式拟合关系的相关性沿程逐渐增大。这表明，对于河岸极不发育的辫状河段，河宽变化随水量变化更为密切，河道断面面积的变化主要是通过河道加宽来实现；而对于稳定性较高的顺直河段来说，主槽平均深度与水量变化趋势较为一致，断面面积变化主要通过河道变深来实现。采用断面形态参数资料点绘花园口断面面积与河宽、泺口断面面积与水深间的关系，二者间均具有单一线性函数关系，P 值分别高达 0.925、0.994，与上述结论吻合。

3）河道宽深比与水沙搭配间的关系

水量和沙量是影响河道断面形态的两个重要因素，水沙搭配是研究河道演变必不可少的分析指标，可以表示水流流量与输沙率之间的关系，而来沙系数则为水沙搭配的一个重要参数（吴保生，申冠卿，2008）。仅采用简单双变量相关分析不能反映各因素对断面形态变化的真实影响程度，为了揭示河道断面形态对来水来沙等影响因子发生变化时的响应机制，定量描述年均水沙量对河道断面形态的影响，应运用多元回归方法建立各因素与河道横断面形态参数的复相关关系，同时计算各影响变量间的偏相关关系和部分相关关系，由此可以更确切地判断及解释变量之间的相对重要性。偏相关关系可以消除与其他变量间的关联性传递效应，重新计算两者间的关联程度，反映事物间的本质联系。通常，当偏相关系数的绝对值越小，则偏相关程度越小（王海燕等，2006）。

对黄河下游各站典型断面主槽的宽深比及其汛期来沙系数、汛期平均流量、汛期平均输沙率等 6 个因子进行自然对数转化后，运用 SPSS 软件对变量进行逐步回归分析以筛选自变量，构建相应的非线性回归方程：

$$y = Kx_1^{a_1} \cdot x_2^{a_2} \cdot (\cdots) \cdot x_n^{a_n} \tag{10-4}$$

公式中，y 为主槽宽深比，x_n 为各解释变量，K 和 a_n 为参数。

在逐步回归分析中，采用 i–1 年的汛前主槽宽深比为河道形态初始参数、第 i–1 年汛期平均流量为水流参数，第 i–1 年汛期来沙系数为来水沙组合参数，以这 3 个参数作为因变量来模拟第 i 年的汛前河道断面宽深比形态参数，建立表达式如下：

花园口断面：

$$\frac{W_i}{H_i}=4.09\left(\frac{W_{i-1}}{H_{i-1}}\right)^{0.551}Q_{fi-1}^{0.435}\xi_{i-1}^{0.242} \tag{10-5}$$

高村断面：

$$\frac{W_i}{H_i}=3.45\left(\frac{W_{i-1}}{H_{i-1}}\right)^{0.715}Q_{fi-1}^{0.180}\xi_{i-1}^{0.150} \tag{10-6}$$

泺口断面：

$$\frac{W_i}{H_i}=11.03\left(\frac{W_{i-1}}{H_{i-1}}\right)^{0.571}Q_{fi-1}^{-0.062}\xi_{i-1}^{0.059} \tag{10-7}$$

在公式（10-5）～公式（10-7）中，数据组数 N 值分别为 48、50、47；主槽宽深比复相关系数分别为 0.878、0.897、0.841，P 值均小于 0.05，系数、常数项检验均显著。当 i–1 年河道断面形态条件相同，流量一定的情况下，汛期来沙系数越小，则河道断面宽深比越小，河道越趋于窄深。通过进一步分析发现，若只以第 i–1 年汛期平均流量与第 i–1 年汛期来沙系数作为因变量，相关系数则分别为 0.644、0.572、0.523，表明第 i 年份汛前的河道宽深比除与 i–1 年来水来沙量有关外，很大程度上受到前期断面形态或者前期水沙过程的影响，即存在“记忆效应”。简而言之，某年汛前河道断面宽深比大小受到上一年汛期来水量和来沙量及汛前河道断面形态的极大影响。比较三个关系式的复相关系数大小可知，第 i 年河道宽深比与第 i–1 年汛前河道断面宽深比的关系最为密切，与第 i–1 年汛期流量和汛期来沙系数的关系略逊一筹，这表明，上一年的河道断面形态对于当年河道形态随水沙量的变化影响显著，是当年河道形态变化所依赖的初始边界条件和形态条件。

i–1 年汛前主槽宽深比与下游三站主槽宽深比的部分偏相关系数分别为 0.362、0.482 和 0.440，i–1 年汛期来水量、汛期来沙系数对花园口主槽宽深比的部分偏相关系数分别为 0.241、0.201；对高村主槽宽深比的部分偏相关系数为 0.153、0.137；对泺口主槽宽深比的部分偏相关系数为 0.188、–0.156，说明 i–1 年的来水来沙量对河道断面形态有影响，但影响程度有限，还受其他因素影响，如悬移质颗粒大小等。根据关系公式（10-5）～公式（10-7）的计算值与实测值

（图 10-4）表明，平均相对误差分别为 17.0%、10.4%和 0.2%，泺口断面宽深比的实测值与计算值的平均值几乎相等，中位数和变化范围较小，拟合效果最好。为了比较主槽宽度、深度以及主槽面积计算值与实测值两组样本数据是否存在显著性差异，对其进行配对样本 T 检验，双侧 Sig 值分别为 0.084、0.407、0.575，即 $P>0.05$，均值差值均为正数，说明下游河道断面主槽宽深比的计算值比实测值略微偏小，三个断面处两组数据之间无显著性差异，因此以上回归方程可以接受。由上述分析可见，可分别采用公式（10-5）、公式（10-6）和公式（10-7）来估算花园口、高村和泺口水文站河道断面形态在水沙作用下的变化幅度，但对于辫状河段的计算精度相对较低，并且有较大的改善空间。

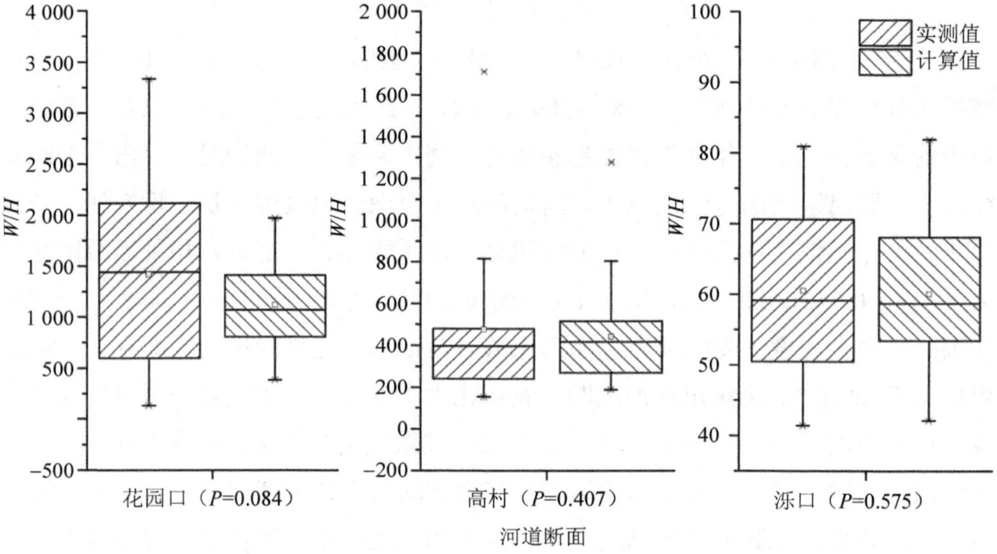

图 10-4 黄河下游典型河道断面主槽宽深比实测值与计算值比较

10.4 水沙搭配对断面形态参数的影响分析

10.4.1 水沙量变化对河道断面形态参数的影响

冲积河流属于准平衡系统，其内部形态会对输入变量作出滞后响应（Richards，

1985），例如，河流系统中的河道横断面形态（宽度、深度、河底高程等）会随来水来沙进行调整。基于黄河下游花园口、高村、泺口 3 个水文站的水沙序列的时间变化过程，结合三门峡、刘家峡以及小浪底等大型水库的建成及其运行模式对天然来水来沙量的影响，初步分析黄河下游河道断面形态调整的主要影响因素的作用机制。图 10-5 显示的是径流量和悬移质输沙量的年际变化，从中可以发现存在着显著变化的时间节点，而这些时间节点又与黄河中上游大型水库建成及不同运作方式的起始时间节点相吻合。为了便于分析，将花园口、高村和泺口 3 个典型断面形态参数的阶段性变化的统计值列于表 10-3。

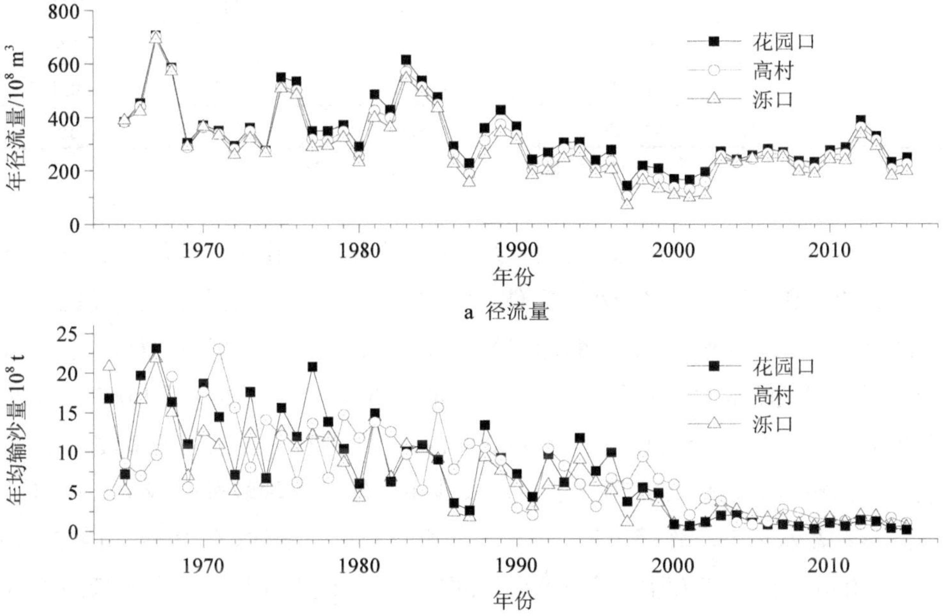

a 径流量

b 悬移质输沙量

图 10-5　研究区各站径流量和悬移质输沙量年际变化特征

表 10-3　黄河下游典型断面的河道形态参数在不同时期的平均变化值

断面名称	年份	ΔW /m	ΔH /m	ΔA /m^2
花园口	1965—1973	−1 690.4	−0.51	−3 623.8
	1974—1980	676.0	0.63	2 556.6
	1981—1985	47.8	−0.05	−442

断面名称	年份	ΔW /m	ΔH /m	ΔA /m^2
花园口	1986—1999	−1 698.8	−0.06	63.3
	2000—2015	−749.0	1.7	767.8
高村	1965—1973	−1 092.4	−0.96	−3 949.4
	1974—1980	169	−0.21	158.3
	1981—1985	202	0.63	1 044.7
	1986—1999	−426.7	−0.86	−1 597.8
	2000—2015	35.7	2.65	1 864.3
泺口	1965—1973	−0.3	−3.31	−1 000.7
	1974—1980	21.3	1.41	539.2
	1981—1985	−4.4	0.89	262
	1986—1999	−11.9	−2.55	−858.5
	2000—2015	13.3	1.62	568

注：ΔW、ΔH 和 ΔA 分别表示某一时段河道宽度、深度和面积的变化量。

在 1965—1973 年间，受到三门峡水库滞洪排沙的作用，下游形成流量小、含沙量大的不利于泥沙输移的水沙条件，黄河下游河道主槽发生淤积，花园口、高村、泺口断面的河道形态参数（断面宽度、深度、面积）均出现负增长。在 1974—1980 年间，三门峡水库的运作方式转为“蓄清排洪”，黄河下游小于 1 000 m^3/s 的流量发生频率(P)高达 60%以上，大于 3 000 m^3/s 的大洪水发生频率增多(P>6.5%)。显然，三门峡水库运作方式调整之后，来沙系数较前一阶段有所减小，使河道断面形态参数在水流冲刷作用下发生变化，主槽面积显著增加。在 1981—1985 年间，大于 1 000 m^3/s 的流量发生频率（P）占 50%左右，低含沙量、中大流量的水流历时延长，Carling（1988）研究发现，天然河流中河道形态的改变与调整主要受高频率中等流量水流的影响，因此，在有利的来水来沙条件下主槽受到冲刷，高村、泺口断面主槽平均深度明显增加。在 1986—1999 年间，大洪水较少（P<2%），来沙系数增大，水流含沙量增大，水沙关系极不协调，河道持续淤积，尤其在主槽区内淤高严重（杨吉山等，2006）；同时，下游河道明显发生萎缩，上述 3 个典型断面处的主槽宽度分别缩窄 1 698.8 m、426.7 m 和 11.9 m，其中位于辫状河段的花园口断面的主河道萎缩最为显著，这与胡春宏等（2006）的研究结果相似。在 2000—2015 年间，这是小浪底水库建成后的河道演变特殊时期，小浪底大坝在

人为控制下每年会进行半月以上时长的连续下泄清水以冲刷下游河道，河道萎缩态势受到抑制，主槽深度及面积有所增加，河道过洪能力明显提升。除在 1981—1985 年间的年均降水量（598 mm）偏高之外，其余阶段降水量变化不显著，因此，大型水库的投入运行对水沙量变化产生了显著影响，黄河下游变化了的水沙条件会影响到河道的冲淤调整，而河道断面形态参数也会随之做出响应。

10.4.2　断面形态参数变化的空间差异性分析

河道断面形态参数与水沙因子间的拟合关系表明，河道对来水来沙的响应具有空间差异性。由图 10-5 可知在水库调控等人为影响下水沙 3 个断面间的年径流量或年输沙量相差不大，但正如 Brandt（2000）指出的一样，河床稳定性与河岸的易侵蚀性是决定断面形态向宽浅或者窄深方向发展的主要原因，因此，黄河下游河道断面形态参数的变化与河床边界等条件有着密切的关系。

王随继和任明达（1999）指出辫状河段河岸多由砂质构成，河道善冲善淤，以横向展宽作为河道主要调整方向，宽深比与流量呈正相关关系（胡春宏等，2006），而以花园口断面为代表的辫状河段的演变与上述存在一定差别，主要是大坝等水利工程蓄水拦沙或者放水冲沙，使得河流水沙过程在特定时期受到一定程度上的人为控制而偏离天然状态。在河道淤积时段如 1986—1999 年间，河道断面形态的调整基于前期宽浅散乱的河道形态特征，在中小水流的影响下，河宽与流量呈正相关关系，且随着来沙系数的增大，在水流相对较慢的河道两侧泥沙易于淤积，主槽缩窄，河道宽度对水沙的响应相对于河道深度对水沙的响应更为敏感，河道宽深比与河道宽度变化趋势较为一致。而在 2000—2015 年间，河道断面形态的调整基于河道严重淤积缩窄后形成的断面 W_{i-1}/H_{i-1} 相对偏小，人为对下游河道放水冲刷，来沙系数不断减小，河床下切，因此，2000—2015 年间河道宽深比与流量呈负相关关系，河道垂向变化较横向调整更为显著。

高村断面所在的弯曲河段的河道断面形态参数与流量间的关系较为散乱（图 10-3）。由于高村站位于弯曲河段的进口处，河道在一定程度上表现出辫状河段的特征，在 1965—2000 年间主槽面积与宽度变化相近，但弯曲河段为泥质砂质组合的二元结构，与辫状河段相比河道相对稳定（王随继，2010），一定流量作用下主槽宽度随着水流的增大而增大，在达到平滩河宽之前，河宽的进一步发展受到限制，流量则与水深成正比关系（Xia et al.，2014），可见，受到水流作用时，河道既有小幅度展宽又有垂向刷深。

1965—2015 年，以泺口断面为代表的顺直河段，均随流量的增大或来沙系数的减小，河道越趋于窄深，河道宽深比的调整方向主要与主槽深度保持一致，这主要因为顺直河段为单一微弯性河段，河漫滩多由黏土和细粉砂组成，且厚度大；再加上大堤的修筑，使该河段抗冲刷性进一步增强，河段主要向相对窄深方向发展，河道横断面受到水流作用时变形较小（王随继，2010），其河道宽深比变幅远远小于辫状河段的。

10.4.3 模型的改进方向

断面形态参数与水沙量变化的综合回归数学模型拟合优度明显高于单因素拟合优度，因此预测断面形态与来水来沙条件密不可分。基于第 i–1 年的水沙数据以及第 i 年主槽宽深比数据建立模型，结果显示来沙系数对断面形态参数的偏相关系数偏小，说明河道断面形态的制约因素不仅与来水来沙量有关，与其他因素也密不可分，如人工堤防、险工、地质等边界条件。第 i–1 年汛前主槽宽深比可以看作第 i–2 年汛期平均流量与第 i–2 年汛期来沙系数的函数，以此类推，需要进一步研究各河道断面形态参数与前 n 年水沙量变化的相关性最高，同时，需考虑边界条件等因素，对模型进行优化。通过人为调水调沙，如调整水库的运行方式，有效控制黄河下游河道萎缩，维持有利的河槽形态。

10.5 小结

利用黄河下游实测水沙数据以及河道断面观测资料，分析了下游不同河型段河道断面形态的年际变化过程及其对水沙过程的响应，得出以下主要结论：

（1）黄河下游在水沙及其变化作用下，沿程不同河型段的河道深度、宽度变化不尽相同。河道宽度变幅沿程减小，尤其在 1986—1999 年间辫状河段的河道缩窄程度显著高于弯曲河段和顺直河段的，且分别缩窄 1 698.8 m、426.7 m 和 11.9 m。为塑造和维持下游河道的基本水沙通道，应重点关注辫状河段。在 2000—2015 年间，各断面形态参数中河道深度的变化幅度均大于河道宽度的，河道断面形态趋于窄深，表明小浪底水库对水沙的调控使其下游河道的萎缩局面得到有效抑制。

（2）受前期河道断面的影响，1965—1999 年间辫状河段的河道宽深比与流量、来沙系数呈正相关关系，河槽冲淤以及断面形态的调整以横向为主；而在 2000—2015 年间，随着流量的增大或来沙系数的减小河道深度呈现出波动性增大趋势。弯曲河段在 1965—2015 年间的河道宽深比随流量的增大而增大，也随来沙系数的增大而增大。顺直河段在整个时段内主槽深度与流量呈正相关关系，主槽宽深比与流量呈负相关、与来沙系数呈正相关，河道断面形态参数的变化主要通过河道加深来实现。

（3）河道断面宽深比与前期的水沙参数及断面形态参数有密切关系，前期断面形态又可通过水沙量变化来反映。今后需要通过关系式进一步研究最优水沙量变化，为黄河下游河道萎缩的治理提供理论依据。

第 11 章　水库建设及运行对河道演变的影响

天然情况下河流是一个动态平衡的系统（Lyu et al.，2019），随着外部条件的变化，河流内部以及河道边界区域会随之发生变化，趋向于达到新的平衡状态（Zheng et al.，2017）。地质时间尺度上的地质构造运动与当代河流演化间几乎没有关联性，但是，对地质构造运动发生时的古河流演变是具有重大影响的；地貌时间尺度的构造运动对水文时间尺度的河流演化影响甚微（Schumm and Lichty，1965），但是，对于数万年或者数十万年内的河流演变同样有限。故不同的时间尺度上需要考虑的河流演变的影响因素就会有所不同。水文时间尺度上河道断面形态的调整主要受到水沙变化的影响，近年来逐渐增强的人类活动，尤其是大坝建设及其运行方式对河道断面形态调整的影响值得关注。

11.1　河道演变与人类活动影响研究简述

河道形态的变化主要表现在来水来沙与河道边界间的相互作用，并且通过不同的沉积-侵蚀模式来改变河道特征（钱宁等，1987；Lane and Richards，1997；费祥俊等，1997），河道中大量的冲淤变化是河道失衡以及河流演变的主要原因（Russell，1954；Church，2006；Burroughs et al.，2015）。河道形态的调整方向和速率受到了降水量变化和气温变化等气候因素的影响，除了自然过程因素外，也会受到水土保持和水库不同运作方式等人为调整的影响（Grams et al.，2007）。Wang 等（2012a）指出人类活动是影响黄河径流量变化的主控因素，影响程度高达 92.07%。流域内水库的建成一定程度上破坏了河流的稳定性，对该区域的气候（Degu et al.，2011）、地貌（Petts and Gurnell，2005；Wang et al.，2006）、来水来沙（Nilsson，1976；Petts，1984；Francis，2005）以及生态（Gordon et al.，2006；

Acker，2008）均有一定的影响。在大坝建设和运行模式变化的水沙量调节影响下，河道并不会总是维持着原有的地貌形态，而是会程度不同地随着大坝建设引起的水文泥沙条件的变化而发生调整。水库的运行通常会直接影响到水流的下泄，包括总径流量、洪峰流量、洪水持续时间，以及调整汛期与非汛期流量的变化等特征值，从而使水流挟沙力发生变化（Kondolf et al.，2014）。当水沙过程发生调整变化时，河流的造床能力将受到影响（梁志勇等，1994），输沙不平衡将导致河道断面形态以及地貌特征产生显著性差异。当水流挟沙力较强，而输送的沙量相对较少时，河槽将发生冲刷；反之，当流量小而含沙量多时，河槽产生泥沙淤积（陈界仁等，2002；East et al.，2015），河道宽度和深度将会随之发生变化。例如，自三峡大坝运行以来，大坝以上流域来沙中的 2/3 沉积于库区，下泄沙量明显变小、下游泥沙含量显著减少，河床由沉积转为侵蚀（Yang et al.，2007）。Draut 等（2011）的研究表明，美国华盛顿州埃尔瓦河上大坝的建成造成上游泥沙的滞留，并期望分析大坝移除后泥沙的增加对河道形态造成的影响。

人们很早就认识到了河道形态，包括河道宽度、深度、纵比降，与来水来沙之间存在着一些定量的关系，并建立了河道形态参数与水沙之间的一些数学函数，不同的水沙组合对应着不同的河道形态参数（Petts and Gurnell，2005；Dust and Wohl，2012；Nelson et al.，2013）。王随继等（2011）通过分析黄河下游典型断面处 1950—1999 年的形态变化，建立河道宽深比与流量之间的多项式关系，并归纳了 1970 年以来河道萎缩的主要原因。Smith 等（2016）对比了在坎贝尔大坝建设前后加拿大萨斯喀彻温河的河道横断面变化，指出在近坝河段河床发生明显粗化，同时大部分河道宽度与深度均有所增大。众多研究结果表明，上游筑坝可以大大改变流入下游河段的水流和泥沙条件，同时运用河流侵蚀强度与形态参数的拟合关系，以及河床粗化来表征大坝以下河道断面形态的变化。

迄今为止，人类活动已成为影响河流系统稳定性高低的不可忽视的因素之一，尤其是大型水库的相继建成和水沙调控，使其下游河道的断面形态演变呈现出一定的新特点。河道形态变化直接影响到下游防洪工程的实施和河道的治理等重要治河决策的制定。尽管前人在黄河流域内水库的运行等方面已开展了相关研究（Ma et al.，2012；Wang et al.，2007；Su et al.，2015），但是很少涉及到水库运行对河道形态影响程度的定量化评估。为了更好地对流域内水资源以及河道进行有效管理，需要对不同水库的调控模式对河道断面形态的影响进行一定量化的研究。

基于此，本章运用长时间序列数据，在水文尺度下研究了 1965—2015 年水库建设和运行对黄河下游河段的水沙过程以及河道断面形态的影响，包括各形态参数在时空上的变化的幅度和变化范围。主要解决以下两个关键问题：①水库的建成以及不同的运作方式对黄河下游来水来沙有何影响？②在水库的调控下，河道断面形态对不同的流量以及泥沙输移模式是如何响应的？以解答上述问题为导向的研究结果，可为黄河下游河道恢复有利于行洪输沙的河道形态的管理措施制定提供理论指导。

11.2 河道断面及数据选取和研究方法介绍

11.2.1 典型河道断面及基础数据选取

为了揭示水库建设及运行引起水库下泄水沙量及水沙组合条件的变化、进而对其下游河道造成的影响程度和影响方式，本章选取黄河下游河道作为研究实例，以沿程分布于其中的花园口、高村、泺口、利津 4 个水文站（图 11-1）所在处的河道大断面作为研究对象，以这些大断面的形态参数作为主要考察指标，重点计算了这些断面的河道形态参数在给定时段的变化量，从而用来分析这些形态参数的变化对黄河中上游不同时期建成的大型水库及其运行模式的响应机制。数据来自《黄河流域水文资料——黄河下游区》（黄河水利委员会，1965—2015）。

该研究工作需要用到以下一些数据资料：①上述断面的逐日流量以及输沙量数据。这些数据序列为 1965—2015 年间的，据此基础数据可以计算得到年径流量、年输沙量和年均含沙量数据。②上述断面 1965 年以来的每年汛前实测的河道大断面数据资料。这些断面每年的汛前观测主要集中在 5—6 月份，利用断面实测数据可以计算出给定年份汛前主河槽的宽度、深度以及断面面积等形态参数，用来分析同类参数在年际和河段间的变化特征及其可能存在的变化趋势，以此来揭示河道断面形态的时空变化特征，归纳这些变化与水库建设及运行间的内在联系。③为了揭示黄河下游河道深泓的空间变化，除了上述 4 个河道大断面外，又补充收集了夹河滩、孙口、艾山 3 个河道大断面同期各年汛前的实测值。所有这 7 个断面，即花园口、夹河滩、高村、孙口、艾山、泺口及利津，依次为沿程分布，它们距离小浪底大坝的河道长度分别为 131.93 km、236.09 km、309.06 km、430.44 km、491.97 km、593.85 km 和 765.93 km。

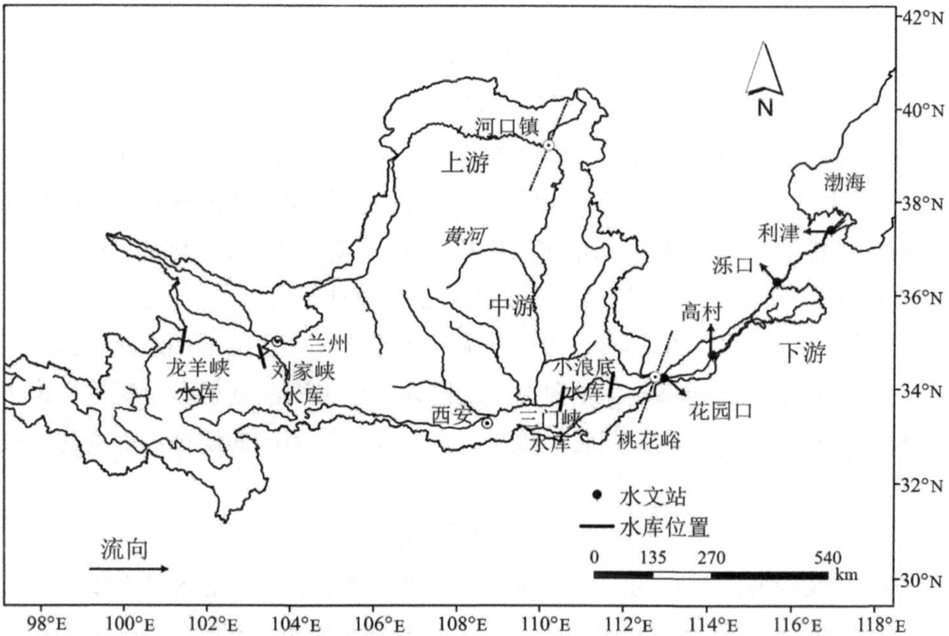

图 11-1　黄河下游花园口、高村、泺口和利津断面及干流主要大型水库的位置

11.2.2　数据计算和关系拟合及其检验方法

1）河道断面形态参数与沉积速率计算方法

受大型水库的影响，河道断面的几何形态会随着泥沙的淤积和侵蚀的变化而变化。因此，先确定各个典型水文站点河道断面的恒定基准线，以估算河道断面面积的变化。定义主河道两侧的最低滩唇高度为一个横断面的平滩水位（Xia et al., 2009），两个滩唇之间的距离为主河槽宽度（W）。当滩唇位置不明显时，如花园口断面，采用河道横断面套绘的方法或用相邻横截面对比法确定滩唇位置，以保

证相邻年份主河道间无显著变化。运用 Origin（2016）数值积分公式，即梯形法则（Press et al.，1992），对各实测大断面滩唇间的河床断面上的一系列河床高程数据进行积分处理，从而对河道断面面积（A）进行估计，进而以该值除以河岸（滩唇）之间的宽度得出主槽平均深度（H）。河道断面河床平均沉积速率反映出大型水库不同运作时期河道侵蚀和淤积特征，计算方法如公式（11-1）式所示：

$$V = \frac{\frac{A_i}{W_i} - \frac{A_j}{W_j}}{N} \times 100 \tag{11-1}$$

公式中，V 表示河道断面河床沉积速率（cm/a）；A_i、A_j、W_i、W_j 分别表示第 i 和 j 年一定高程下河道断面面积以及其所对应的河道（河岸或者滩唇之间）宽度（m）；N 表示总年份数，即 $N=i-j$；（$A_i/W_i-A_j/W_j$）为河床平均高程变化值（m）。

2）河道纵横断面河道深泓位置变化的指标值计算方法

由于水库运作方式的差异，致使河流系统形成一个新的循环系统。当水沙不平衡时，在典型断面处将发生垂向加积或侵蚀。运用深泓点高程的变差系数（J）来粗略估算河床起伏程度，同时，该指标可以反映出河床的侵蚀沉积变化幅度及趋势。

$$J = S_e - M_e \tag{11-2}$$

公式中，S_e 为深泓点高程的沿程标准差，M_e 为深泓点高程的沿程平均数。

用河道断面深泓点距右岸的距离（W_R）与河道宽度（W）之比来表示深泓指数（T），该指标可以反映横断面上深泓点的相对位置。同时用该年的深泓指数（T_i）减去上年的深泓指数（T_{i-1}），再除以该年的深泓指数来表征深泓点的迁移率。

$$T = W_R / W \tag{11-3}$$

$$\Delta T = (T_i - T_{i-1}) / T_i \tag{11-4}$$

当 $T<0.5$ 时，则深泓点靠近右岸；当 $T>0.5$ 时，深泓点偏向左岸；当 $T=0.5$ 时，深泓点处于居中位置。当 $\Delta T<0$ 时，则深泓点较前一年向右迁移；当 $\Delta T>0$ 时，深泓点较前一年向左偏；若 $\Delta T\approx 0$ 时，深泓点基本不发生偏移。

3）断面形态参数与水量沙量间定量关系拟合方法

采用 Mann-Kendall（以下简称 M-K）方法对黄河下游水沙要素进行时间序列

的趋势性检验。M-K 方法是非参数方法，样本不需要一定遵从特定的分布规律，适用范围较广。在 M-K 检验中，对于 n 个独立样本的时间序列数据（x_1，x_2，…，x_n）进行双边趋势性检验，若在置信水平 α 上，统计量值 $Z>0$，则序列整体上呈上升态势；若 $Z<0$，则序列呈下降态势。当 $|Z|>2.32$ 时，序列通过 99%的显著性检验。为进一步分析下游水沙量发生变化的具体时段以及变化显著的年份，对数据构造一个秩序列，即对典型水文站年径流量与年输沙量数据进行秩相关检验。当检验的统计量 $UF_k>0$ 时，则数据呈现增加趋势；当 $UF_k<0$ 时，则数据呈减少趋势。

除此之外，断面形态参数与水沙量之间的定量关系主要采用多元逐步回归分析。选取黄河下游花园口、高村、泺口、利津 4 个典型水文站所在处的断面，将其断面的河相系数、年均流量和含沙量 3 个因子进行自然对数转化，采用 SPSS 18.0 版软件拟合方程，构建非线性回归方程：

$$y = kx_1^{a_1} \cdot x_2^{a_2} \cdot (\cdots) \cdot x_n^{a_n} \tag{11-5}$$

公式中，y 为主槽河相系数，x_n 为各解释变量，k 为系数，a_n 为指数。

再通过关系式（11-5）所得的计算数据与实测数据进行 T 检验来判断两组数据之间是否存在显著性差异，说明回归模型的合理性。

11.3　典型水文站水沙变化分析

11.3.1　水量和输沙量年际及阶段性变化分析

由图 11-2 可知，黄河下游上述 4 个水文站的年均流量以及年均输沙率的变化趋势较为接近，水沙年际变化基本保持一致，且变幅均较大。1965—2015 年间年均输沙率呈显著减小的趋势，最大年均流量和年均输沙率均出现在 1967 年，花园口、高村、泺口和利津最大年均流量分别为 2 238.24 m^3/s、2 227.69 m^3/s、2 195.36 m^3/s 和 2 169 m^3/s，年均输沙率分别为 73.27 t/s、73.04 t/s、69.29 t/s 和 68.75 t/s。

在 1965—1973 年间上述水文站年均流量和年均输沙率分别为 1 341.12 m^3/s、1 312.24 m^3/s、1 283.60 m^3/s 和 1 231.66 m^3/s 及 47.59 t/s、40.87 t/s、37.54 t/s 和 35.13 t/s，各自的洪峰流量呈现出先增大后减小的变化趋势。

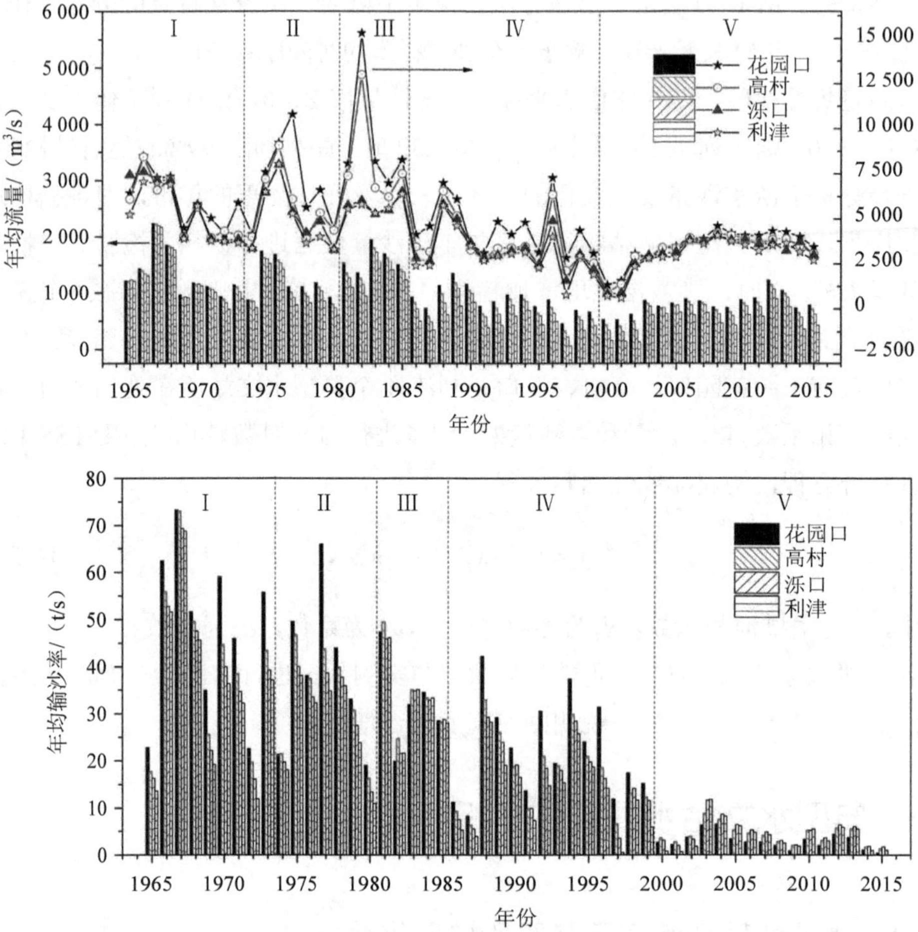

图 11-2 黄河下游 4 个典型水文站的年均流量和年均输沙率变化趋势

1974—1980 年间，其年均流量较上一时段分别降低 8.13%、12.99%、15.38%和 21.93%，年均输沙率分别降低为 38.68 t/s、33.77 t/s、30.03 t/s 和 27.68 t/s，而各年的洪峰流量均有所增加。

1981—1985 年间，来水来沙量整体增加，多年平均流量较上一时期分别增加 30.49%、30.71%、30.19%和 29.81%，而年均输沙率分别增加−16.16%、1.04%、9.05%和 18.49%，其中在 1982 年花园口和高村水文站都出现最大洪峰流量。

1986—1999 年间，来水量与来沙量明显减少，并且在 1997 年出现了多年最小流量，而其前一年（1996 年）的洪峰流量则为 1990 年以来的最大值；该时期多年平均流量降低为 876.56 m^3/s、758.22 m^3/s、664.65 m^3/s 和 476.76 m^3/s，年均输沙率分别为 22.42 t/s、17.42 t/s、16.04 t/s 和 13.33 t/s，洪峰流量值总体上也明显降低。

自 2000 年以来，年均流量变化较小，输沙率较上一阶段下降率均超过 70%，洪峰流量有所增加，但均未超过 4 000 m^3/s；上述各水文站在 2000 年的洪峰流量是整个时期中最小的。

M-K 检验结果（表 11-1）表明，上述 4 个水文站的年径流量和输沙量 Z 值均满足 $Z<-2.32<0$，表明 1965—2015 年间黄河下游年流量与年输沙量总体上呈现出减小的趋势，并且序列通过了 99%的显著性检验，与年份数据做线性回归得到的结果吻合。

表 11-1　年径流量和输沙量变化的 M-K 趋势检验结果

水文站	年流量		年输沙量	
	Z	趋势	Z	趋势
花园口	–4.35	显著下降	–6.94	显著下降
高村	–4.39	显著下降	–7.00	显著下降
泺口	–4.45	显著下降	–7.00	显著下降
利津	–4.76	显著下降	–6.14	显著下降

进而对黄河下游 1965—2015 年间 4 个典型水文站年径流量与年输沙量进行秩相关检验，在 1965—1968 年间，$UF_k>0$，黄河下游年径流量与年输沙量均呈增大趋势；1969—1985 年二者序列统计量波动减小；1986—1999 年间 UF_k 下降幅度迅速增大，表明年径流量与年输沙量减小幅度均较大；2000—2015 年间年径流量的 UF_k 多集中于–5～–4，波动范围较小（图 11-3）。由此可见，1986 年及 1999 年的年径流量变动显著，这与龙羊峡建成并与刘家峡水库实现联合调度及小浪底水库的建成有关。

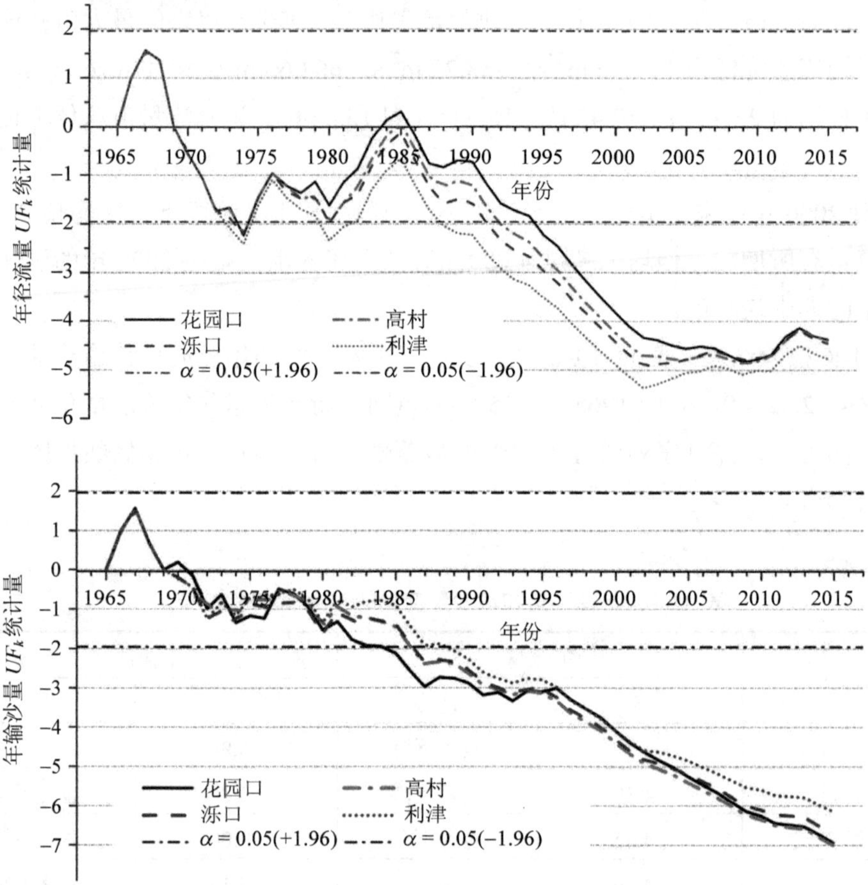

图 11-3 典型水文站年径流量和年输沙量 M-K 检验结果

11.3.2 流量及输沙率和水沙量汛期变化特征

黄河下游存在水沙异源、年内分布不均的特点，按 1965—2015 年间的各年份水沙实测资料进行统计，51 年中花园口站夏汛洪水总量为 11 040.28 亿 m^3，总输沙量为 341.14 亿 m^3。花园口、高村、泺口及利津 4 个水文站的夏汛洪量均占到总径流量的 64%以上，沙量占全年来沙量的 84%以上。为了进一步分析下游水沙变化，以隔 10 年选取 6 个代表年份分析汛期（这里指每年 5—10 月，非该流域传统夏汛 7—10 月）与非汛期（每年除 5—10 月之外的月份）水沙变化特征。黄河下游上述 4 个水文站汛期以及非汛期多年来水来沙量所占总径流量与总输沙量大小对比如图 11-4 所示。

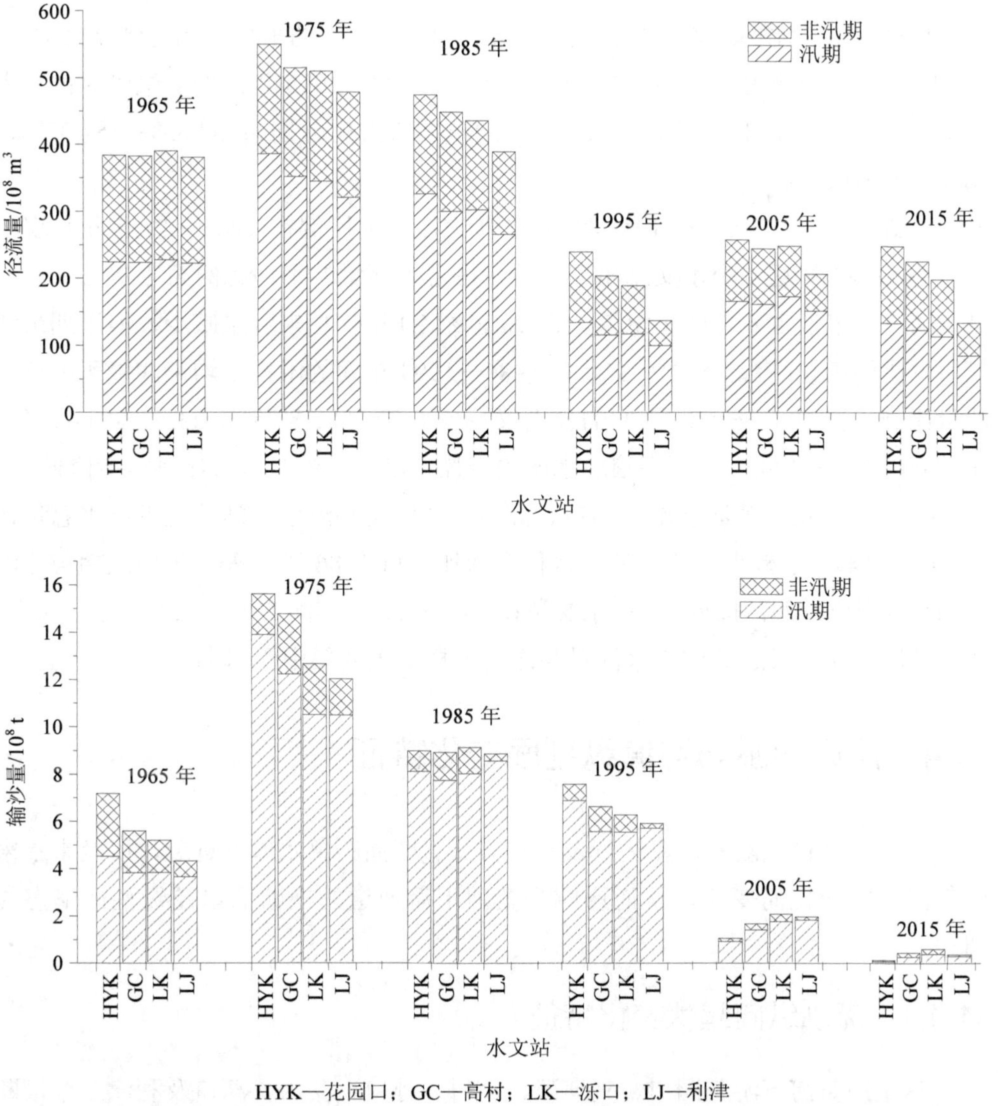

HYK—花园口；GC—高村；LK—泺口；LJ—利津

图 11-4 黄河下游典型水文站在给定年份汛期（5—7 月）和非汛期径流量和输沙量比较

夏汛洪量及沙量占全年水沙的比例阶段性变化明显。整体上看，汛期来水量所占比重有减小趋势，但变化幅度较小（图 11-4）。上述 4 个水文站在 1965—1973 年的夏汛洪量占总来水量的 64%左右；在 1974—1980、1981—1985 年间的夏汛洪量占总来水量的比例逐渐增加；而在 1981—1985 年间的平均比例达到 72.93%、72.41%、74.15%和 75.83%；在 1986—1999、2000—2015 年间的夏汛洪量占总来水量的比例显著减小，其中在 2015 年的汛期所占比分别为 53.53%、54.33%、56.82%和 63.27%。

上述 4 个水文站汛期来沙量所占全年来沙量的比例在 1965—1985 年呈现上升趋势，1985 年这 4 个水文站汛期来沙量占总来沙量的平均比例高达 90.28%，可见黄河下游来沙主要集中于汛期。在 20 世纪 90 年代总来沙量减少，但汛期来沙量所占比例仍较高，这 4 个水文站在 1986—1999 年间的汛期平均来沙量所占总来沙量比例相较 1981—1985 年间的分别仅减少了 3.02%、8.75%、11.37%和 6.28%。在 2000—2015 年间，受到小浪底水库的调控，汛期来沙量所占比例有所降低。

由上述可见，黄河下游花园口、高村、泺口及利津水文站的夏汛洪水总量在这 51 年间都趋于减少，非汛期水量稍有增加；自 1986 年以来，年均汛期与非汛期的来水量已经非常接近。这些水文站在 1965—2015 年间的汛期来沙量显著减少，在小浪底水库运行之后的年来沙量与之前一样仍主要集中于汛期。

11.4 河床冲淤与河道纵剖面变化特征

河道冲淤模式随着水库运行及管理方式、断面距离水库的远近，以及来水来沙等因素的变化而变化，从而影响到黄河下游河道的横断面以及纵剖面形态的调整。

11.4.1 深泓纵向起伏变化特征

这里用黄河下游花园口、夹河滩、高村、孙口、艾山、泺口及利津 7 个横断面处的深泓点高程的变化来估算河床纵剖面的起伏程度。河床深泓点高程的变化范围越大，其变差系数就会相应变大，则河床起伏的程度也就越大，反之，则河床起伏的程度就会变小。深泓点高程的变差系数（J）公式（11-2）可作为衡量黄河下游河段河床起伏程度的指标，对于不同时期黄河下游上述 7 个断面深泓点高程的变差系数（*J*）计算结果表明，其平均值在 1965—1973 年、1974—1980 年、1981—1985 年、1986—1999 年和 2000—2015 年间分别为 0.543、0.562、0.566、0.560 和 0.558，显然，不同时期的变化量非常小。因此，总体上看，在 1965—2015 年间黄河下游河道深泓纵剖面变化量很小，波动也较小。

从黄河下游典型断面的深泓高程变化上来看（图 11-5），不同河型段的河床深泓起伏度明显不同，早期的河床整体上处于淤高态势，近期有所降低，其中辫状河段和顺直河段的泥沙侵蚀量或淤积量都相对较大，河床起伏波动的幅度也较大，而处于中部的弯曲河段的冲淤变化最小。此外可以发现，距离小浪底大坝较近的辫状河段受到的冲刷和淤积作用最为显著，河床变化幅度在三类河型段中最大。

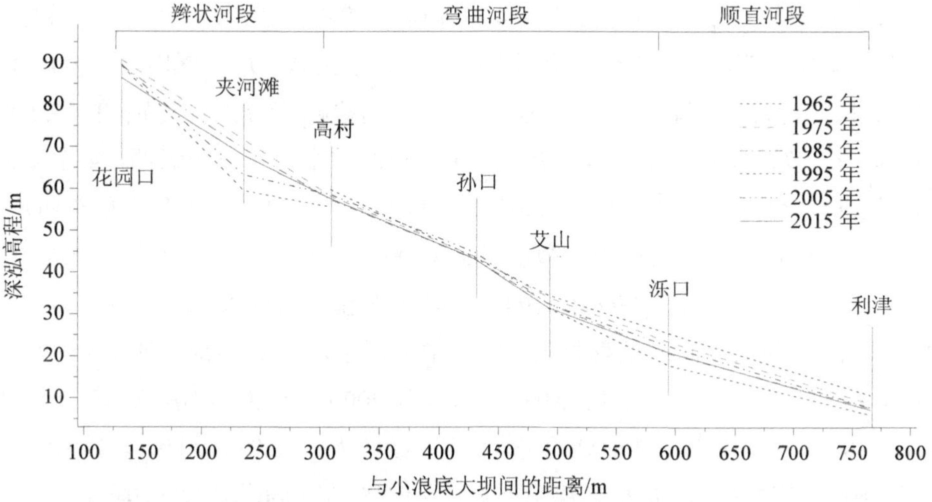

图 11-5 黄河下游不同时期以深泓点连线的纵剖面变化特征

在三门峡水库运行期间，距小浪底大坝 236.09 km 处的夹河滩断面（位于辫状河段）在 1975 年的深泓点高程较 1965 年的淤高了 20%；在这 10 年间，距小浪底大坝 491.97 km 处的艾山断面（位于弯曲河段）的深泓淤高了 8%，距小浪底大坝 593.85 km 的泺口断面（位于顺直河段）的深泓淤高了 31.3%。在 1981—1985 年间黄河下游河床整体受到侵蚀，与 1975 年的断面深泓相比，1985 年深泓点高程在河滩断面处冲刷下降了 3%，在艾山断面处冲刷下降了 4%，二者泺口断面处冲刷下降了 11.6%。

龙羊峡和刘家峡水库联合调度运行后，河床整体处于抬升状态，在顺直河段，1995 年河床深泓点高程较其余年份整体因沉积而升高。在小浪底水库运行后，由于该水库每年有计划地下泄清水，使得黄河下游的河床整体上都呈现出冲刷下降的趋势，但在中部弯曲河段的下降幅度很小。

11.4.2 深泓点沿断面的横向迁移特征

由图 11-6 可见，在 1965—1973 年间的三门峡水库滞洪排沙运行期，黄河下游花园口、高村、泺口和利津 4 个典型断面的平均深泓指数（T）公式（11-3）分别为 0.14、0.13、0.02、0.14。在 1967—1968 年间，花园口和高村断面的深泓点向右偏移量最大，其偏移率分别为–34.41%和–7.39%。在 1974—1980 年间的三门峡水库蓄清排洪期，上述 4 个河道断面的平均深泓指数（T）分别降至 0.08、0.09、0.02、0.13，深泓点相较于上一时段向右平均偏移幅度分别占河宽的 45.22%、26.15%、12.57%和 11.06%。在 1981—1985 年间的水沙相对协调期，4 个断面的平均深泓指数分别为 0.13、0.11、0.02 和 0.11，较上一时期的偏移率值有所增大，河道深泓点有向左偏移的趋势，平均偏移率（ΔT）公式（11-4）分别为–0.26、–0.37、–0.43、–0.31。在 1986—1999 年间的龙羊峡水库和刘家峡水库联合调度运行期，花园口断面的深泓点向左偏移显著，但仍主要居于河道右半部，河道断面平均深泓指数（T）分别为 0.25、0.11、0.03、0.11。在 2000—2015 年小浪底水库下泄清水的主控期，上述 4 个典型断面处的平均深泓指数分别为 0.21、0.10、0.03 和 0.14，其中在河道较宽的花园口断面其深泓点略向左偏移，在 2000 年达到居中偏左的位置，深泓指数达 0.63，相比于上一时段左移幅度略大于全河宽的 1/2，随后向右偏移。

从黄河下游沿程分布的花园口、高村、泺口和利津断面的各深泓指数变化综合来看，除在 2000 年花园口的深泓指数大于 0.5，其深泓点位于居中偏左的位置，其余断面的深泓指数均小于 0.5，深泓点均靠近右岸。4 个断面的多年平均深泓指数分别为 0.18、0.11、0.03 和 0.14，表明在各大型水库相继建成运行以来，不同河型段的深泓点均位于河道右侧，并且大致在距离河道右岸 1/5 的河宽以内。在 1965—2015 年间，黄河下游河道深泓点偏移率的年均值 ΔT 的变化表明，大部分深泓点呈现出向右迁移趋势，向左迁移的几率和幅度都相对较小。对于河道较宽的辫状河段而言，深泓点摆动幅度相对较大。在小浪底水库运行之后，深泓点摆动幅度减小，深泓点偏移率主要集中在–2～1，河流趋于归顺。

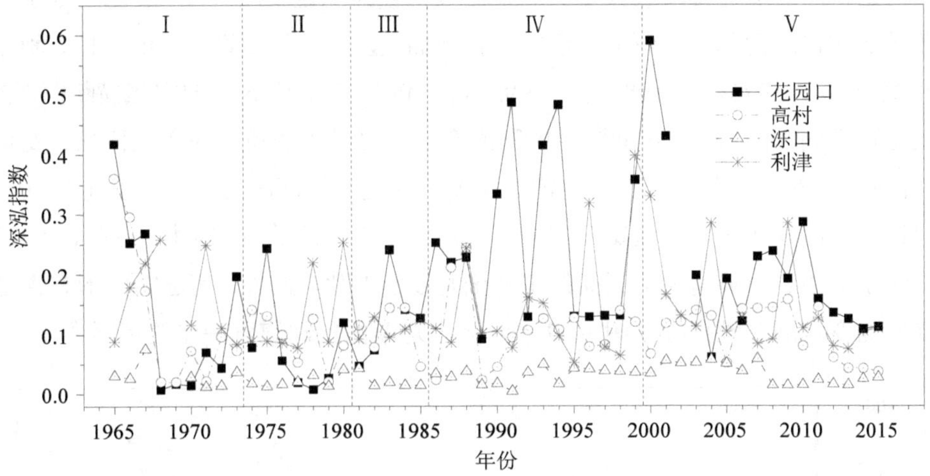

a 深泓指数

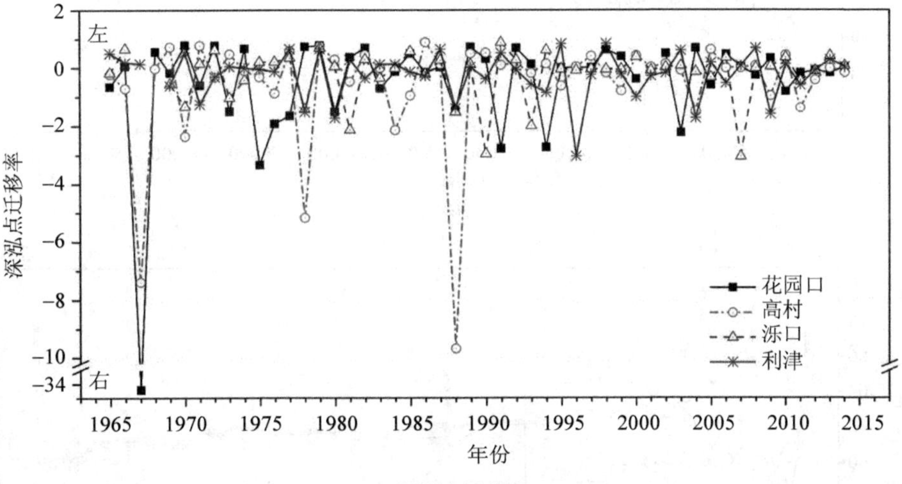

b 深泓点迁移率

图 11-6　各典型断面的深泓指数及深泓点迁移率的年际变化特征

11.4.3　不同时期典型河道横断面形变比较

黄河下游河型段的河道横断面变化是不同的（图 11-7），其中辫状河段易冲易淤，河道横断面变化幅度较大，而顺直河段则较为稳定。图 11-7 展示了处于辫状河段的花园口断面和处于弯曲河段的高村断面，以及位于顺直河段的泺口、利津断面在 1965 年、1975 年、1985 年、1995 年、2005 年和 2015 年的实测横断面形态，对比上述不同断面以 10 年间隔期的断面套绘图可以了解断面的变化特征和变化趋势。主河槽面积的变化实际上是由河道宽度和河道平均深度的变化而引起的，因此，在对比横断面变化时，河道宽度和深度是需要重点关注的典型指标，图 11-8 进一步展示了上述 4 个典型河道断面的主河槽宽度的变化。此外，河道断面形态也是反映横断面变化的关键指标，图 11-9 展示了上述断面的河道宽深比的年际变化率。

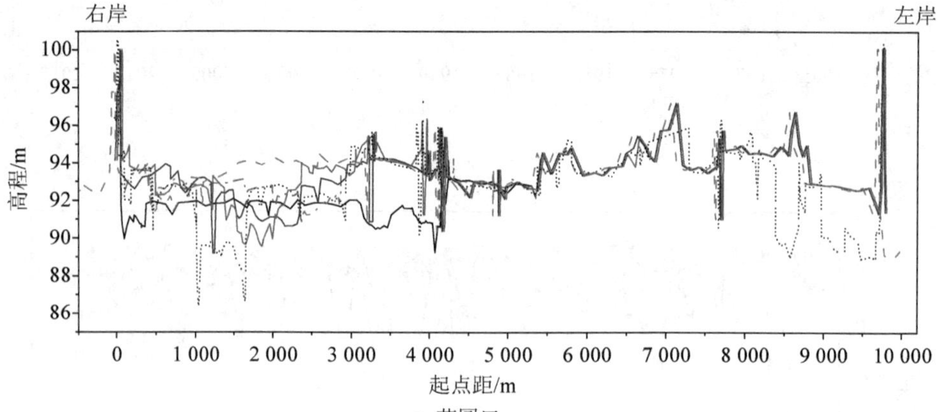

a 花园口

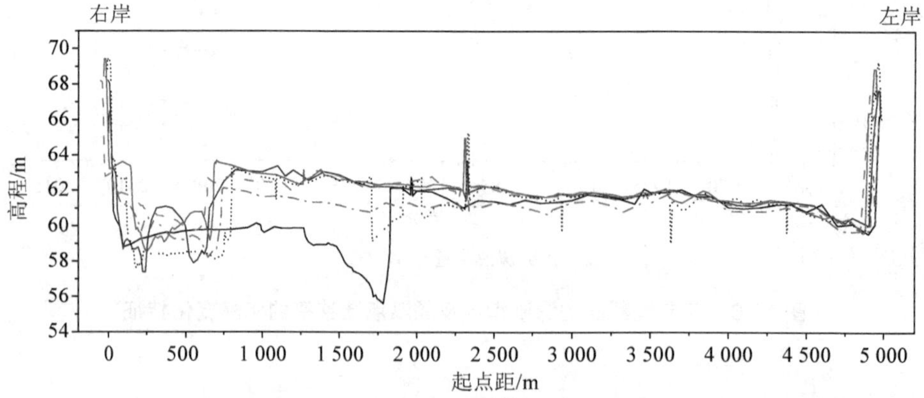

b 高村

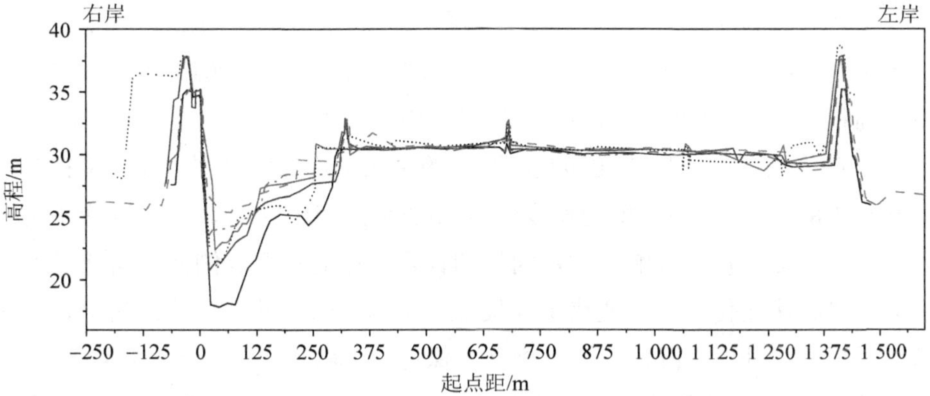

c 泺口

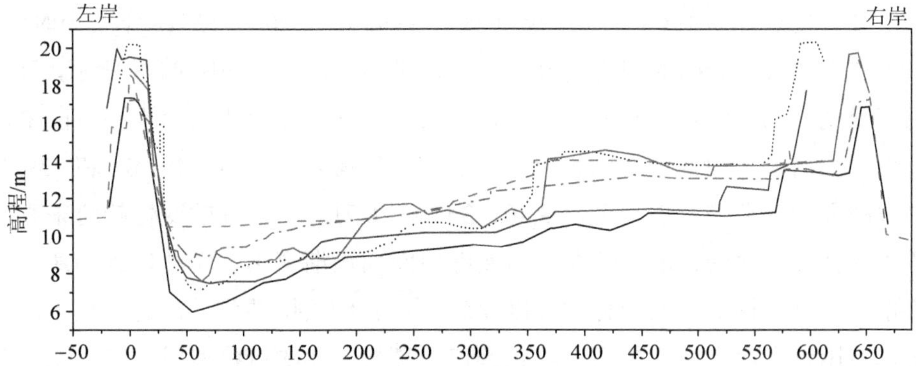

d 利津

图 11-7　黄河下游典型横断面演变趋势

花园口的河道横断面在 1965—2015 年间经历了抬升、侵蚀、再抬升、再侵蚀的变化过程（图 11-7a），河岸受到侵蚀，横断面拓宽显著，主流线摆动不定。1965 年主河槽位于河道右侧，宽度达 4 102.4 m；在 1965—1973 年间其主槽平均深度减小，逐渐淤高为浅河槽。左岸在护岸工程防护下不易遭受水流侵蚀、保持相对稳定态势，主河槽整体向右移动。在 1975 年时河道宽度由先前的 4 120.4 m 缩减至 2 807 m。

高村河道横断面处于弯曲河段入口处，受到横向环流的作用易发生侧向迁移（图 11-7b），河道在一定程度上表现出辫状河段的特征。主河槽在 1965 年时位于距右岸 1 000～2 000 m，随着时间的推移和深泓的迁移，至 1975 年时则处于距右岸 1 000 m 之内，侧向迁移的幅度高达 64.84%。在 1975—2015 年间，该横断面的主槽高程发生较大变化，而横向范围基本保持不变。

处于顺直河段的泺口断面和利津断面的主槽平均深度分别主要集中在 2.86～7.36 m 和 1.89～5 m，而主槽的宽度变化范围较小（图 11-7c、d）。这些断面的两岸受到人工大堤防护的影响较大，河岸的稳定性相对较高、侧向移动范围小，滩地也无明显起伏变化，河床变化主要集中在主槽河床区域，尤其在利津断面处，河床近于平行抬升或下降，河道宽度基本保持不变状态。

依据黄河上游龙羊峡水库和中游末段的小浪底水库的建设完工时间节点将整个研究时期划分为 1968—1985 年、1986—1999 年和 2000—2015 年三个时间段，黄河下游上述典型断面的河道宽度在这些时段的变化特征如图 11-8 所示，可以发现主河槽宽度的变化幅度和平均宽度都有较大差别。在上述三个不同时段中，花园口断面主河槽平均宽度变化的标准差最大，分别为 801.93、483.01 和 339.22，而泺口断面的标准差最小，仅为 8.40、3.97 和 6.71。从沿程的变化趋势来看，主河槽平均宽度变化的标准差从花园口到泺口断面逐渐变小，而泺口到利津断面的有所增大。主河槽宽度的变化的标准差越大，表示数据越分散，这反映主河道宽度变化范围最大，因此，黄河下游花园口至高村断面的辫状河段其河道宽度变化最为剧烈，这是这段河道的河岸易于遭受水流侵蚀而拓宽的结果。在 2000—2015 年间，这些断面的河道宽度变化标准差最小，表明河道侧向摆动幅度最小，小浪底水沙调控使得河流垂向有所刷深，侧向变动相对减弱。

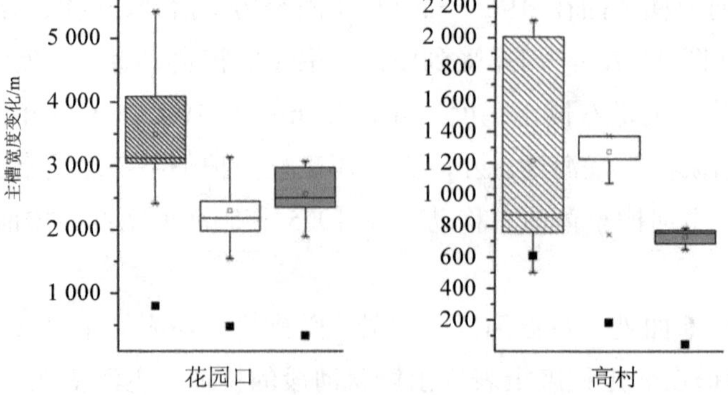

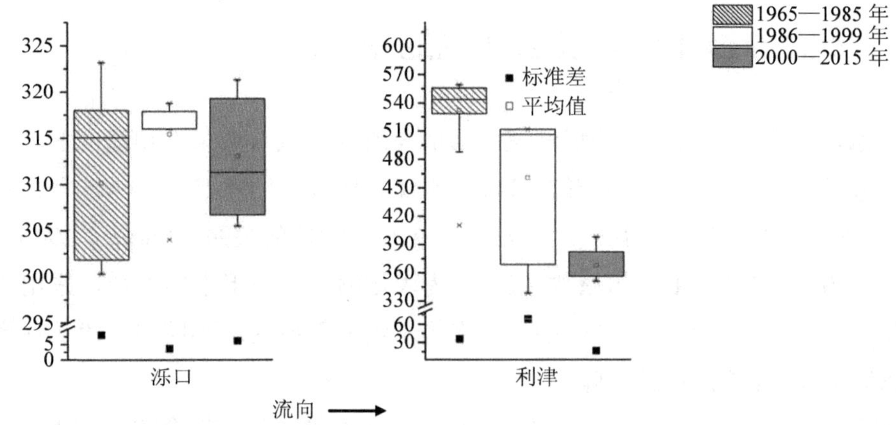

图 11-8　黄河下游典型断面的主河槽在不同时段的变化范围和标准差及平均值

由断面主河槽的宽深比年际变化可见（图 11-9），辫状河段花园口断面的主河槽宽深比的变化率远大于顺直河段的泺口和利津断面的。花园口与高村断面宽深比阶段性变化有着较好的一致性，在 1965—1973 年间主河道宽深比变化率均值为正，河道展宽。此后，花园口、高村断面与泺口、利津断面宽深比的多年平均变化速率呈现相反态势。在 1986—1999 年间，河道宽深比总体上明显减小。自小浪底水库建成运行以来，下游河道的河床有所冲刷、河道深度有所增大，河道从严重萎缩状态转变为过流输沙能力的逐渐恢复状态。

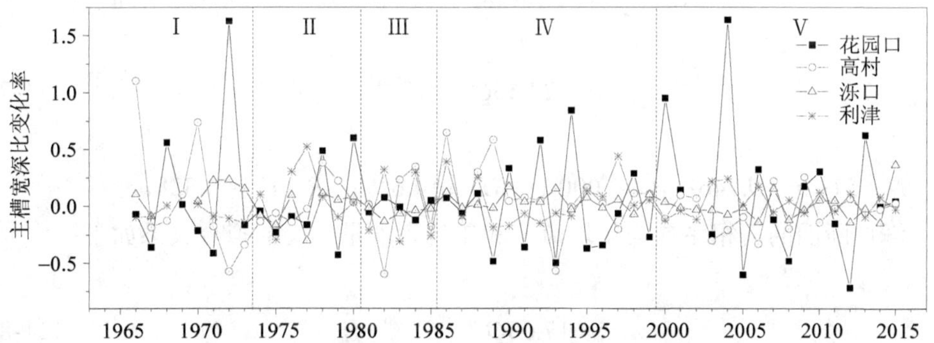

图 11-9　黄河下游各断面主槽宽深比变化率

11.5 断面形态随流量及含沙量的变化规律

在水流的长期作用下，冲积河流会形成与所处区域自然条件相适应的动态平衡的河道断面形态。河道断面形态参数（水深、比降、河宽等）与水沙特征参数（流量、流速、含沙量、粒径等）间常常存在某种特定的关系（Lacey，1946；谢鉴衡，1990）。这里采用河相系数（ξ）作为表达河道断面形态的参数，采用年均流量和年均含沙量作为水沙过程参数，来揭示黄河下游河道不同河型段的河道断面形态对水沙过程的响应机制。

花园口断面的河相系数与年均流量和年均含沙量之间的拟合关系如下：

$$\xi = 8.15Q^{0.042}S^{0.352} \tag{11-6}$$

公式中，ξ 为河相系数（$m^{-1/2}$），其计算公式为 $\xi = W^{1/2}/H$，这里的 W 为平滩宽度（m），H 为主槽平均水深（m）；Q 为年均流量（m^3/s）；S 为年均含沙量（kg/m^3）。拟合方程的数据组数（N）为 50，复相关系数（r）为 0.758，显著性水平（P）小于 0.000 1，计算值与实测值平均相对误差（RE）仅为+6.67%。对花园口断面河相系数计算值与实测值两组样本数据进行配对样本 T 检验，双侧 P 值（Sig）为 0.320，大于 0.05，说明两组数据间并无显著性差异。

高村断面的河相系数与年均流量和年均含沙量之间的拟合关系如下：

$$\xi = 28.53Q^{-0.300}S^{0.463} \tag{11-7}$$

$N = 51$；$r = 0.746$；$P < 0.000\,1$；$RE = +4.61\%$；$P(t) = 0.328$。

泺口断面的河相系数与年均流量和年均含沙量之间的拟合关系如下：

$$\xi = 17.00Q^{-0.271}S^{0.070} \tag{11-8}$$

$N = 49$；$r = 0.574$；$P < 0.000\,1$；$RE = +1.33\%$；$P(t) = 0.585$。

利津断面的河相系数与年均流量和年均含沙量之间的拟合关系如下：

$$\xi = 4.26Q^{-0.058}S^{0.283} \tag{11-9}$$

$N = 50$；$r = 0.675$；$P < 0.0001$；$RE = +2.82\%$；$P(t) = 0.474$。

上述方程中系数与常数项均通过了显著性检验，且四个断面处的计算值与实测值样本数据间均无显著性差异，拟合方程可以接受。在公式（11-6）中，流量（Q）的指数为正值，河相系数与流量间呈现正相关关系，表明随着流量的增大，河道宽度的变化量大于深度变化量，河相系数增大。在公式（11-7）～公式（9）中，流量（Q）的指数为负值，河相系数与流量间呈现负相关关系，表明随着流量的增大，河道深度的变化量大于宽度变化量，河相系数减小。在公式（11-6）～公式（11-9）中年均含沙量指数均为正值，含沙量与河相系数之间呈正相关；年均含沙量的指数整体上大于年均流量的指数，表明含沙量对河道断面形态的影响比年均流量的要大。

图 11-10 给出了河道断面面积的调整与河道宽度和深度之间的拟合关系。在辫状河段的花园口断面，其断面面积与河道宽度之间线性关系的决定系数（R^2）为 0.854，拟合度较其与平均深度之间拟合关系的决定系数高，表明河道断面面积的变化与河道宽度的变化更为密切。在弯曲河段入口处的高村断面，河道断面面积与河道宽度、平均深度之间线性拟合关系的相关系数均偏低。而在稳定性极高的顺直河段的泺口断面处，河道面积与平均深度之间线性拟合关系的决定系数高达 0.972，表明该断面面积的变化主要是通过河道深度变化来实现的。而对于同样处于顺直河段的利津断面来说，其断面面积的变化趋势呈现出一定的阶段性，在 1965—1985 年、1986—1999 年和 2000—2015 年三个时期，其河道断面面积与平均深度线性拟合关系的决定系数分别为 0.917、0.554、0.941，其中在 1965—1985 年间二者间线性拟合关系的斜率大于在 1986—1999 年间的，而在 2000—2015 年间二者线性拟合关系的斜率最小，表明这一时期河道断面面积随河道平均深度变化的幅度有所减小。

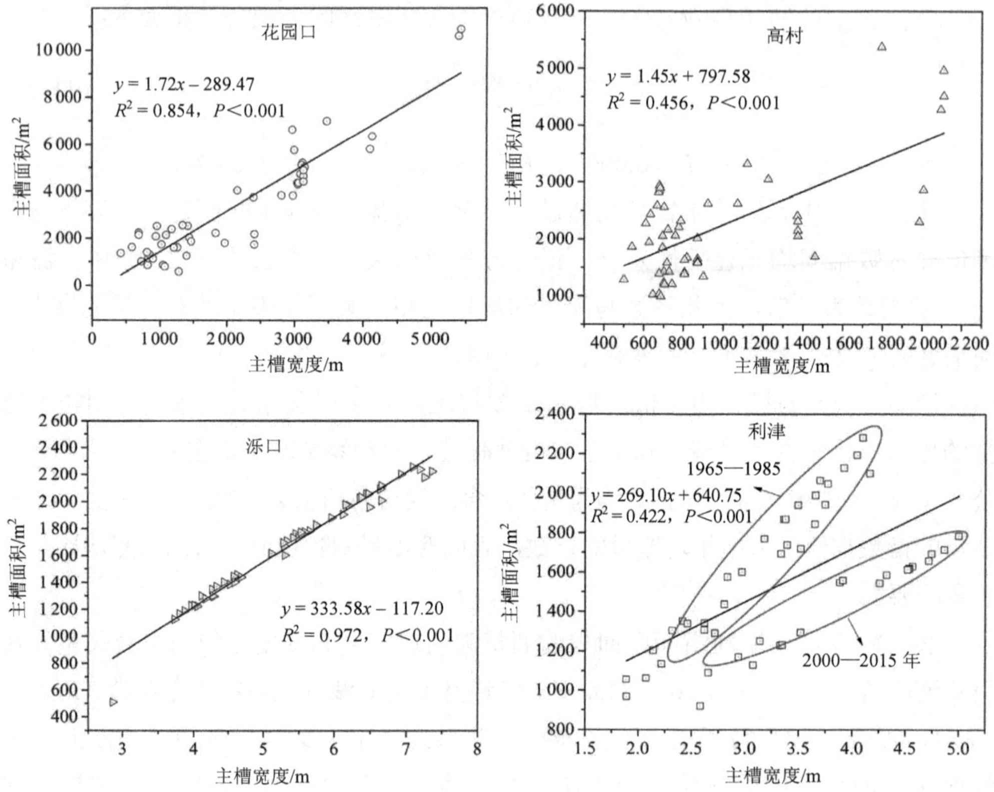

图 11-10　典型水文站河道断面面积与河道宽度或深度之间的线性拟合关系

11.6　水库水沙调控模式对河道演变的影响

11.6.1　水库运行方式对水沙过程的影响

作为黄河主河道上的大型水库，三门峡、刘家峡、龙羊峡和小浪底等分别于 1960 年、1968 年、1986 年和 1999 年依次建成，其不同的蓄水拦沙行为及组合运行模式逐渐改变了黄河下游天然的水沙输移过程，水库蓄水拦沙的运行造成的水沙过程和水沙关系发生了变化，从而引起黄河下游河道平面形态、断面形态以及泥沙粒径大小均发生了明显变化。

随着大型水库的依次建成，黄河下游年径流量与输沙量总体上呈现出变小趋势（图 11-2），其中径流量和输沙量降低的幅度之间存在差异，从而影响到下游水沙组合发生变化（Wang et al.，2011）。年均来水量的减少是导致黄河下游河道发生显著变化的主要原因。由于水库的滞洪削峰作用，该河段日均流量超过 3 000 m^3/s 的发生频率由 1981—1985 年的 13%以上降低为 1986—1999 年的 2%以下。Chu 等（2009）的研究结果表明，1959—2007 年间大型水库对入海泥沙减少量的贡献率达到 51%。可见，水库的运行对黄河下游来水来沙变化起到至关重要的作用。

通常，高含沙洪水对河道地貌形态的改造作用远远大于低含沙水流的（Wang et al.，2010）。反映单位流量下含沙量大小的来沙系数可作为衡量黄河下游河道冲淤变化的一种重要水沙指标。来沙系数偏高河流可能处于过载状态，河床则发生淤积抬升；反之，河床则发生侵蚀下切。来沙系数变化引起的河道冲淤变化最终会反映在河道断面形态的变化上。

1965—1973 年三门峡水库滞洪排沙，在滞洪期，粗颗粒泥沙淤积在库中，排沙量减小。在洪水期之后排出泥沙，虽有 1.47 km^3 的泥沙沉积在库中（Chu，2014），但仍然有相当多的悬移质泥沙被输送至下游地区，下游含沙量仍较高，"小水含大沙，小水携粗沙"的现象时有发生，致使该时段下游河段总共淤积 21.68 亿 m^3 泥沙（含利津以下），河床纵剖面（图 11-5）抬升最为显著（Xu，2004a；陈建国等，2014）。大量泥沙的淤积引起再造床过程，导致该时段河道横断面上深泓点摆动幅度较大（图 11-6）、主河道摆动频繁（图 11-7）。

1974—1980 年三门峡水库在非汛期保持高水位（315～320 m）运行来储蓄清水，在汛期则保持低水位（302～305 m）状态释放高含沙洪水（图 11-4），使非汛期淤积在库区和下游主槽的部分泥沙与中游来沙一起下泄（Wang et al.，2007）。黄河下游的来沙系数整体偏低，河道断面形态相对上一时段变化较小。

1981—1985 年三门峡水库仍有水沙调控能力，但是调控强度和其影响程度已经非常有限，上游的来水偏丰，来沙系数继续降低，此时，含沙相对较低的洪水在黄河下游河道的拓宽或加深的进程中占有重要地位（潘贤娣，2006），因此，河道宽深比整体上有所减小。1986—1999 年三门峡水库与刘家峡水库联合调度，显著调节了黄河下游年内与年际的水沙量，使得该河段汛期平均径流量与洪峰流量均有所减小。其中在 1986—1990 年间，下游河道总淤积量达 7.15 亿 m^3（Chen et al.，

2012），河床大幅度淤高；而在 1990—1999 年间，黄河下游平均来沙系数高达 0.049 $kg \cdot s \cdot m^{-6}$，约为冲淤平衡时的来沙系数（0.014 $kg \cdot s \cdot m^{-6}$）的 3.5 倍，中小流天数增多，不利于河道输沙（王兆印等，2006）。此外，人类对水资源的需求量逐渐增大（Xu，2002b），自水库建设以来，多个引水工程以及用于灌溉和供水的抽水站相继建成，灌溉面积日趋增加（Wang et al.，2007），下游河段年均引水量达 91.40 亿 m^3。该时段内水沙关系极不协调，断流现象极为严重，河道过水能力显著减小，主河道开始出现严重萎缩。

1999 年 10 月小浪底水库正式建成并投入使用，汛期蓄水拦沙、非汛期阶段性地释放清水冲沙的人为调控使下游径流年内波动变化相对减小。人为的有效利用水库中限制水位之上的水以及上游水库的来水，包括三门峡与万家寨水库，构成人造异重流，形成的以细砂为主的中小型水流对下游河道的冲刷起到关键性作用（Chen et al.，2012）。与小浪底水库运行之前相比，河床刷深日渐明显，河道萎缩得到初步抑制（陈建国等，2016）。

此外，自 20 世纪 60 年代以来黄河中上游流域逐渐增强的水土保持措施也是引起黄河下游河道水沙变化的重要原因之一。水土保持措施的开展以及水库的蓄水拦沙作用均使得黄河下游河道的来沙来水量减少，来水量的减少主要体现在其削洪作用（徐学选等，2000）。我国在 20 世纪 60 年代初开始，将黄土高原作为我国水土保持治理的重点区域，开展一系列的水土保持工程，包括修建淤地坝、拦沙坝、梯田，以及植林种草措施等。自 20 世纪 70 年代以来，修建梯田以及实施林草措施的开展面积迅速增加（许炯心，2004）。随着水土保持措施的实施，减沙量由 20 世纪 80 年代的 0.046 亿 t/a 增加至 90 年代的 0.171 亿 t/a，据统计，每年可减少黄河下游 1.57×10^8 t 的泥沙淤积量（冉大川，2006）。

11.6.2 水库运行方式对河道演变的影响

河流泥沙的淤积速率很大程度上取决于水库运行下河流的变异程度，包括河床物质组成、水流流速以及悬移质输沙量等。水库的运行导致进入黄河下游的水沙发生阶段性变化，有助于河床与河岸的组成物质进行再分配，从而引起河道断面沉积速率变化（图 11-11，图 11-12），致使河道断面形态（宽度、深度、面积等）相应发生变化。

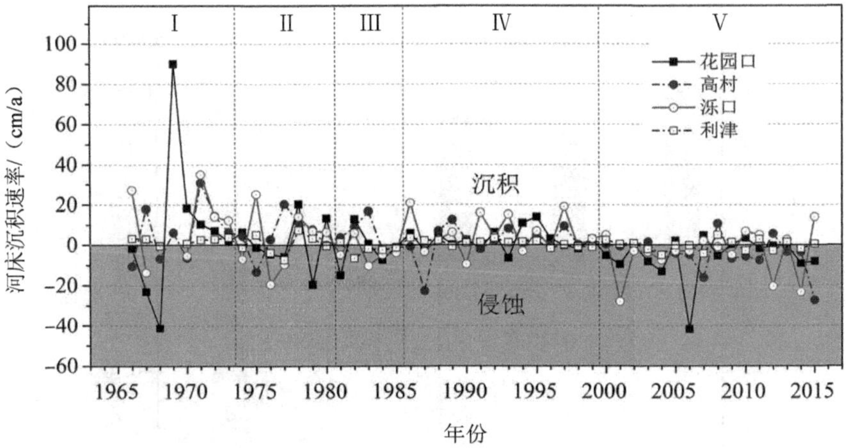

图 11-11　黄河下游典型河道断面上沉积速率的年际变化

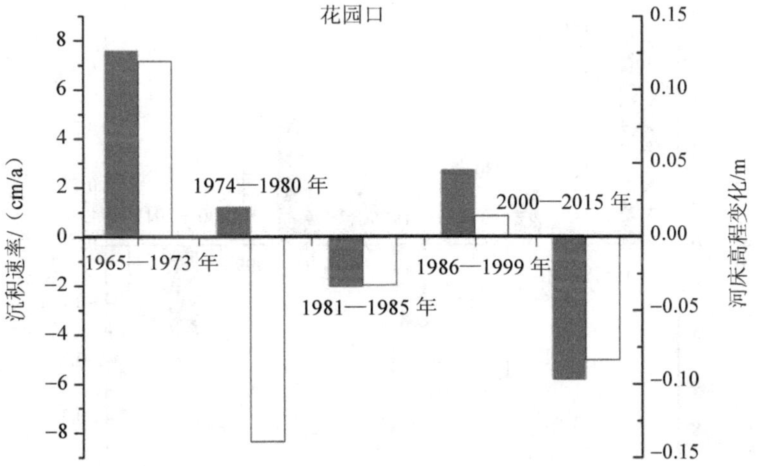

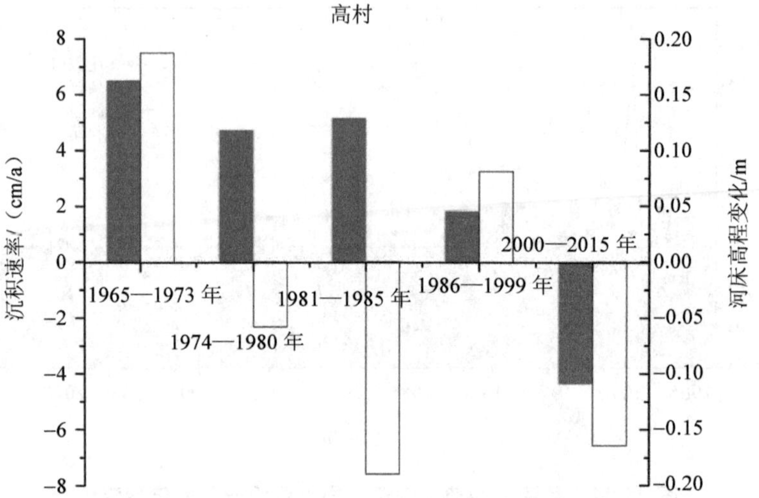
高村
沉积速率/（cm/a）
河床高程变化/m
1965—1973 年
1974—1980 年
1981—1985 年
1986—1999 年
2000—2015 年
8
6
4
2
0
−2
−4
−6
−8
0.20
0.15
0.10
0.05
0.00
−0.05
−0.10
−0.15
−0.20

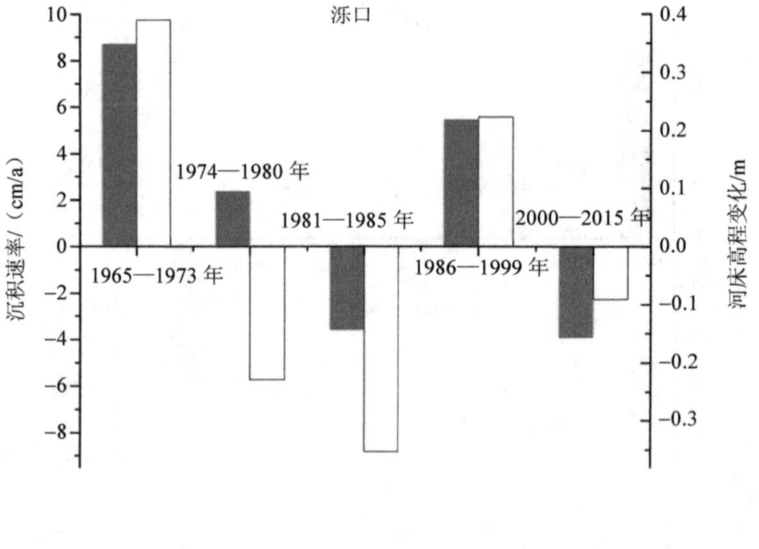
泺口
沉积速率/（cm/a）
河床高程变化/m
1965—1973 年
1974—1980 年
1981—1985 年
1986—1999 年
2000—2015 年
10
8
6
4
2
0
−2
−4
−6
−8
0.4
0.3
0.2
0.1
0.0
−0.1
−0.2
−0.3

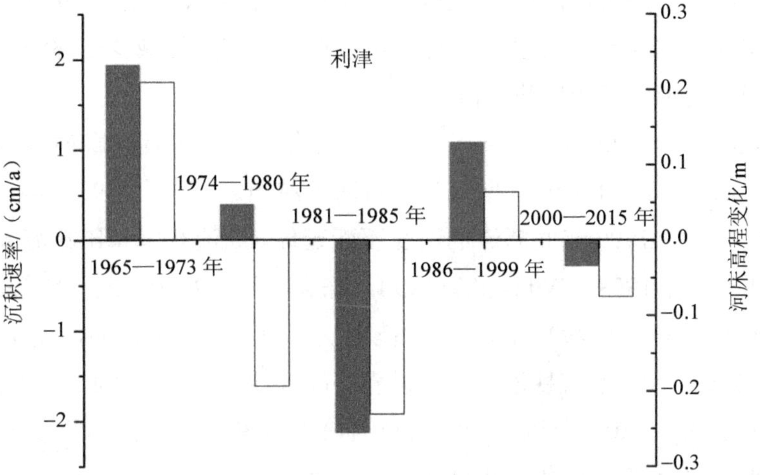

注：阴影柱状变化值为正值表示净沉积，负值表示净侵蚀。

图 11-12 黄河下游沉积速率（阴影柱状）和主槽平均深度变化（空心柱状）

尽管上述 4 个典型河道断面位于不同的河型河段，但其河道断面沉积速率对来水来沙的响应则大体上保持了一致性，黄河下游普遍接受沉积，河床以淤积抬升为主（图 11-5）。河道深度是河道断面调整的一个主要的分量，不同的来水来沙将会导致河床发生侵蚀或沉积，从而影响到河道深度的变化（Ma et al.，2012）。来水来沙变化最终会反映在河道断面形态参数的变化中。

在 1965—1973 年间，河道宽度变幅大，沉积速率变化明显。在水库蓄水的调控下，大洪水历时时间减少，漫滩洪水发生频次降低，滩地淤积减少，致使河道沉积主要发生于主槽，部分河床不断淤高演变为滩地（图 11-7），与三门峡水库建成以及其“滞洪排沙”的运作方式有密切关系。同时期内，黄河下游出现了 13 cm/a 的快速沉积（Chu，2014）。在 1986—1999 年间，年内水沙发生变异，来沙系数剧增，致使河道平均宽度和深度显著减小（图 11-8），该变化与龙羊峡、刘家峡水库联合调度以及人类用水增加有紧密联系。

在 2000—2015 年间，有 2/3 的年份的各断面沉积速率小于 0，河道受到流水较为持续的冲刷，这与小浪底水库的储水在汛期大流量时被大量排出以及实施的清水冲沙运行方式有关（Xu et al.，2005）。中上游的来沙在小浪底水库大量淤积致使黄河下游发生显著性冲刷，小浪底水库的正式投入使用是自 1980 年中后期以来第一次将河道沉积转变为侵蚀，同时随着水库库容量的减少会逐渐削弱对下游的冲刷作用，河道下切幅度将会减弱。

在 20 世纪 70—90 年代，黄河下游为严重枯水期，断流现象时有发生，沉积作用较为强烈（Xu，2002b）。据统计，黄河下游山东河段自 1972 年开始出现断流情况，在 1972—1999 年间断流的河长不断延伸，断流频率和年断流天数均不断增加（程进豪等，1998；Wu et al.，1998；陈霁巍等，2000；刘昌明等，2000）。该时段断流河长平均为 292.2 km，断流范围从河口一直向上延伸，大致至泺口站。在 1986—1999 年间，水流挟沙力显著减弱，高含沙水流出现的频率增加，年均沉积速率均大于 0，在断流范围内的泺口至河口段河床淤高明显（图 11-5），泄洪排沙能力减小，河道严重萎缩（图 11-7，图 11-8）。

黄河下游河段的形成是高含沙水流与相对较低的含沙水流交替发生的产物。尽管在水库的调控下黄河下游经历冲刷时期，但是河道淤积萎缩仍未得到彻底的解决。为了更好地理解水库运行下河道的变化，还应进一步从动力沉积学角度分析不同水流强度下河流悬移质泥沙和河床质泥沙的粒度的响应特征，及其对河道沉积-侵蚀过程的影响机制。

11.7 小结

通过对黄河下游河道典型断面的河道形态参数变化及其与河相系数等的相互关系分析，揭示了水库运行对河道演变的影响，得出的主要结论如下：

（1）黄河下游河道纵剖面变化较小，主河道基本位于距右岸不到 1/5 河宽处，大部分年份河道向右摆动趋势明显。在空间上，辫状河段河道摆动幅度较大，弯曲河段次之，而顺直河段最小。这是水库的蓄水拦沙引起黄河下游上段河流含沙量降低和下段河道出现断流所导致的结果。

（2）河道断面宽度在 1965—1985 年间较大、河道摆动范围较大，在 1986—1999 年间由于水库的调控引起水沙量剧减导致河道宽度明显缩窄，河道摆动范围减小，在 2000—2015 年间由于大坝清水冲沙措施的实施使得河道萎缩程度有所减弱，河道过流能力得到一定的恢复。

（3）河道断面的河相系数与流量及含沙量之间的存在复相关关系式，河相系数的变化主要受到年均流量和含沙量的影响，且与含沙量呈正相关关系，而与径流量呈负相关关系（花园口断面除外），大坝建设和及其不同的运行方式改变了黄河下游径流量和输沙量的年内和年际分配，从而导致了黄河下游河道的冲淤调整和断面形态的变化。

第 12 章　河口淤积与水沙及河道演变关系分析

黄河以其多泥沙以及水量大幅的频繁变化而著称于世，历来受到学术界的高度关注（Long and Chien，1986；陈永宗等，1988；唐克丽，1990；景可等，1993；叶青超，1994；许炯心，1997b；赵业安等，1997；曾庆华等，1998）。近年来，自然、人文双重因素的影响导致进入黄河下游河道的水量和沙量明显减少，使得下游河道带的沉积加剧（Xu，2002a；许炯心，2003），从而导致每年进入黄河三角洲及河口的水沙量显著减少。黄河中上游气候的干旱化是影响黄河下游来水量减少的主要自然因素，而黄河干流相继建成的大型水库的蓄水拦沙、中上游水土保持工程的持续实施及面积的不断扩大，以及沿黄各灌区的引水引沙是导致黄河下游水沙减少的主要人文因素（许炯心，2010；王光谦等，2020）。进入黄河三角洲的水量和沙量的变化自然会引起黄河三角洲的冲淤变化，进而会影响到河口及三角洲区陆地面积的增减。许炯心（2002b）对黄河三角洲造陆过程中的陆域水沙临界条件进行过深入研究，并得出黄河三角洲保持冲淤平衡的来沙和来水临界条件分别为 2.78 亿 t/a 和 76.7 亿 m^3/a，其他学者也对黄河三角洲地区的临界来沙量问题进行过必要的探讨（Wang，2005；Wang et al.，2006）。另外，三角洲区陆地的进退加上水沙的演变也势必会影响到三角洲区河道几何形态的变化。本章在前人研究的基础上，侧重探讨黄河改道清水沟前后三角洲地区在保持冲淤平衡状态下的来沙临界条件的异同和现河口区冲淤平衡的临界来沙量，并对清水沟河道高程变化、比降变化与河口陆地增量的关系进行一些初步分析。这方面的研究工作和得出的一些结果有助于进一步了解黄河三角洲地区的陆地面积及河道形态的演变规律。

12.1　黄河流域输出水沙变化趋势及原因分析

利津站是黄河主干道长期进行水文观测的最下游的一个水文站，可以看作是黄河输送水沙到三角洲的控制观测站，因而，利津站水沙量的变化可以反映进入黄河三角洲水沙量的变化。本章主要分析依据三角洲边缘线的变化来反映三角洲陆地面积的增减变化，而三角洲陆地边缘线变化的观测开始于 20 世纪 70 年代，故这里选取的利津站的水沙量数据为 1961 年以来的。

自 1961—1999 年，进入利津站的年径流量呈现出明显减小的变化趋势（图 12-1a），这主要是黄河上游、下游农业灌区的大量引水作用以及上中游气候干旱化的影响（Xu，2002a）。1999 年之后，利津站的径流量有所上升，此后呈现低幅度波动中，5 点滑动平均数据变化趋势不明显，这主要是 20 世纪 90 年代黄河下游河道每年断流天数持续时间较长导致三角洲生态环境恶化、黄河用水政策做出了调整从而使得进入黄河三角洲的径流量有所恢复。

与径流量变化相似，利津站年输沙量变化在 1961—1999 年间也呈现出显著减小趋势（图 12-1b），1999 年之后呈现出较为平缓的变化特征。利津站年均流量的变化趋势与年径流量的变化趋势完全一致（图 12-1c）。

利津站年均含沙量在 1961—1999 年间波动明显，但无明显变化趋势，其平均值为 26.7 kg/m^3。20 世纪 80 年代年均含沙量相较其前后两个年代明显偏小，其平均值为 24.5 kg/m^3。1999 年之后呈现出显著变小的趋势（图 12-1d），其平均值降为 7.5 kg/m^3。显然，小浪底水库的建成拦截了黄河上中游区域的大量来沙，同时，由于水库拦蓄的径流量在发电和防汛需要下总要释放相当多的水量，而拦截的泥沙则可长期在水库中累积，使得进入黄河下游和三角洲的水沙与原来状况相比发生了明显变化，其含沙量则显著降低。

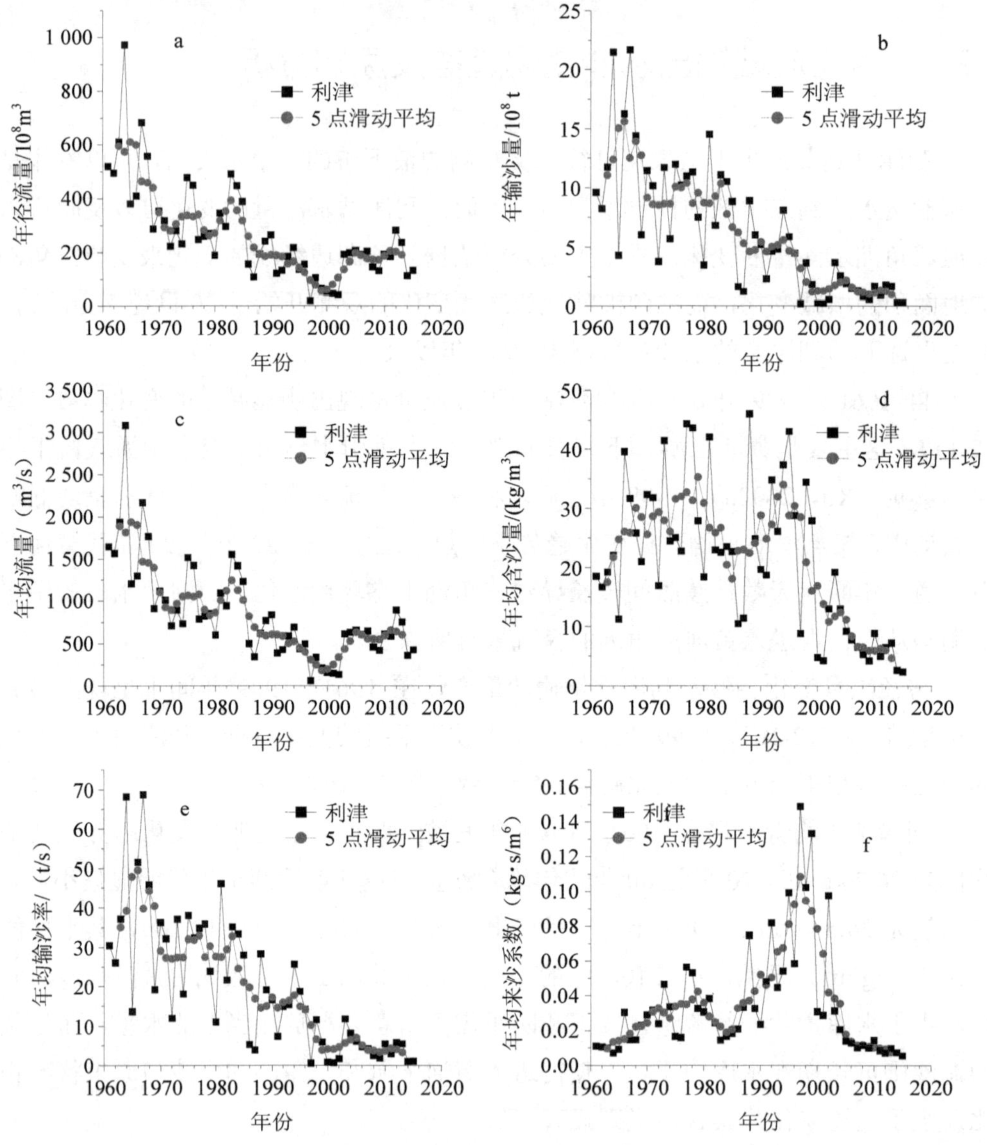

图 12-1 进入黄河三角洲的水沙量年际变化

利津站年均输沙率与年输沙量变化趋势一致（图 12-1e）。年均来沙系数在 1999 年之前具有增大趋势，之后明显减小（图 12-1f）。随着黄河流域水土保持工作的持续开展和水土保持实施面积的持续增加，中上游的来沙量逐渐变小，这会导致来沙系数的减小，但是，年均流量的显著减小则相对会引起来沙系数的增大，二者的共同作用引起利津站来沙系数在 1999 年之前呈现出波动性增加。1999 年之后，流域输出沙量虽然变化不大，但是生态需水的要求使得流域输出水量明显增加，这是该时期利津站来沙系数显著变小的直接原因。

利津站输沙量变化除了受到流域水土保持工作、灌溉引水、大坝拦蓄等导致进入下游河道的沙量减小外，还有一个不可忽视的原因是黄河下游冲积河道的泥沙冲淤变化。基于黄河干流三门峡、刘家峡、龙羊峡和小浪底等大型水库的建成年份，结合三门峡早期的水沙运行方式在不同时期的调整，利用黄河下游铁谢、花园口、高村、艾山和利津等关键水文站的年输沙量观测资料，绘制了黄河下游不同河段在不同时期的年均泥沙冲淤量和铁谢—利津的泥沙总冲淤量（图 12-2），以便了解各有关河段的泥沙冲淤变化态势，进而了解其对黄河三角洲输出沙量的潜在影响。

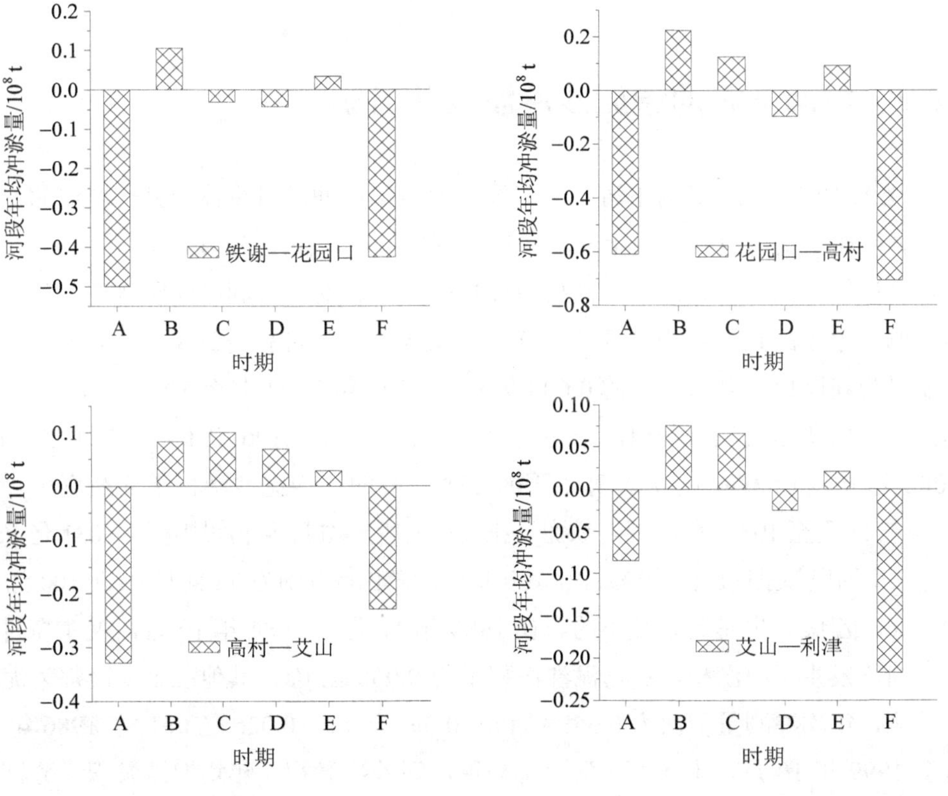

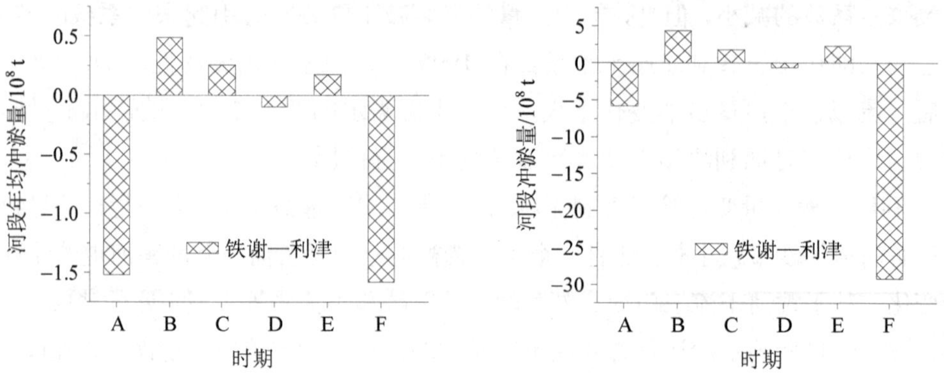

A：1960.09—1964.10；B：1964.11—1973.10；C：1973.11—1980.10；D：1980.11—1986.10；

E：1986.11—1999.10；F：1999.11—2019.04

图 12-2 黄河下游不同河段在不同时期的年均泥沙冲淤量和铁谢—利津河段泥沙总冲淤量

12.2 黄河下游河道泥沙冲淤变化分析

由图 12-2 可见，黄河下游不同河段的泥沙年均冲淤量总体上具有类似的变化趋势，但在个别时段则表现出冲淤相反的变化特征。在 1960 年 9 月至 1964 年 10 月，铁谢—花园口、花园口—高村、高村—艾山、艾山—利津河段普遍发生泥沙净冲刷现象（表 12-1），其中下游三个河段的年均泥沙冲刷量逐渐变小，最大泥沙冲刷量为花园口—高村河段的 0.608 亿 t/a。在 1964 年 11 月至 1973 年 10 月，上述四个河段普遍发生净淤积，年均泥沙冲淤量分别为 0.106 亿 t/a、0.224 亿 t/a、0.082 亿 t/a 和 0.076 亿 t/a，其中下游三个河段的年均泥沙淤积量逐渐变小。在 1973 年 11 月至 1980 年 10 月，铁谢—花园口河段年均泥沙净冲刷量为 0.031 亿 t/a，其他三个河段都呈现出泥沙净淤积，其年均泥沙淤积量分别为 0.124 亿 t/a、0.100 亿 t/a 和 0.066 亿 t/a，也是逐渐减小的。在 1980 年 11 月至 1986 年 10 月，仅在高村—艾山河段发生了净淤积，年均泥沙淤积量为 0.068 亿 t/a，其他三个河段都为泥沙净冲刷，年均冲刷量依次为 0.043 亿 t/a、0.097 亿 t/a、0.025 亿 t/a。在 1986 年 11 月至 1999 年 10 月，上述四个河段都呈现出泥沙净淤积，年均泥沙淤积量分别为 0.034 亿 t/a、0.092 亿 t/a、0.028 亿 t/a 和 0.021 亿 t/a，其中下游三个河段的年均泥沙淤积量沿程逐渐变小。

表 12-1　黄河下游典型河段在不同时期的泥沙总冲淤量　单位：亿 t

典型时段	铁谢—花园口	花园口—高村	高村—艾山	艾山—利津	铁谢—利津
1960.09—1964.10	−1.90	−2.31	−1.25	−0.32	−5.78
1964.11—1973.10	0.95	2.02	0.74	0.68	4.39
1973.11—1980.10	−0.22	0.87	0.70	0.46	1.81
1980.11—1986.10	−0.26	−0.58	0.41	−0.15	−0.59
1986.11—1999.10	0.44	1.20	0.37	0.27	2.28
1999.11—2019.04	−7.87	−13.06	−4.24	−4.03	−29.20

在小浪底建成后的 1999 年 11 月至 2019 年 4 月，这四个河段都发生了明显的泥沙净冲刷现象，其年均泥沙冲刷量依次为 0.425 亿 t、0.706 亿 t、0.228 亿 t 和 0.218 亿 t，冲刷量在下游的三个河段沿程逐渐变小。从黄河下游不同河段在不同时期的冲淤现象可见，无论是泥沙净冲刷还是净淤积，在花园口—高村河段总是最大和最明显的，这是因为铁谢—花园口河段的河床泥沙较粗，尽管这一河段的河道比降较大、水动力较强，但泥沙冲淤量并不是最大的；而花园口以下河段的河道比降逐渐变小、水动力变弱，故其以下河段的泥沙冲淤能力逐渐变弱。

从泥沙冲淤量的时段变化来看，在三门峡大坝合龙后的四年间、刘家峡水库建成后最初几年，以及小浪底水库建成后，黄河下游上述典型河段呈现普遍冲刷状态，显然，黄河干流大型水库的建成和运行对于其下游冲积河道的冲淤演变起到相当大的影响作用。实际上，黄河下游河道的泥沙冲淤直接影响到三角洲泥沙输出量变化的河段仅是艾山—利津河段，该河段如果发生泥沙净淤积或者净冲刷，则会直接影响到黄河三角洲的泥沙输出量，而其他河段的泥沙冲淤量只是河段内的变化现象，不会直接影响到三角洲的泥沙输出量，而利津水文站的输沙量实际上涵盖了艾山—利津河段的泥沙冲淤量，这表明黄河下游河道的泥沙冲淤量最终会反映在利津水文站的输沙量变化中。因此，在分析黄河三角洲陆地面积变化与水沙关系时侧重分析利津水文站的输水输沙情况，而不必考虑下游河道或者其不同河段的泥沙冲淤量。但是，在分析利津水文站输水输沙量变化的原因时则必须要考虑到这些典型河段泥沙冲淤变化。

利津水文站的水沙变化特征和变化趋势势必影响到黄河三角洲的泥沙供给的变化，从而影响到三角洲陆地面积增量的变化。下面将通过利津水文站的输沙量与三角洲陆地面积增量之间的回归分析来明确二者之间的定量关系。

12.3 不同入海河口及三角洲整体造陆面积变化

与世界上任何河流的三角洲演变一样，黄河三角洲的造陆面积也随着入海水沙量的变化而变化。黄河三角洲造陆面积和造陆速率计算值（表 12-2）（高善明等，1989）表明，黄河入海河道在改道清水沟以前的 1953—1971 年间，河口的造陆面积最小的也达到 1 830 hm^2/a 的规模，而最大的则达到 9 030 hm^2/a，显然，这样大的年造陆速率必然是大量入海泥沙所导致的结果。

表 12-2 黄河改道清水沟以前三角洲造陆及利津输沙量

河道	时段	造陆面积/hm^2	造陆速率/（hm^2/a）	输沙量/10^8 t	年均输沙量/10^8 t
古河道	1855.01—1954.12	17 500	2 300	—	—
神仙沟	1953.01—1959.12	23 700	2 900	110.78	13.56
汊河	1961.01—1963.12	18 050	7 400	26.30	10.78
钓口河	1964.01—1965.10	6 580	9 030	24.25	33.28
	1965.10—1966.10	10 580	6 580	15.66	9.74
	1966.10—1968.07	8 750	5 290	26.61	16.09
	1968.07—1970.09	1 830	4 380	26.20	12.71
	1970.09—1971.09	2 010	1 830	11.29	10.28

当黄河入海河道改道清水沟以后的 1976—1997 年间的 14 个时段内，清水沟河口因为有河流携带来自流域的悬移质泥沙的持续输入，其河口陆地面积在绝大多数时段内表现出陆地净增加，而钓口河河口仅有汛期的泛滥水流会带来一部分悬移质泥沙，在平水期因为无水流流入而缺乏泥沙来源，因而其河口在绝大多数时段表现出净冲刷，陆地面积以减少为主。三角洲整体的陆地面积变化总体上表现出以增加为主，个别时段则因侵蚀占优势而有所减少（表 12-3）。

表 12-3　黄河改道清水沟后三角洲不同时段陆地面积增量及相应时段利津输沙量

统计时段	陆地增量/10^4 hm^2			利津输沙量/10^8 t
	清水沟河口	钓口河段	三角洲整体	
1976-12-01—1977-05-10	0.0	−0.71	−0.71	0.12
1977-05-11—1981-11-21	1.45	−0.3	1.15	42.47
1981-11-22—1984-10-05	0.45	0.16	0.61	23.45
1984-10-06—1985-03-04	0.23	0.07	0.3	1.63
1985-03-05—1986-06-05	−0.11	−0.21	−0.32	7.65
1986-06-06—1987-05-07	−0.34	−0.05	−0.39	1.57
1987-05-08—1989-02-13	0.91	−0.14	0.77	14.7
1989-02-14—1991-01-02	−0.07	−0.06	−0.13	10.63
1991-01-03—1992-04-02	0.35	0.09	0.44	2.49
1992-04-03—1993-10-30	0.14	0.03	0.17	8.73
1993-10-31—1994-02-19	−0.08	−0.05	−0.13	0.34
1994-02-20—1995-03-10	0.1	−0.03	0.07	7.01
1995-03-11—1996-05-31	0.02	−0.06	−0.04	5.63
1996-06-01—1997-10-09	0.27	−0.07	0.2	4.45

注：表中各统计时段内清水沟河口及钓口河段陆地增量根据刘高焕等（2003）资料。负号表示侵蚀。

表 12-3 仅反映了不同时段的陆地增量变化，很难直观地了解造陆速率大小。下面进一步将这些不同时段换算成成间隔年数，最后求得黄河不同入海口及其三角洲整体在这些时段的年均造陆面积和相应时段的利津年均输沙量（表 12-4）。由表 12-4 可见，清水沟河口的年均最大造陆面积可达 6 970 hm^2（发生在 1984 年 10 月 6 日至 1985 年 3 月 4 日），最大年均侵蚀面积为 3 700 hm^2（发生在 1986 年 6 月 6 日至 1987 年 5 月 7 日）；而钓口河的年均最大造陆面积为 2 120 hm^2（发生在 1984 年 10 月 6 日至 1985 年 3 月 4 日），最大年均侵蚀面积为 11 830 hm^2（发生在 1976 年 12 月 1 日至 1977 年 5 月 10 日）。整个黄河三角洲的年均最大造陆面积为 9 090 hm^2（发生在 1984 年 10 月 6 日至 1985 年 3 月 4 日）。显然，1976 年发生的由钓口河向清水沟的河口改道致使钓口河河口区域在半年时间内发生了面积最大的陆地蚀减，而该时段的利津输沙量也是最小的。

表 12-4 黄河改道清水沟后不同时期三角洲年均陆地面积增量及利津年均输沙量

统计时段	年数/a	陆地增量/（10^4 hm^2/a）			利津输沙量/（10^8 t/a）
		清水沟河口	钓口河段	三角洲整体	
1976-12-01—1977-05-10	0.60	0.000	−1.183	−1.183	0.200
1977-05-11—1981-11-21	4.60	0.315	−0.065	0.250	9.233
1981-11-22—1984-10-05	3.00	0.150	0.053	0.203	7.817
1984-10-06—1985-03-04	0.33	0.697	0.212	0.909	4.939
1985-03-05—1986-06-05	1.25	−0.088	−0.168	−0.256	6.120
1986-06-06—1987-05-07	0.92	−0.370	−0.054	−0.424	1.707
1987-05-08—1989-02-13	1.75	0.520	−0.080	0.440	8.400
1989-02-14—1991-01-02	1.92	−0.036	−0.031	−0.068	5.536
1991-01-03—1992-04-02	1.25	0.280	0.072	0.352	1.992
1992-04-03—1993-10-30	1.42	0.099	0.021	0.120	6.148
1993-10-31—1994-02-19	0.31	−0.258	−0.161	−0.419	1.097
1994-02-20—1995-03-10	1.06	0.094	−0.028	0.066	6.613
1995-03-11—1996-05-31	1.31	0.015	−0.046	−0.031	4.298
1996-06-01—1997-10-09	1.44	0.188	−0.049	0.139	3.090

12.4 河口造陆面积与入海沙量之间的关系

三角洲陆地变化是三角洲来水量、来沙量、三角洲地形、沉积物结构及海洋动力等因素之间相互作用的结果。本节以实测资料为依据，重点讨论黄河河口及三角洲造陆面积变化与三角洲来沙量之间的统计关系，进而确定河口及三角洲面积总体不变时所需要的来沙量——来沙量临界数值。

黄河三角洲入海口变动频繁，仅在 20 世纪 50 年代以来，就发生过多次改道：如 1953 年 1 月至 1959 年 12 月，黄河沿神仙沟入海；1961 年 1 月改道至汊河入海；1964 年 1 月再改道至钓口河入海；1976 年 6 月又改道为清水沟入海。根据 1953—1973 年的不同时段三角洲陆地增量及其对应时段利津站输送到三角洲悬移质泥沙总量数据，分析了二者之间的拟合关系（图 12-3）。由图 12-3 可见，该时期黄河三角洲上的陆地面积增量随悬移质来沙量的增大而增大，其线性回归方

程为

$$y = -9\,873.72 + 948.57x \tag{12-1}$$

公式（12-1）中的自变量为利津输沙量（单位：亿 t），因变量为黄河三角洲造陆面积（单位：万 hm^2），二者之间的相关系数为 r=0.72。当黄河三角洲造陆面积为 0 时的利津输沙量可以看作是 1953—1971 年间黄河三角洲保持陆地面积不变时的临界来沙量。将 $y = 0$ 代入公式（12-1）可得 $x = 10.41$ 亿 t，该值是上述时期不同时段平均 2.67 年中保持三角洲陆地增量为 0 时的入海沙量（利津输沙量），换算后可得年均入海沙量 3.9 亿 t。上述结果表明，1953 年 1 月至 1971 年 9 月，黄河三角洲陆地面积保持不变时的临界年来沙量（利津年均输沙量）为 3.9 亿 t。

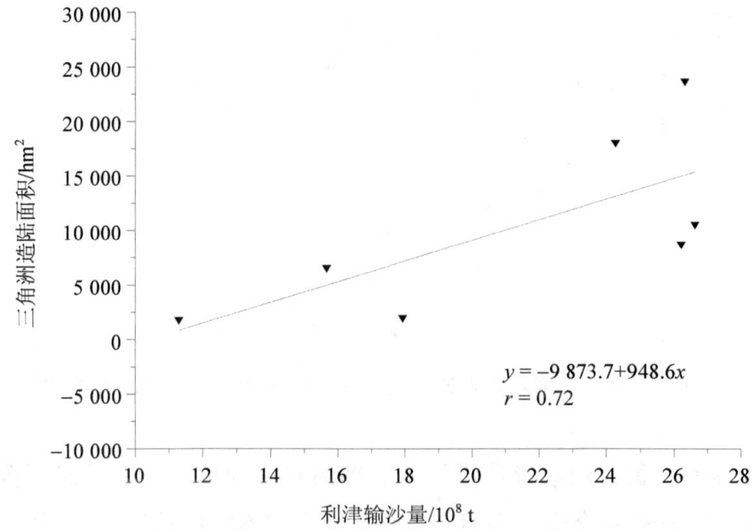

图 12-3 在 1953—1973 年间黄河三角洲陆地面积变化与利津相应时段总输沙量之间的关系

根据黄河在清水沟入海期间内的 1976 年 12 月 1 日至 1997 年 10 月 9 日的观测资料，清水沟河口的陆地增量与相应时段三角洲悬移质来沙量的关系如图 12-4 所示。显然，它们也呈较好的线性关系，拟合的回归方程如下：

$$y = -0.07 + 0.03x \tag{12-2}$$

公式（12-2）中的自变量为利津输沙量（单位：亿 t），因变量为清水沟河口造陆面积（单位：万 hm^2），二者的相关系数高达 0.83。假定当 $y = 0$ 时可求得 $x = 2.33$ 亿 t，即在上述时期，当清水沟河口陆地面积保持不变的冲淤平衡状态下，黄河三角洲所需要的各时段平均年份内临界来沙量为 2.33 亿 t，该值是上述 14 个时段平均 1.51 年的输沙量，换算后可得所需要的年均输沙量为 1.54 亿 t。也就是说，为维持上述时期清水沟河口的陆地面积不变时所需要的入海临界输沙量（利津站临界输沙量）为 1.54 亿 t/a。

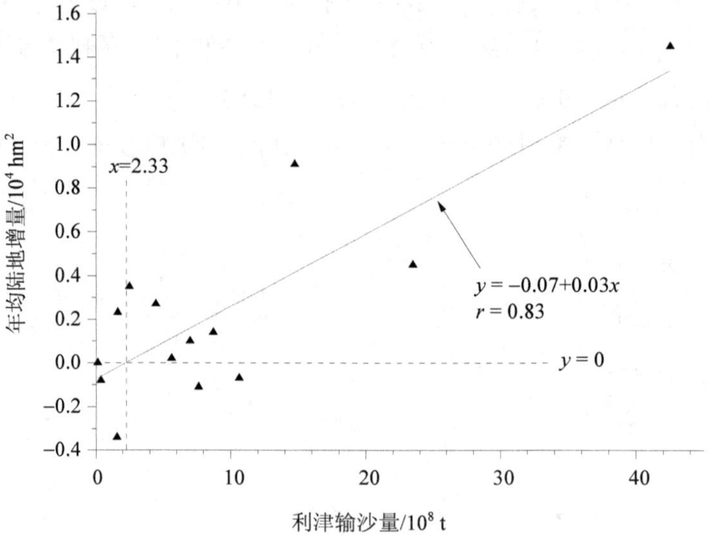

图 12-4 1976—1997 年清水沟河口造陆面积与利津相应时段悬移质输沙量之关系

上述临界输沙量仅仅能够维持给定时期清水沟河口地区的冲淤平衡，如果考虑到钓口河河道已经完全废弃并且彻底断流和停止输沙的情况下，其河口总体上经受着滨海带波浪的不断冲刷侵蚀，三角洲整体维持陆地面积不变的临界输沙量会有所增大。要研究该时期黄河三角洲总体的演变特征，可以用相应时期清水沟河口和钓口河河口区的陆地面积的总变化量来大致表示黄河三角洲的陆地面积的变化情况，因为除了这两个河口地区外，三角洲其他滨海带的陆地由于经历了较长时期的冲淤演变，沉积物粒度及沉积微地貌与滨海带的水动力之间已经形成了相互适应的协同状态，其海岸带和陆地面积变化量大体上处于动态平衡状态。同时期不同时段黄河三角洲陆地面积变化量与相应时段入海沙量（利津输沙量）之间的线性拟合关系如图 12-5 所示。

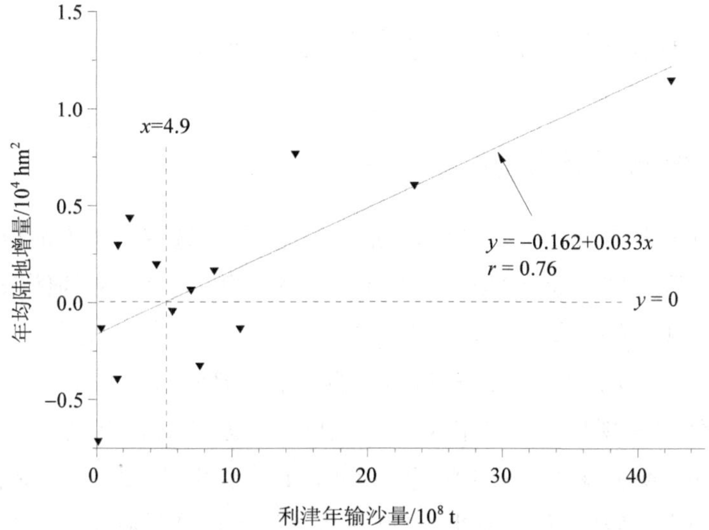

图 12-5　1976—1997 年三角洲陆地增量与利津悬移质输沙量之关系

图 12-5 表明，1976 年 12 月 1 日至 1997 年 10 月 9 日，黄河三角洲陆地面积变化量与相应时段利津入海沙量之间也存在明显的正相关性，拟合的线性方程为：

$$y = -0.162 + 0.033x \tag{12-3}$$

公式（12-3）中的自变量为利津输沙量（单位：亿 t），因变量为黄河三角洲造陆面积（单位：万 hm^2），二者的相关系数为 0.76，表明其线性关系较好。假定三角洲区在这一时期内不同时段的平均造陆面积为 0，即 $y = 0$ 时，为了保持三角洲陆地面积的动态平衡所需要的来沙量为 4.9 亿 t。同样地，考虑到这一输沙量值是在平均时长为 1.51 年内所需要的，故经过年份换算后可得年临界输沙量为 3.25 亿 t。显然，随着黄河入海口由钓口河改道为清水沟，黄河三角洲为达到冲淤平衡而所需要的临界来沙量由先前的 3.9 亿 t/a 降低为 3.25 亿 t/a，大致下降了 17%。

12.5 三角洲造陆面积与河道演变的关系

12.5.1 三角洲河道横剖面演变特征

为了分析黄河三角洲区域的河道断面演变特征，选取清水沟河道上距离利津水文站河道长度分别为 50.53 km 和 75.43 km 的大断面 Q1、Q6 为例来分析河道断面的演变特征和趋势（图 12-6，图 12-7）。

由图 12-6 可以看出，黄河三角洲上的清水沟河道 Q1 断面在 1976—1997 年间的演变总体上表现出主河道和河漫滩地的逐渐加积升高和河道的侧向摆动为主，河道宽深比明显变小。清水沟 Q6 断面也具有类似变化特征（图 12-7）。随着近年来人工河堤的修筑以及 20 世纪 90 年代入海径流量的减小，河道宽度以及河道侧向摆动幅度也明显变小了，这表明在人类活动诸如加固河堤和河滨造林等的影响下，清水沟河道的相对稳定性增大了。

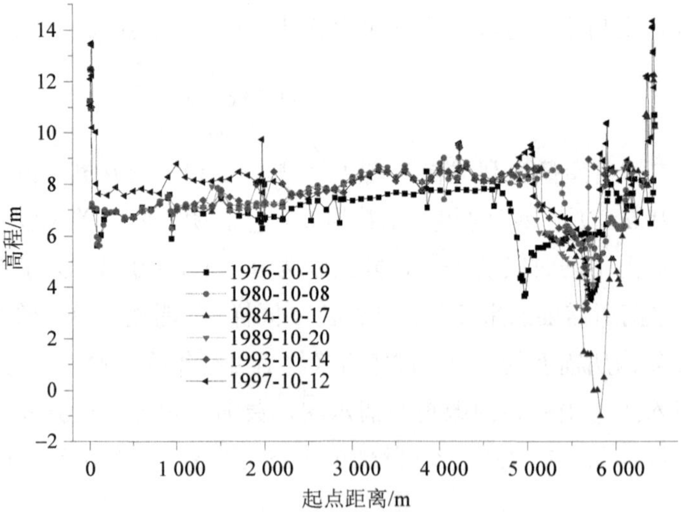

a 清水沟 Q1 河道断面

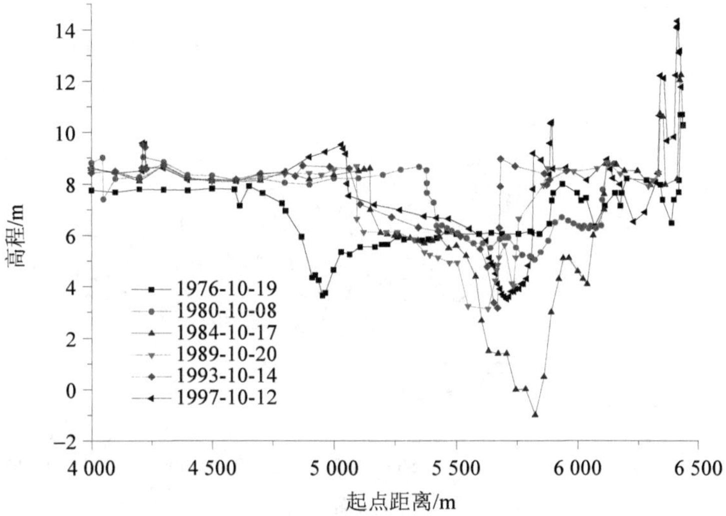

b 清水沟 Q1 河道断面主部

图 12-6 黄河三角洲上清水沟河道 Q1 断面的演变特征

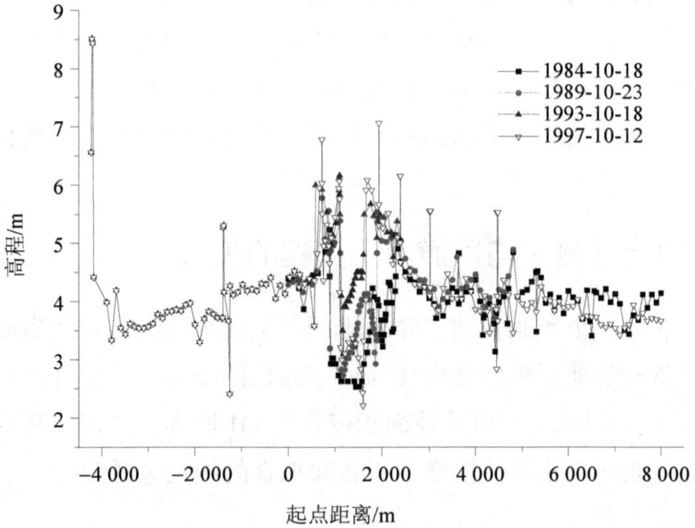

a 清水沟 Q6 河道断面

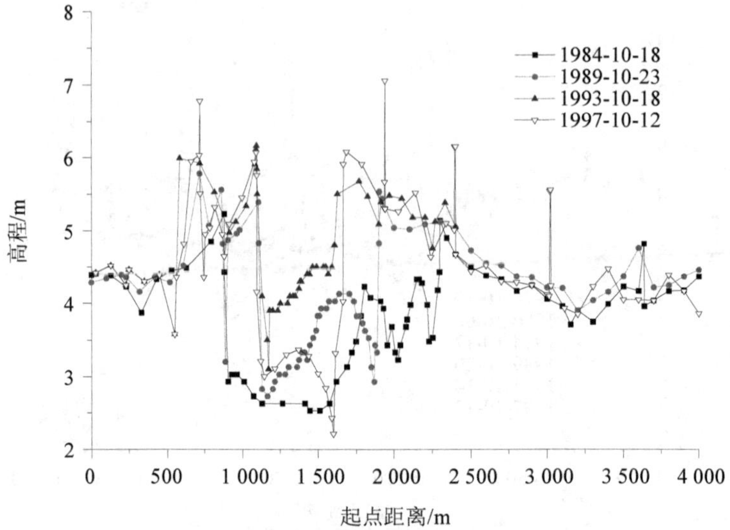

b 清水沟 Q6 断面主部

图 12-7　黄河三角洲清水沟河道 Q6 断面演变特征

显然，以 Q1 和 Q6 河道断面为代表清水沟河床的差异性沉积升高不但会影响到本身的形态变化，而且会影响到该河段河道比降的变化，进而会影响到其河道输沙能力的变化，这最终势必会影响到河口区陆地面积的变化。下面，将进一步分析该河段大小断面的河道深泓高程的变化与清水沟陆地面积变化之间的潜在关系。

12.5.2　河口陆地变化与河道深泓高程的关系

前节已经指出，近年来黄河三角洲上的河道的加积升高是河道演变的主要趋势之一，而三角洲陆地面积增量变化与河道高程的变化之间也许存在着内在的联系。图 12-8a 表明，清水沟河口陆地面积变化与 Q1 断面河道深泓高程呈正相关关系，相关系数为 0.76，相关性较好。二者间拟合的线性关系为：

$$y = -4.08 + 1.75x \quad (12\text{-}4)$$

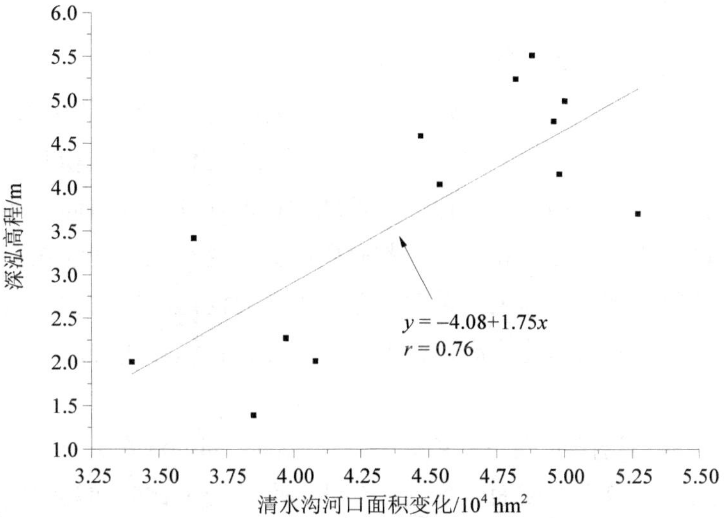

a 清水沟 Q1 断面

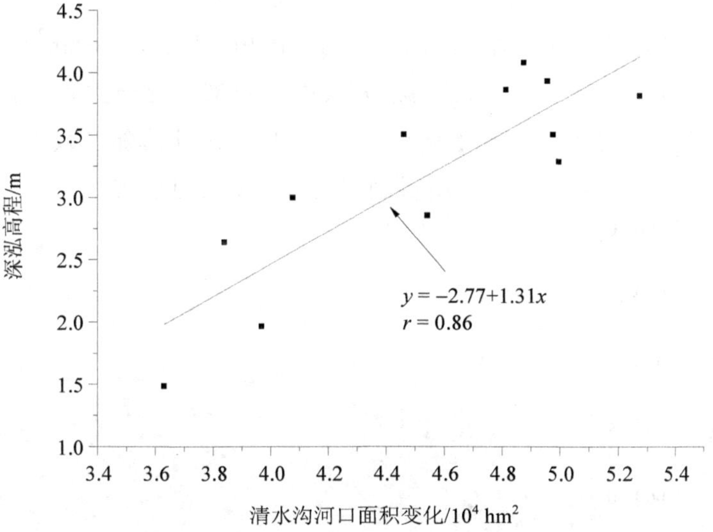

b 清水沟 Q6 断面

图 12-8　清水沟河道深泓高程与河口陆地面积变化间的关系

黄河三角洲清水沟 Q6 断面的河道深泓高程与清水沟河口的陆地面积变化之间同样呈现出良好的正线性关系（图 12-8b），拟合的线性方程为：

$$y = -2.77 + 1.31x \tag{12-5}$$

公式（12-5）中的自变量为深泓高程（单位：m），因变量为清水沟河口造陆面积（单位：万 hm^2），二者的相关系数为 0.86，相关性较 Q1 断面的更高。

显然，河口陆地面积的增加有利于三角洲上河道深泓的加积升高，这体现了近河口区河流地貌演变的内在规律性：陆地面积增加使得河口向海洋延伸，在此过程中近河口区的河道比降和水动力都有所降低，这有利于泥沙在河床沉积，导致河道深泓淤积升高。实际上，黄河三角洲上入海河道经常发生的入海流路变化就是河床因泥沙沉积而迅速升高，天然堤因不能抗拒汛期洪峰的冲刷作用而发生的改道现象。

下面分析河口造陆面积与三角洲上河道比降之间的潜在关系。清水沟河口造陆面积与清水沟河道固定断面一号坝—鱼洼河段的河道比降间具有较为明显的负相关性（图 12-9），拟合出的线性关系为：

$$y = 0.00018 - 0.000\,018x \tag{12-6}$$

公式（12-6）中的自变量为清水沟河口的造陆面积（单位：万 hm^2），因变量为给定河段的河道比降（m/m），二者的相关系数为−0.32。这一关系式表明，随着清水沟河口陆地面积的增加，一号坝至鱼洼河段的河道比降随之减小，这一拟合关系符合河口区河流和海洋相互作用机制和河道演变的自然规律。

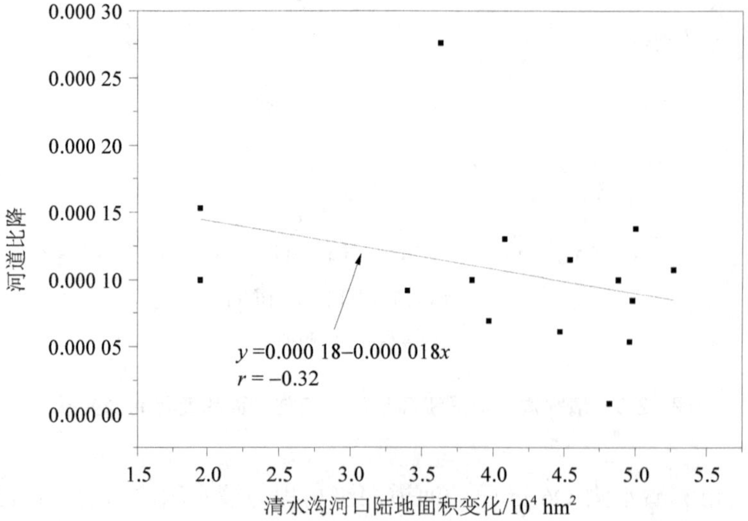

图 12-9　清水沟河口造陆面积与断面一号坝至鱼洼河段河道比降之间的关系

12.6　入海输沙量临界值的适用性分析

12.6.1　输沙量临界条件及其适用性

进入黄河三角洲的年悬移质输沙量的阶段性递减趋势导致了三角洲及河口区造陆面积的阶段性变化，输沙量和陆地增量之间存在着明显的正相关关系，但是，在入海河道改道清水沟前后的时段内，黄河三角洲维持陆地面积动态（即面积零增减）平衡所需要的利津站临界输沙量却存在着较大差异：在 1953—1971 年间，利津临界输沙量为 3.9 亿 t/a；而在改道清水沟后的 1976—1997 年间，利津临界输沙量为 3.25 亿 t/a。如果仅仅考虑清水沟河口陆地面积增减为零的动态平衡问题，则所需要的利津临界输沙量为 1.54 亿 t/a。显然，在讨论三角洲的临界输沙量时不可避免地涉及到入海河道的变化以及所讨论的三角洲区的范围。首先，入海河道的不同导致三角洲上河道比降的不同，从而导致三角洲上河道及河漫滩泥沙沉积量的不同，其结果使得真正进入河口的输沙量也将不同；其次，不同入海河道对应的河口水下三角洲地形由于差异沉积作用而有所不同，因而在潮流和沿岸流基本相似的海洋动力条件下其冲淤表现也将不尽不同，从而维持陆地面积不变时所需要的临界输沙量也就不同。

前面计算的入海（利津）输沙量临界值都是有其先决条件的。首先，不同时期的年入海输沙量不同，总体上具有明显减小趋势，因而，为适应变化了的输沙量这一自变量的调整，河口或者三角洲造陆面积（陆地面积增量）也会随之发生调整；其次，不同时期的人类活动对黄河流域水沙量，尤其是经过利津断面的输沙量具有越来越强的调控作用，这些作用虽然主要体现在黄河上中游实施的强度逐渐增大、面积逐渐扩展的水土保持措施，以及上中游主河道甚至支流兴建的越来越多的大型水库。这些人类活动的综合结果最终会影响到利津断面的输水量和输沙量变化，从而影响到三角洲地区及河口区的造陆面积和造陆速率的变化。这些人为影响因素以及其他自然方面的影响因素共同决定了不同时期维持黄河三角洲及其河口区陆地面积动态平衡时的临界入海输沙量也就不同，而且，这些入海输沙量的临界值也只能与其所在的时期相适应，如果考察的时期发生了变化，该值也会发生相应变化。根据这些输沙量临界值仅可大致判断输沙量变化情况下的黄河三角洲及其河口区陆地面积的变化趋势，但在水沙量变化的同时三角洲环境中其他影响因素对三角洲沉积地层和环境也会做出相应的改造，使之与变化的来水来沙条件相适应，因此，根据这些临界输沙量也难以精确预测未来给定输沙量情况下的陆地面积变化量。总体来看，维持黄河三角洲或者其河口区陆地面积动态平衡的输沙量临界值在逐渐变小过程，其原因有待将来深入揭示。

随着河口区陆地的向海延伸，黄河三角洲上的河道高程也会因沉积作用加强而淤积升高，其深泓高程与河口陆地面积增量之间具有明显的正相关性。显然，这是河流响应河口环境变化而对河道自身进行的适应性调整。如前所述，在黄河三角洲上河道深泓高程总体升高的过程中，河道比降变化与河口陆地面积变化之间的相关性较差。以一号坝—鱼洼河段为例，其河道比降与河口陆地面积增量之间存在着较差的负相关性，这表明，尽管二者的相关性较差，但还是存在着河道比降随着河口造陆面积的增加而减小的趋势。这是因为，一方面，河口造陆面积的增加导致河口区的河道向海洋方向延伸从而增大了河道的长度，而为了适应河道的增长以及水动力向下游逐渐减小的自然规律，河床高程的淤积升高幅度具有向河口方向逐渐增大的趋势，这些因素共同导致三角洲地区河道比降呈现出逐渐减小的趋势。另一方面，河道比降减小的趋势会导致河床发生淤积升高的趋势。可以预见，在未来较长时期内，只要入海河道仍然是清水沟而且不发生人为胁迫的改道现象，同时假定入海沙量也不发生明显减小的情况下，则黄河在其三角洲地区的河道比降将会持续性地缓慢减小。当然，该假定下的河道比降减小也不是无限制地可以总是持续进行的，因为河道泥沙淤积量也会随之逐渐增大，最终，河道沉积升高的影响程度终会超过河口河道延伸的影响程度，这种情况下河道将会发生自然决口甚至改道，而新形成的河道会有更大的河道比降，其输沙能力也会在短期内显著高于决口前的河流故道。河道经常性的向海洋延伸、河道沉积速率增大、决口的循环发生，遵循着三角洲整体性向海洋推进和扩展的自然演变规律。

在河流及三角洲的演变中水沙的相互作用是其主要作用方式，水流提供驱动力，而泥沙的冲淤是对水动力作用的体现。尽管天然条件下水沙的搭配有其一定的规律可循，但随着人为影响的加剧，天然的水沙条件变成可以被人为操控的自然人文复合条件，例如，由于工农业及城市用水大量增加而使三角洲地区年来水量急剧减少的情况下，人们可以有目的地通过对小浪底水库的下泄水量的调节而人为制造高含沙水流，这样，可以在较小的年来水量的情况下达到输送较大的沙量进入三角洲地区，而目前的技术可以初步达到这样的效果。从这方面看，为保持河口以及三角洲地区的冲淤平衡，进入三角洲的泥沙量比水量更为重要。当然，从保持三角洲生态方面考虑，则进入三角洲的水量就显得同样重要。

12.6.2　小输沙量时三角洲冲淤趋势分析

黄河流域出口水文站利津站的水沙年际变化表明，无论是年径流量还是年输沙量都呈现出显著减小的变化趋势（图 12-1），上述变化涵盖了本章重点讨论的黄河三角洲陆地面积变化的所有时段。下面比较利津站在不同年代的年均径流量、年均输沙量和年均含沙量变化特征（图 12-10），进而讨论近期该站水沙变化及其对黄河三角洲陆地冲淤的潜在影响。

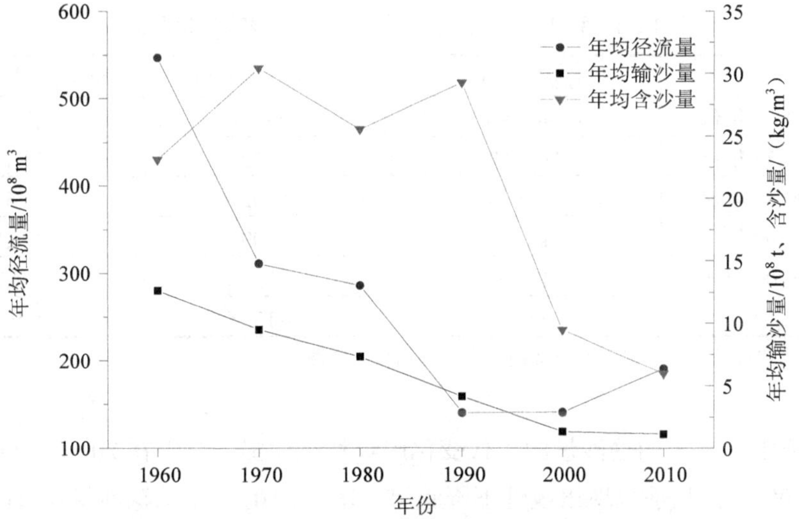

图 12-10　利津水文站年均径流量、输沙量和含沙量不同年代比较

利津水文站的年均径流量在 20 世纪 60—90 年代逐步减小（图 12-10），并在 90 年代降至最低值 140.501 亿 m^3/a（表 12-5），在 21 世纪 00 年代为 141.994 亿 m^3/a，比前一年代微增，而在 21 世纪 10 年代（采用 2010—2015 年间数据求取的平均值）明显回升，其值达到 190.74 亿 m^3/a。考虑到为满足黄河三角洲生态需水的长期政策性支持，灌区节水农业的规模化开展，以及将来可能实行的黄河西部调水计划，

利津站年径流量恢复并稳定在 200 亿 m^3 以上是完全可以实现的。因此，入海径流量严重亏损的年代可以说已经过去了。水量的增加势必会有更多泥沙输入到黄河三角洲，这就为三角洲陆地面积维持稳定甚至进一步扩大创造了径流条件。

利津站年均含沙量在 20 世纪 60—90 年代的平均值为 27.09 kg/m^3，这真正体现了黄河含沙量高的特性。但在 21 世纪 00 年代显著降低至 9.45 kg/m^3（表 12-5），在 21 世纪 10 年代降至目前能够看到的最低值 5.95 kg/m^3。显然，黄河下游总体上明显变成含沙量较低的河流了，这也是几代人长期持续奋斗而换来的黄河下游相对变清的一个重大成果。其中黄河下游河流含沙量剧减的时间分水岭是小浪底水库建成的 1999 年，因此，小浪底水库的大量拦沙（将在下文进一步分析）对于黄河下游含沙量的降低功不可没。

表 12-5　利津水文站不同年代的年均水沙输移状况比较

年代	年径流量/10^8 m^3	年输沙量/10^8 t	年均含沙量/（kg/m^3）
20 世纪 60 年代	546.686	12.643	23.13
20 世纪 70 年代	311.182	9.472	30.44
20 世纪 80 年代	285.933	7.302	25.54
20 世纪 90 年代	140.501	4.109	29.25
21 世纪 00 年代	140.994	1.332	9.45
21 世纪 10 年代	190.740	1.135	5.95

注：21 世纪 10 年代的数据由 2010—2015 年的实测值计算获得。

利津水文站年均输沙量的年代变化趋势特征明显，其中在 20 世纪 60 年代至 21 世纪 00 年代几乎呈现出线性下降趋势（图 12-10）。年均输沙量在 21 世纪 00 年代和 10 年代都分别减小到 1.332 亿 t/a 和 1.135 亿 t/a（表 12-5），这些输沙量数值都明显小于 1976—1997 年间维持黄河三角洲陆地面积动态平衡时所需要的临界输沙量 3.25 亿 t/a，也小于同时期维持清水沟河口陆地面积动态平衡时所需要的临界输沙量 1.54 亿 t/a。那么，利津站年输沙量小于上述临界输沙量一定会引起黄河三角洲及其河口陆地面积的净损失吗？下面将集中讨论这一问题。

从利津水文站不同年代的年均输沙量来看（图 12-10），其在 20 世纪 90 年代依然高达 4.109 亿 t/a，该值大于当时维持黄河三角洲或者清水沟河口地区陆地面积动态平衡所需要的临界来沙量，这是 20 世纪 90 年代黄河三角洲地区陆地面积依然增加的前提。黄河中游末段的小浪底水库于 1999 年建成，其拦沙作用对于黄河入海输沙量具有重要影响，因此，有必要分析该水库的拦沙量及其变化趋势。由于小浪底水库位于三门峡水文站与小浪底水文站之间，故这里选取这两个水文站的输沙量及该河段减沙量的年均变化（图 12-11）来具体分析小浪底水库在减少黄河下游河流输沙中的作用。

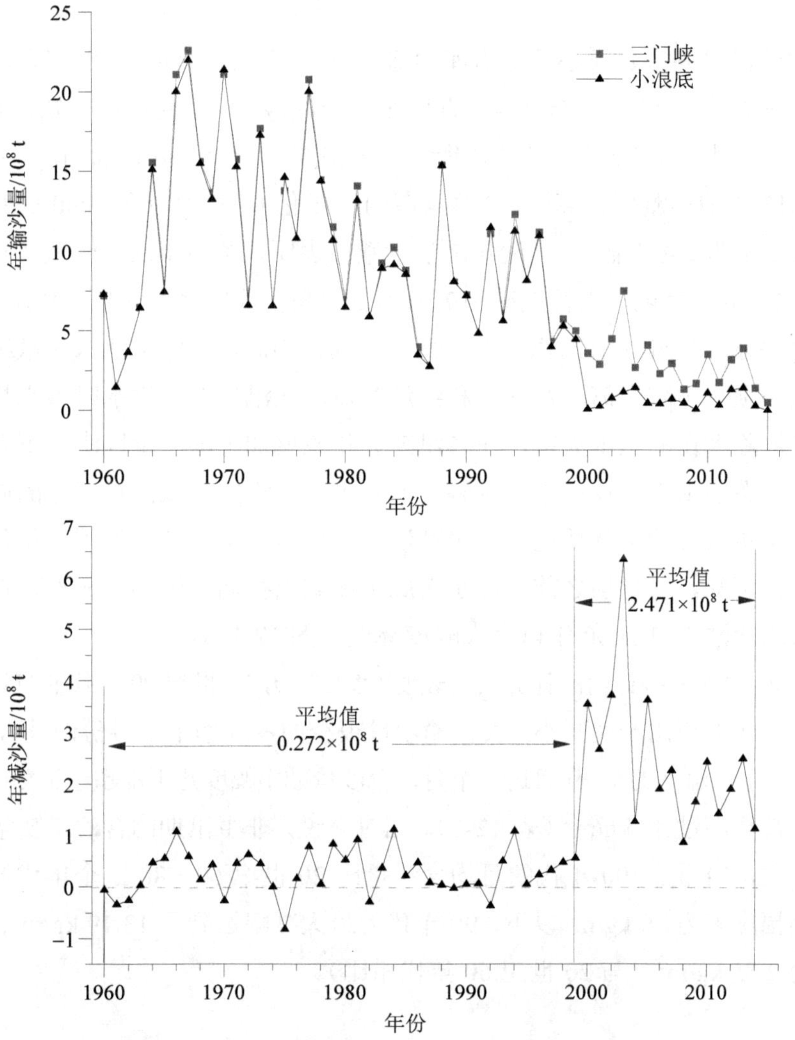

图 12-11　三门峡—小浪底水文站区间的泥沙淤积量年际变化

三门峡水文站至小浪底水文站这一河段的平均年减沙量在 2000 年之前为 0.272 亿 t，在 21 世纪 00 年代增大为 2.774 亿 t，是 2000 年前多年平均值的 10.2 倍；至 21 世纪 10 年代则由前一年代的高峰值减小至 1.863 亿 t/a，但仍然是 2000 年前多年平均值的 6.8 倍。确切来说，这些年减沙量数值应该是该河段包括小浪底水库拦沙在内的最小值，因为在泥沙收支平衡计算中并未包括该区段支流入汇所带来的泥沙被拦截量，虽然这些支流的来沙量相对于该河段干流的减沙量来说显得微不足道。

假定该河段并未建设小浪底水库的前提下，那么该区间 2000 年之后的平均年减沙量应该近似地等于 2000 年之前的平均年减沙量。由此可以推知，小浪底水库的平均年减沙量（拦沙量）在 21 世纪 00 年代的为 2.502 亿 t，而在 10 年代（由 2010—2015 年的实测值计算可得）的则为 1.591 亿 t。该河段在 2000—2015 年的平均年减沙量为 2.471 亿 t。上述年减沙量数值表明，黄河年入海沙量（利津年输沙量）在 21 世纪呈现出大幅度减小的原因主要是小浪底水库的拦沙作用所致。

小浪底水库的建设有防洪和发电两大目的，因此，其储水泄水的量级和时长运行模式必须兼顾防洪需求及社会和经济效益。在汛期发生洪水时蓄水拦沙以削减洪峰来消除潜在的洪水灾害，在非汛期会相应增加下泄水量以满足下游和三角洲地区的生态需水、农业灌溉需水和发电需水。防洪中削减洪峰流量的同时拦储了大量洪水所挟带的悬移质泥沙。由黄河下游出口水文站利津站不同年代的月均含沙量变化可知，与建坝之前相比小浪底水库重点拦储了汛期的泥沙，使得利津站汛期月均含沙量自 2000 年以来大幅度降低（图 12-12）。

根据表 12-6 的统计值的计算结果表明（表 12-7），21 世纪 00 年代的月均含沙量与之前各年代的相比普遍减小（仅在输沙量很少的冬春季个别月份例外），减幅最大值基本发生在汛期的 7—9 月这三个月，含沙量减小幅度几乎都超过了 20 kg/m^3，最大减幅甚至超过 48 kg/m^3（表 12-7）。相对来说，非主汛期的含沙量变幅很小且以减小为主，21 世纪 00 年代的月均含沙量比 20 世纪 60—80 三个年代的月均含沙量减小幅度多为 10 kg/m^3 以下，90 年代的最大减幅达到了 13.19 kg/m^3；而最大增幅仅为 2.55 kg/m^3（与 20 世纪 60 年代相比）。

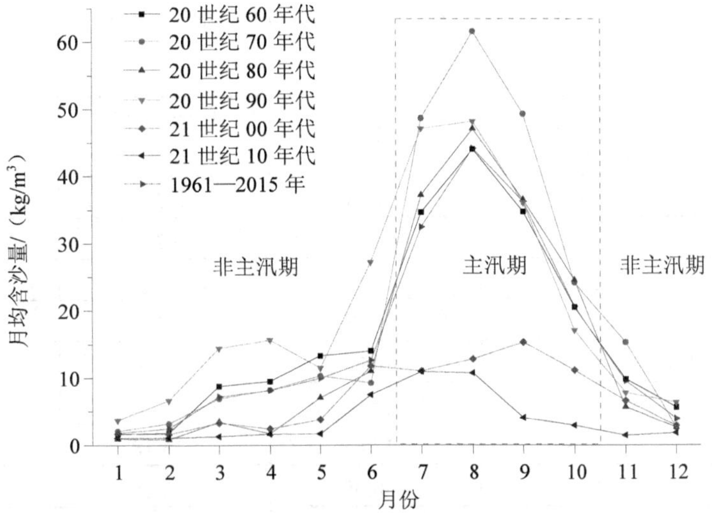

图 12-12　利津水文站不同年代月均含沙量变化

表 12-6　利津水文站不同年代各月主汛期、非主汛期和全年平均含沙量变化比较

单位：kg/m³

月份	20 世纪 60 年代	20 世纪 70 年代	20 世纪 80 年代	20 世纪 90 年代	21 世纪 00 年代	21 世纪 10 年代	1961—2015 年
1	1.62	2.10	0.96	3.70	1.72	1.08	1.82
2	1.84	3.21	0.88	6.67	1.62	1.10	2.47
3	8.78	6.96	3.46	14.44	3.30	1.28	7.22
4	9.51	8.23	1.71	15.63	2.44	1.65	8.13
5	13.32	10.31	7.08	11.48	3.80	1.68	9.97
6	14.01	9.24	11.01	27.19	11.79	7.50	12.64
7	34.64	48.65	37.20	47.11	11.02	10.96	32.43
8	44.02	61.52	47.09	48.19	12.83	10.73	44.12
9	34.74	49.29	36.50	36.09	15.27	4.06	36.24
10	20.50	24.16	24.58	17.04	11.16	2.93	20.62
11	9.80	15.29	5.69	7.80	6.60	1.43	9.56
12	5.62	2.58	2.63	6.33	2.87	1.83	3.94
主汛期月均	33.48	45.90	36.34	37.11	12.57	7.17	33.35
非主汛期月均	8.06	7.24	4.18	11.66	4.27	2.19	6.97
全年月均	23.13	30.44	25.54	29.25	9.45	5.95	23.08

注：黄河流域的主汛期为每年 7—10 月，其他月份为非主汛期。

表 12-7 利津水文站 21 世纪 00 年代月均含沙量相比之前各年代的减小量

单位：kg/m^3

月份	比 20 世纪 60 年代降低	比 20 世纪 70 年代降低	比 20 世纪 80 年代降低	比 20 世纪 90 年代降低
1	0.10	−0.38	0.76	−1.98
2	−0.22	−1.59	0.74	−5.05
3	−5.48	−3.66	−0.16	−11.14
4	−7.07	−5.79	0.73	−13.19
5	−9.52	−6.51	−3.28	−7.68
6	−2.22	2.55	0.78	−15.40
7	−23.62	−37.63	−26.18	−36.09
8	−31.19	−48.69	−34.26	−35.36
9	−19.47	−34.02	−21.23	−20.82
10	−9.34	−13.00	−13.42	−5.88
11	−3.20	−8.69	0.91	−1.20
12	−2.75	0.29	0.24	−3.46
主汛期月均	−20.91	−33.33	−23.77	−24.54
非主汛期月均	−3.79	−2.97	0.09	−7.39
全年月均	−13.68	−20.99	−16.09	−19.80

21 世纪 10 年代的月均含沙量与之前各年代的相比也在普遍减小，仅在 20 世纪 80 年代的 1 月和 2 月略有增大，其月均含沙量增幅分别为 0.12 kg/m^3 和 0.22 kg/m^3，增幅小到可以忽略不计。相比 20 世纪 60—90 四个年代的主汛期月均含沙量，21 世纪 10 年代的减小幅度最小为 14.11 kg/m^3，最大可达 50.79 kg/m^3（表 12-8）。而非主汛期的含沙量变幅很小且以减小为主，相比 20 世纪 60—90 四个年代的月均含沙量减小幅度多为 10 kg/m^3 以下，比 90 年代的最大减幅可达 19.69 kg/m^3。

与利津站 1961—2015 年间汛期月均含沙量相比，21 世纪 00 年代和 10 年代汛期月均含沙量分别占相应月份的 37.7%和 21.5%；与 2000 年之前的汛期月均含沙量相比，21 世纪 00 年代和 10 年代的汛期月均含沙量分别占相应月份的 32.9%和 18.8%。显然，小浪底水库在每年的拦沙绝大多数发生在主汛期，与小浪底大坝建设之前时期相比，因其大量拦沙使得利津站在 21 世纪 00 年代和 10 年代汛期的月均含沙量降低了 67.1%和 81.2%，而在非汛期也拦截了一定的泥沙量，但与汛期拦截的泥沙量无法比拟。

表 12-8　利津水文站 21 世纪 10 年代月均含沙量相比之前各年代的减小量

单位：kg/m^3

月份	比 20 世纪 60 年代降低	比 20 世纪 70 年代降低	比 20 世纪 80 年代降低	比 20 世纪 90 年代降低	比 21 世纪 00 年代降低
1	−0.54	−1.02	0.12	−2.62	−0.64
2	−0.74	−2.11	0.22	−5.57	−0.52
3	−7.50	−5.68	−2.18	−13.16	−2.02
4	−7.86	−6.58	−0.06	−13.98	−0.79
5	−11.64	−8.63	−5.40	−9.80	−2.12
6	−6.51	−1.74	−3.51	−19.69	−4.29
7	−23.68	−37.69	−26.24	−36.15	−0.06
8	−33.29	−50.79	−36.36	−37.46	−2.10
9	−30.68	−45.23	−32.44	−32.03	−11.21
10	−17.57	−21.23	−21.65	−14.11	−8.23
11	−8.37	−13.86	−4.26	−6.37	−5.17
12	−3.79	−0.75	−0.80	−4.50	−1.04
汛期月均	−26.31	−38.73	−29.17	−29.94	−5.40
非汛期月均	−5.87	−5.04	−1.98	−9.46	−2.07
全年月均	−17.18	−24.49	−19.59	−23.30	−3.50

小浪底水库拦截了来自中游的全部河床质泥沙和大量悬移质泥沙而引起黄河下游河段悬移质输沙量剧减，同时，由于小浪底水库在汛期的蓄水引起黄河下游河道的洪峰流量减小导致汛期输沙能力降低，其综合作用使利津年输沙量大幅度减小，从而使得 21 世纪初十余年间的年入海沙量明显小于 1976—1997 年间维持黄河三角洲或者清水沟河口陆地面积动态平衡时所需要的临界输沙量。这势必会引起三角洲边缘地段的陆地发生局部侵蚀而减小的现象，有关侵蚀面积的具体数值有待将来进行更为深入的分析。

从较为长远的时期来看，黄河年入海沙量已经度过了年代际变化的最小阶段，将来利津的年输沙量极可能会有所增大，其原因有以下两个方面。第一，随着小浪底水库每年都要进行的人为施加的针对黄河下游河道的清水冲沙工作，这会增强由水库下泄的低含沙量水流对黄河下游河道的泥沙的侵蚀，并将所侵蚀的部分泥沙输送到黄河三角洲地区，从而会相对加大年入海输沙量。第二，小浪底水库的拦沙能力也不是长期有效的，其年拦沙量也不会总是保持如 21 世纪 00 年代所呈现的最大值（图 12-11）。因为，随着小浪底水库拦沙的持续进行，其拦沙库容会逐渐消耗变小，由 21 世纪初十余年的年拦沙数据（图 12-11）可见，其年拦沙量也在减小。所以可以预见，在未来十余年后小浪底水库的年拦沙量将会逐渐变小，这会引起利津年输沙量的恢复性增大。上述两个方面的共同影响将会有助于将来为维持三角洲地区的泥沙冲淤平衡和陆地面积动态平衡而提供所需的入海年临界来沙量。

12.7 小结

以利津站实测水沙量作为黄河流域向其三角洲和河口地区的水沙输出量，分析了 1961—2015 年间三角洲地区的来水来沙变化过程；建立了典型时段三角洲及其不同河口区的陆地面积增量变化与同期流域输出沙量之间的定量关系；结合下游河道冲淤、中游三门峡—小浪底区段泥沙淤积量和小浪底水库拦沙量的年际和年代际变化过程，阐述了人类活动对黄河入海沙量变化的影响，并对未来黄河三角洲冲淤趋势进行了定性分析。所得主要结论如下：

（1）在 1961—1999 年间，利津站输出的年径流量呈现出明显减小的变化趋势；到 1999—2002 年间，该站的径流量有所回升，此后呈现低幅度波动中。年输沙量变化在 1961—1999 年间同样呈现出显著减小趋势，1999 年之后呈现出较为平缓的变化特征。年均流量和年均输沙率的变化趋势分别与年径流量和年输沙量的完全一致。随着径流量和输沙量的变化，年均含沙量在 1961—1999 年间波动明显，但无明显变化趋势，其平均值高达 26.7 kg/m^3；1999 年之后呈现出显著变小的趋势，其平均值降为 7.5 kg/m^3。年均来沙系数在 1999 年前后时段分别呈现增大和明显减小趋势。

（2）黄河下游铁谢—花园口、花园口—高村、高村—艾山、艾山—利津河段的泥沙年均冲淤量彼此之间总体上具有类似的变化趋势，但在个别时段则表现出冲淤相反的变化特征。这些河段强烈的泥沙冲刷都发生在 1960—1964 年和 1999 年之后，其他时段的冲淤相对较弱，相邻河段的泥沙净冲刷或者净淤积总体上表现出较好的同步性，但也有相反情况存在。

（3）1953 年 1 月至 1971 年 9 月，黄河三角洲陆地面积保持不变时的临界年来沙量（利津年均输沙量）为 3.9 亿 t。在 1976 年 12 月 1 日至 1997 年 10 月 9 日，黄河三角洲维持陆地面积冲淤平衡而所需要的临界来沙量为 3.25 亿 t/a，相比前一时期的下降了 17%；而维持上述时期内清水沟河口陆地面积不变时所需要的入海临界输沙量为 1.54 亿 t/a。

（4）黄河三角洲清水沟河口陆地面积变化与清水沟河道固定断面 Q1 和 Q6 的深泓高程之间具有良好的正线性关系，这是河口区陆地面积增加使得河口向海洋延伸而引起的必然结果。清水沟河口造陆面积与清水沟河道固定断面一号坝—鱼洼河段的河道比降之间具有较为明显的负相关性，这是河口造陆面积向海洋方向延伸（河道长度增大）过程中引起河道比降减小的客观反映。

（5）小浪底水库建成后因其拦截了大量悬移质泥沙而使含沙量剧减，其中汛期的含沙量减小幅度尤为可观，与该水库建成之前的汛期月均含沙量相比，21 世纪 00 年代和 10 年代的汛期月均含沙量分别占 2000 年之前相应月份月均含沙量的 32.9%和 18.8%，使得月均含沙量分别降低了 67.1%和 81.2%。显然，小浪底水库的巨大拦沙量集中在汛期。

（6）小浪底水库年拦沙量在 21 世纪 00 年代和 10 年代分别为 2.502 亿 t 和 1.591 亿 t，这使得利津站相应时期的年均输沙量分别大幅下降至 1.332 亿 t 和 1.145 亿 t，明显小于 1976—1997 年间维持黄河三角洲陆地面积动态平衡时所需要的临界输沙量 3.25 亿 t/a，也小于同时期维持清水沟河口陆地面积动态平衡时所需要的临界输沙量 1.54 亿 t/a。显然，由于小浪底水库的拦沙量较大，会引起黄河三角洲局部地带遭受一定程度的侵蚀。从较长时期看，随着小浪底拦沙库容的减小，其年拦沙量也在减小，加之水库清水冲沙运行措施的实施，可以预见，未来利津站年输沙量会有恢复性增大，可以满足维持三角洲地区的泥沙冲淤平衡和陆地面积动态平衡所需的入海年临界来沙量。

参考文献

蔡强国．1982．地壳构造运动对河型转化影响的实验研究．地理研究，1（3）：21-33.

曹文洪．2004．黄河下游水沙复杂变化与河床调整的关系．水利学报，35（11）：1-6.

常军，王永光，赵宇，等．2014．近50年黄河流域降水量及雨日的气候变化特征．高原气象，33（1）：43-54.

程进豪，王华．1998．黄河断流问题分析．水利学报，29（5）：75-79.

陈建国，邓安军，戴清，等．2003．黄河下游河道萎缩的特点及其水文学背景．泥沙研究，（4）：1-71.

陈建国，周文浩，韩闪闪．2014．三门峡水库水沙运动的若干规律——兼论水库溯源冲刷对黄河下游河道的影响．水利学报，45（10）：1165-1174.

陈建国，周文浩，孙高虎．2016．论黄河小浪底水库拦沙后期的运用及水沙调控．泥沙研究，（4）：1-8.

陈界仁，夏爱平．2002．黄河下游河槽萎缩与水沙条件关系初步分析．水文，2002，22（6）：19-21.

陈霁魏．1998．黄河治理与水资源开发利用．郑州：黄河水利出版社，1-529.

陈霁巍，穆兴民．2000．黄河断流的态势、成因与科学对策．自然资源学报．15（1）：31-35.

陈永宗，景可，蔡强国．1988．黄土高原现代侵蚀与治理．北京：科学出版社，1-170.

戴仕宝，杨世伦，蔡爱民．2007．51年来珠江流域输沙量的变化．地理学报，62（5）：545-554.

戴英生．1986．黄河的形成与发育．人民黄河，（6）：2-7.

段敬望，王海军，李星瑾．2004．三门峡水库“蓄清排浑”运行探索与实践．华中电力，17（4）：34-37.

董占地，胡海华，吉祖稳，等．2015．黄河上游宁蒙河段河道横断面形态对水沙变化的响应．泥沙研究，（4）：20-25.

方春明．1999．分析河相关系时的补充条件分析．泥沙研究，（2）：65-71.

方宗岱．1964．河型分析及其在河道整治上的应用．水利学报，（1）：1-11.
范小黎，王随继，冉立山．2010．黄河宁夏河段河道演变及其影响因素分析．水资源与水工程学报，21（1）：5-11.
费祥俊，宋根培．1997．多沙河流横断面调整及其对排洪和输沙能力的影响．人民黄河，（8）：14-17.
费祥俊，吴保生．2015．黄河下游输沙平衡关系及应用．水力发电学报，2015，34（7）：1-11.
冯普林，梁志勇，黄金池，等．2005．黄河下游河槽形态演变与水沙关系研究．泥沙研究，（2）：66-74.
高善明，李元芳，安凤桐，等．1989．黄河三角洲形成和沉积环境．北京：科学出版社，1-246.
顾永杰．2010．试析三门峡工程中的“蓄水拦沙”方针．咸阳师范学院学报，25（6），91-95.
黄才安，周济人，赵晓冬．2011．基本河相关系指数的理论研究．泥沙研究，（6）：55-58.
黄河水利委员会．1961—2015．黄河流域水文资料.
黄河水利委员会．2001—2014．黄河水资源公报.
黄河中上游管理局．2001．黄河流域水土保持基础资料．郑州：黄河水利出版社，1-500.
惠遇甲．1995．黄河小浪底水库修建后下游河道的断面河相关系．第二届全国泥沙基本理论研究学术讨论会文集．北京：中国建材工业出版社，449-458.
惠遇甲，张仁．1996．小浪底水库运用对下游游荡性河道的影响．人民黄河，10：27-29.
胡春宏．2016．我国多沙河流水库“蓄清排浑”运用方式的发展与实践．水利学报，47（3）：283-291.
胡春宏，陈建国，郭庆超．2008．三门峡水库淤积与潼关高程．北京：科学出版社，1-244.
胡春宏，陈建国，刘大滨，等．2006．水沙变异条件下黄河下游河道横断面形态特征研究．水利学报，2006，37（11）：1283-1289.
贾良文，杨清书，钱海强，等．2002．近几十年来西北江三角洲网河区顶点的河相关系．地理科学，22（1）：57-62.
金德生．1984．地貌临界在河道治理中的应用．人民长江，（5）：53-56.
景可，陈永宗，李凤新．1993．黄河泥沙与环境．北京：科学出版社，1-248.
梁志勇，杨丽丰，冯普林．2005．黄河下游平滩河槽形态与水沙搭配之关系．水力发电学报，6：68-71.
梁志勇，尹学良．1994．试论不同来水来沙的造床作用．水文，25-29.

李春晖，郑小康，杨志峰，等．2009．黄河天然径流量变化趋势及其影响分析．北京师范大学学报（自然科学版），45（1）：80-85．

李茂田，于霞，陈中原．2004．40 年来长江九江河段河道演变及其趋势预测．地理科学，24（1）：76-82．

林承坤．1992．泥沙与河流地貌学．南京：南京大学出版社，1-308．

刘成，王兆印，隋觉义．2008．黄河干流沿程水沙变化及其影响因素分析．水利水电科技进展，28（3）：1-7．

李国英．2002．黄河调水调沙．人民黄河，24（11）：1-4．

李立刚，陈洪伟，李占省，等．2016．小浪底水库泥沙淤积特性及减淤运用方式探讨．人民黄河，38（10）：40-42．

李小平，李文学，李勇，等．2007．水库拦沙期黄河下游洪水冲刷效率调整分析．水科学进展，18（1）：44-51．

刘昌明，成立．2000．黄河干流下游断流的径流序列分析．地理学报，55（3）：257-265．

刘昌明，李艳忠，刘小莽，等．2016．黄河中游植被变化对水量转化的影响分析，人民黄河，38（10）：7-12．

刘高焕，叶庆华，刘庆生，等．2003．黄河三角洲生态环境动态监测与数字模拟．北京：科学出版社，1-152．

刘旻霞，赵瑞东，邵鹏，等．2018．近 15 a 黄土高原植被覆盖时空变化及驱动力分析．干旱区地理，41（1）：99-108．

刘勤，严昌荣，张燕卿，等．2012．近 50 年黄河流域气温和降水量变化特征分析．中国农业气象，33（4）：475-480．

刘震．2005．我国水土保持小流域综合治理的回顾与展望．中国水利，22：17-20．

陆中臣，陈劭锋，陈浩．2000．黄河下游游荡段河道平面形态与河势变化趋势预测．地理学报，55（6）：729-736．

陆中臣，舒晓明．1988．河型及其转化的判别．地理研究，7（2）：7-16．

倪晋仁．1989．不同边界条件下河型的成因的试验研究．北京：清华大学，1-50．

倪晋仁，马蔼乃．1998．河流动力地貌学．北京：北京大学出版社．

倪晋仁，王随继，王光谦．2000．现代冲积河流的河型空间转化模式探讨．沉积学报，18（1）：1-6．

倪晋仁，张仁．1991．河型成因的各种理论及其间关系．地理学报，46（3）：366-372.
倪晋仁，张仁．1992．河相关系研究的各种方法及其间关系．地理学报，47（4）：368-375.
潘贤娣．2006．三门峡水库修建后黄河下游河床演变．郑州：黄河水利出版社．
钱宁．1985．关于河流分类及成因问题的讨论．地理学报，40（1）：1-10.
钱宁，张仁，赵业安，等．1978．从黄河下游的河床演变规律来看河道治理中的调水调沙问题．地理学报，33（1）：13-26.
钱宁，张仁，周志德．1987．河床演变学．北京：科学出版社，1-584.
钱宁，周文浩．1965．黄河下游河床演变．北京：科学出版社．
钱意颖，叶青超，周文浩．1993．黄河干流水沙变化与河床演变．北京：中国建材工业出版社，1-230.
齐璞，刘月兰，李世滢，等．1997．黄河水沙变化与下游河道减淤措施．郑州：黄河水利出版社，1-177.
齐璞，王昌高．1992．黄河艾山以下河道水力几何形态与冲淤特性．人民黄河，12：12-15.
冉大川．2006．黄河中游水土保持措施的减水减沙作用研究．资源科学，28（1）：93-101.
冉立山，王随继，范小黎，等．2009a．黄河内蒙古头道拐断面形态变化及其对水沙的响应．地理学报，64（5）：531-540.
冉立山，王随继，范小黎，等．2009b．黄河上游河道水力几何形态关系分析．人民黄河，31（6）：38-41.
申冠卿，张原锋，侯素珍，等．2007．黄河上游干流水库调节水沙对宁蒙河道的影响．泥沙研究，（1）：67-75.
申冠卿，张原锋，尚红霞，等．2005．不同时期黄河下游河道泥沙沉积与纵横断面调整．泥沙研究，（3）：30-34.
师长兴．2016．黄河上游内蒙古段河床演变及其与水沙变化的关系．地理科学，36（6）：895-901.
孙庆龄，李宝林，许丽丽，等．2016．2000—2013年三江源植被NDVI变化趋势及影响因素分析．地球信息科学学报，18（12）：1707-1716.
苏人琼，杨勤业，关志华，等．1997．黄河流域灾害环境综合治理对策．郑州：黄河水利出版社，1-185.
唐克丽，王斌科，郑粉莉，等．1994．黄土高原人类活动对土壤侵蚀的影响．人民黄河，1994，（02）：13-16.

唐克丽. 1990. 黄土高原地区土壤侵蚀区域特征及其防治途径. 北京：中国科学技术出版社.
田蕾，王随继. 2018. 近60年来辽河流域径流量变化及其主控因素分析. 水土保持研究，25（1）：153-159.
田义超，王世杰，白晓永，等. 2019. 桐梓河流域输沙量变化及其对气候和人类活动的响应. 自然资源学报，2019，34（12）：2701-2716.
王岗，范昭. 2002. 黄河水沙变化研究（第一卷上册）. 郑州：黄河水利出版社.
王光谦，钟德钰，吴保生. 2020. 黄河泥沙未来变化趋势. 中国水利，（1）：9-12.
王光谦，张长春，刘家宏，等. 2006. 黄河流域多沙粗沙区植被覆盖变化与减水减沙效益分析. 泥沙研究，（2）：10-16.
王海燕，杨方廷，刘鲁. 2006. 标准化系数与偏相关系数的比较与应用. 数量经济技术经济研究，23（9）：150-155.
王浩，贾仰文，王建华，等. 2005. 人类活动影响下的黄河流域水资源演化规律初探. 自然资源学报，20（2）：157-162.
王生雄，魏红义，郑晓梅. 2008. 渭河流域径流序列趋势及突变分析. 水资源研究，29（3）：1-2.
王随继. 2002. 西江和北江三角洲区的水沙及河道演变特征. 沉积学报，20（3）：376-381.
王随继. 2003. 黄河下游河型的特性及成因探讨. 地球学报，24（1）：73-78.
王随继. 2003. 网状河流的构型、流量-宽深比关系和能耗率. 沉积学报，21（4）：565-570.
王随继. 2004. 黄河中游冻融侵蚀的表现方式及其产沙能力评估. 水土保持通报，（6）：1-5.
王随继. 2008. 黄河流域河型转化现象初探. 地理科学进展，27（2）：10-17.
王随继. 2009. 黄河下游不同河型河道的水沙效应及演变趋势分析. 沉积学报，27（6）：1163-1171.
王随继. 2010. 黄河下游辫状、弯曲和顺直河段间沉积动力特征比较. 沉积学报，28（2）：307-313.
王随继，薄俊丽. 2004. 网状河流多重河道形成过程的实验模拟. 地理科学进展，23（3）：34-42.
王随继，范小黎，赵晓坤. 2010. 黄河上游宁蒙河段悬沙冲淤量时空变化及其影响因素. 地理研究，29（10）：1879-1888.
王随继，李玲，颜明. 2013. 气候和人类活动对黄河中游区间产流量变化的贡献率分析. 地理研究，32（3）：395-402.
王随继，倪晋仁，王光谦. 2000a. 河型的时空演变模式及其间关系. 清华大学学报（自然科学版），40（S1）：96-100.

王随继，倪晋仁，王光谦．2000b．古河型演化模式及其影响因素的沉积体系分析．石油勘探与开发，27（5）：102-105.
王随继，冉立山．2008．无定河流域产沙量变化的淤地坝效应分析．地理研究，27（4）：811-818.
王随继，魏全伟，谭利华，等．2009．山地河流的河相关系及其变化趋势分析——以怒江、澜沧江和金沙江云南河段为例．山地学报，27（1）：5-13.
王随继，任明达．1999．根据河道形态和沉积物特征的河流新分类．沉积学报，17（2）：240-246.
王随继，谢小平，程东升．2002．网状河流研究进展述评．地理科学进展，21（6）：12-21.
王随继，闫云霞，颜明，等．2012．皇甫川流域降水和人类活动对径流量变化的贡献率分析——累积量斜率变化率比较方法的提出及应用．地理学报，67（3）：388-397.
王彦君，王随继，苏腾．2015．降水和人类活动对松花江径流量变化的贡献率．自然资源学报，30（2）：304-314.
王兆印，周静，李昌志．2006．黄河下游水沙变化及河床纵横断面的演变．水力发电学报，25（5）：42-45.
吴保生，李凌云．2008．黄河下游河道横断面的若干特点．人民黄河，30（2）：15-16.
吴保生，申冠卿．2008．来沙系数物理意义的探讨．人民黄河，30（4）：15-16.
吴保生，张原锋，夏军强．2008．黄河下游高村站平滩面积变化分析．泥沙研究，（2）：34-40.
武汉水利电力学院河流泥沙工程学教研室．1981．河流泥沙工程学．北京：水利出版社.
夏开儒，李昭淑．1963．渭河下游冲积形态的研究．地理学报，29：207-217.
谢鉴衡．1990．河床演变及整治．北京：中国水利水电出版社.
许炯心．1997a．河型含沙量空间变异的响应及其临界现象．中国科学（D 辑），27（6）：548-553.
许炯心．1997b．黄河上中游产水产沙系统与下游河道沉积系统的耦合关系．地理学报，52（5）：421-429.
许炯心．1999．沙质河床与砾石河床水流及能耗特征的比较及其地貌学意义．科学通报，44（1）：74-78.
许炯心．2002a．黄河下游洪水的泥沙输移特征．水科学进展，13（5）：562-568.
许炯心．2002b．黄河三角洲造陆过程中的陆域水沙临界条件研究．地理研究，21（2）：163-170.
许炯心．2003．黄河下游泥沙输移特征对入海泥沙通量的影响．海洋湖沼，34（6）：663-670.
许炯心．2004a．流域因素与人类活动对黄河下游河道输沙功能的影响．中国科学（D 辑），34

（8）：775-781.
许炯心．2004b．基于对 Leopold-Wolman 关系修正的河床河型判别．地理学报，59（3）：462-467.
许炯心．2004c．人类活动影响下的黄河下游河道泥沙淤积宏观趋势研究．水利学报，35（2）：8-16.
许炯心．2006a．黄河下游河道输沙功能的时间变化及其原因．地理研究，25（2）：276-284.
许炯心．2006b．含沙量和悬沙粒径变化对长江宜昌—汉口河段年冲淤量的影响．水科学进展，17（6）：67-73.
许炯心．2009．黄河下游洪水的输沙效率及其与水沙组合和河床形态的关系．泥沙研究，（4）：45-50.
许炯心．2010．黄河中游多沙粗沙区 1997—2007 年的水沙变化趋势及其成因．水土保持学报，24（1）：1-7.
许炯心．2016．黄河上游内蒙古河段平滩流量对人类活动和气候变化的响应．地理科学，36（6）：837-845.
许炯心，蔡强国，李炳元，等．2016．中国河流地貌研究进展——纪念沈玉昌先生 100 年诞辰．地理学报，71（11）：2020-2036.
许炯心，孙季．2003．黄河下游游荡河道萎缩过程中的河床演变趋势．泥沙研究，（1）：10-17.
许炯心，师长兴．1995．汉江丹江口水库下游游荡段河岸侵蚀及其在河床调整中的意义．科学通报，40（18）：1689-1692.
许炯心，张欧阳．2000．黄河下游游荡段河床调整对于水沙组合的复杂响应．地理学报，55（3）：274-280.
徐学选，陈霁巍．2000．黄河中游水土保持措施对径流的影响．人民黄河，25（7）：36-37.
杨吉山，许炯心，廖建华．2006．不同水沙条件下黄河下游二级悬河的发展过程．地理学报，2006，61（1）：66-76.
杨积武．1995．黄河下游河型分异及游荡性河型形成原因的探讨．第二届全国泥沙基本理论研究学术讨论会论文集．北京：中国建材工业出版社，401-407.
杨赉斐，吕永航，王晖．2002．黄河上游修建大型水库后兰州至河口镇河段河道冲淤特性及其变化趋势的预测//王岗，范昭主编，黄河水沙变化研究（第一卷）．郑州：黄河水利出版社，347-367.
姚文艺，常温花，夏修杰．2003．黄河下游游荡性河段清水下泄期河道断面形态的调整过程．水利学报，（10）：75-80.

姚文艺，彭乃志，杨道富．1999．水土保持治理对河道系统影响研究的若干基础理论问题．泥沙研究，（4）：20-25.

姚文艺，王德昌，侯志军．2004．黄河下游河道萎缩模式研究，泥沙研究，（5）：8-14.

叶青超．1994．黄河流域环境变迁与水沙运行规律研究．济南：山东科学技术出版社，1-220.

尹国康．1999．黄河下游纵剖面自调整特性．泥沙研究，（2）：28-33.

尹学良．1993．河型成因研究．水利学报，（4）：1-11.

曾庆华，张世奇，胡春宏，等，1998．黄河口演变规律及整治．济南：黄河水利出版社，1-173.

张建云，王国庆，贺瑞敏，等．2009. 黄河中游水文变化趋势及其对气候变化的响应．水科学进展，20（02）：153-158.

张俊峰，张学成，张新海，2011，黄河流域水资源量调查评价．人民黄河，33（11）：39-44.

张敏. 2005. 黄河下游河道横断面形态演变特点及调整规律探讨．太原：太原理工大学，22-36.

张世军，俞卫平，张红平．2005．黄河上游径流泥沙特性及变化趋势分析．水资源与水工程学报，16（3）：57-61.

赵文林. 1996. 黄河泥沙．郑州：黄河水利出版社．

赵晓坤，王随继，范小黎．2010. 1954—1993 年间窟野河径流量变化趋势及其影响因素分析．水资源与水工程学报，21（5）：32-36.

张亚玲，苏惠敏，张小勇．2014．1998—2012 年黄河流域植被覆盖变化时空分析．中国沙漠，34（2）：597-602.

赵业安. 1998. 黄河下游河道演变基本规律．郑州：黄河水利出版社.

赵业安，潘贤娣，李勇黄．1994．黄河水沙变化与下游河道发展趋势．人民黄河，（2）：31-41.

赵业安，周文浩，费祥俊，等．1997． 黄河下游河床演变基本规律．郑州：黄河水利出版社，1-197.

中国科学院黄土高原调查队．1992．黄土高原资源环境和社会经济数据．北京：中国经济出版社，1-575.

周静．2005．黄河下游近 30 年河道演变规律研究．北京：清华大学，1-71.

朱起茂．1982．黄河下游河床演变与河口淤积延伸．地理研究，1（4）：18-25.

朱晓原，张学成．1999．黄河水资源变化研究．郑州：黄河水利出版社.

左仲国．2002．清水河流域水沙变化及发展趋势预测//王岗，范昭主编，黄河水沙变化研究（第一卷）. 郑州：黄河水利出版社，439-448.

Abrahams A D. 1985. Spatial dependency of hydraulic geometry exponents in a subalpine stream–comments. Journal of Hydrology，75：389-393.

Acker S A，Beechie T J，Shafroth P B. 2008. Effects of a Natural Dam-Break Flood on Geomorphology and Vegetation on the Elwha River，Washington，U.S.A. Northwest Science，82（sp1）：210-223.

Ahn K H，Merwade V. 2014. Quantifying the relative impact of climate and human activities on streamflow. Journal of Hydrology，515：257-266.

Alabyan A M，Chalov R S. 1998. Types of river channel pattens and their natural controls. Earth Surface Processes and Landforms，23：467-474.

Allen P M，Arnold J G，Byars B W. 1994. Downstream channel geometry for use in planning–level models. Water Resources Bulletin，30（4）：663-671.

Andrews E D. 1984. Bed–material entrainment and hydraulic geometry of gravel–bed rivers in Colorado. Geol. Soc. America. Bull. 95：371-378.

Askew A J. 1987. Climate change and water resources. In：IAHS Publication，168：421-430.

Arnell N W. 1999. Climate change and global water resources. Global Environmental Change，9（1）：S31-S49.

Arp C D，Schmidt J C，Baker M A，et al. 2007. Stream geomorphology in a mountain lake district：hydraulic geometry，sediment sources and links，and downstream lake effects. Earth Surf. Process. Landforms，32：525-543.

Biedenharn D S，Thorne C R，Watson C C. 2000. Recent morphological evolution of the Lower Mississippi River. Geomorphology，34（3-4）：227-249.

Brice J C. 1983. Planform properties of meandering river，River Meandering，Proceedings of the October 1983. Rivers “83 Conference”，ASCE，New Orleans. Louisiana，1-15.

Brandt S A. 2000. Classification of geomorphological effects downstream of dams. Catena，40（4）：375-401.

Brotherton D I. 1979. On the origin and characteristics of river channel patterns. Journal of Hydrology，44：211-230.

Burn B H. 1994. Hydrologic effects of climatic change in west-central Canada. Journal of Hydrology，

160：53-70.

Burroughs B A，Hayes D B，Klomp K D，et al. 2015. Effects of Stronach Dam removal on fluvial geomorphology in the Pine River，Michigan，United States. Geomorphology，110（3）：96-107.

Carling P. 1988. The concept of dominant discharge applied to two gravel-bed streams in relation to channel stability thresholds. Earth Surface Processes & Landforms，13（4）：355-367.

Carlston C. W. 1969. Downstream variations in the hydraulic geometry of streams：special emphasis on mean velocity. American Journal of Science，267：499-509.

Carragher M J，Klein M，Petch J R. 1983. Channel width–discharge area relations in small basins. Earth Surf. Process. Landforms，8：177-181.

Carson M A. 1984. The meandering-braided river threshold：a reappraisal. Journal of hydrology，73：315-334.

Castro J M，Jackson P L. 2001. Bankfull discharge recurrence intervals and regional hydraulic geometry relationships：Patterns in the Pacific Northwest，USA. Journal of the American Water Resources Association，37（5）：1249-1262.

Chalov R S. 1996. Types of channel processes and principle of morphological classification of river channels. Geomorphology，No. 1（in Russian）.

Chang H H. 1979. Geometry of rivers in regime. Journal of the Hydraulics Division，ASCE，105：691-706.

Chen J G，Zhou W H，Chen Q. 2012. Reservoir sedimentation and transformation of morphology in the lower Yellow River during 10 year's initial operation of the Xiaolangdi reservoir. Journal of Hydrodynamics Ser B，24（6）：914-924.

Chorley K J. 1969. Water，earth，and man：asynthesis of hydrology，geomorphology，and socio-economic geography，Methuen & Co. Ltd，London.

Chorley R J，Kennedy B A. 1971. Physical Geography：A systems approach. London：Prentice-Hall.

Church M. 2006. Bed material transport and the morphology of alluvial river channels. Annual Review of Earth & Planetary Sciences，34（1）：325-354.

Chu Z X. 2014. The dramatic changes and anthropogenic causes of erosion and deposition in the lower Yellow（Huanghe） River since 1952. Geomorphology，216：171-179.

Chu Z X，Zhai S K，Lu X X，et al. 2009. A quantitative assessment of human impacts on decrease in sediment flux from major Chinese rivers entering the western Pacific Ocean. Geophysical Research Letters，36（19）：446-449.

Degu A M，Hossain F，Niyogi D，et al. 2011. The influence of large dams on surrounding climate and precipitation patterns. Geophysical Research Letters 38，L04405，doi：10.1029/2010GL046482.

Dingman S L. 2007. Analytical derivation of at–a–station hydraulic geometry relations. Journal of Hydrology，334：17-27.

Dixon S J，Sambrook S G H，Best J L，et al. 2018. The planform mobility of river channel confluences：Insights from analysis of remotely sensed imagery. Earth-Science Reviews，176：1-18.

Draut A E，Logan J B，Mastin M C. 2011. Channel evolution on the dammed Elwha River，Washington，USA. Geomorphology，127（1）：71-87.

Drogue G，Pfister L，Leviandier T，et al. 2004. Simulating the spatio-temporal variability of streamflow response to climate change scenarios in a mesoscale basin. Journal of Hydrology，293（1-4）：255-269.

Dudley R W. 2004. Hydraulic–geometry relations for rivers in coastal and central maine. U. S. Geological Survey Scientific Investigation Report. 2004-5042.

Dust D，Wohl E. 2012. Conceptual model for complex river responses using an expanded Lane's relation. Geomorphology，139：109-121.

East A E，Pess G R，Bountry J A，et al. 2015. Reprint of：Large-scale dam removal on the Elwha River，Washington，USA：River channel and floodplain geomorphic change. Geomorphology，246：765-786.

Ferguson R I. 1981. Channel form and channel changes. In：Lewin J（ed.），British River. Allen and Unwin，Longdon，90-211.

Gao P，Mu X M，Wang F，et al. 2011. Changes in streamflow and sediment discharge and the response to human activities in the middle reaches of the Yellow River. Hydrology and Earth System Sciences，15（1）：1-10.

Gordon，Eric，Meentemeyer，et al. 2006. Effects of dam operation and land use on stream channel morphology and riparian vegetation. Geomorphology，82（3）：412-429.

Goudie A S. 2006. Global warning and fluvial geomorphology. Geomorphology，79（3-4）：384-394.

Grams P E, Schmidt J C, Topping D J. 2007. The rate and pattern of bed incision and bank adjustment on the Colorado River in Glen Canyon downstream from Glen Canyon Dam, 1956-2000. Geological Society of America Bulletin, 119（5）: 556-575.

Gregory K J. 1977. River channel changes. John Wiley & Sons, New York.

Gregory K J. 2006. The human role in changing river channels. Geomorphology, 79（3-4）: 172-191.

Griffiths G A. 2003. Downstream hydraulic geometry and hydraulic similitude. Water Resources Research, 39（4）: 10-94.

Hooke J M. 2006. Human impacts on fluvial systems in the Mediterranean region. Geomorphology, 79（3-4）: 311-335.

Huang H Q, Nanson G C. 2000. Hydraulic geometry and maximum flow efficiency as products of the principle of least action. Earth Surf. Process. Landforms, 25: 1-16.

Huang H Q, Chang H H, Nanson G C. 2004. Minimum energy as the general form of critical flow and maximum flow efficiency and for explaining variations in river channel pattern. Water Resources Research, 40: 1-13.

Jain M, Tandon S K. 2003. Fluvial response to Late Quaternary climate changes, western India. Quaternary Science Reviews, 22（20）: 2223-2235.

James L A, Marcus W A. 2006. The human role in changing fluvial systems: Retrospect, inventory and prospect Geomorphology, 79（3-4）: 152-171.

Kellerhals R, et al. 1976. Classification and Analysis of River Proeesses. Journal of the Hydraulics Division, 102: 813-829.

Knighton A D. 1974. Variation in width–discharge relation and some implications for hydraulic geometry. Geol. Soc. America. Bull, 85: 1069-1076.

Knighton A D. 1975. Variations in at–a–station hydraulic geometry. American Journal of Science, 275: 186-218.

Knighton A D. 1979. Comments on log–quadratic relations in hydraulic geometry. Earth Surface Process, 4: 205-209.

Knighton A D, Cryer R. 1990. Velocity–discharge relationships in three lowland rivers. Earth Surf. Process. Landforms, 15: 501-512.

Kondolf G M, Rubin Z K, Minear J T. 2014. Dams on the Mekong: Cumulative sediment starvation.

Water Resources Research，50（6）：5158-5169.

Lacey G. 1946. A general theory of flow in alluvium. Journal of the Ice，27（1）：16-47.

Lane S N，Richards K S. 1997. Linking River Channel Form and Process：Time，Space and Causality Revisited. Earth Surface Processes & Landforms，22（3）：249-260.

Leopold L B，Maddock T J. 1953. Hydraulic geometry of stream channels and some physiographic implications. United States Geological Survey，Professional，1-252.

Leopold L B，Wolman M G. 1957. River channel patterns：braided，meandering and straight，US Geological Survey Professional Paper，282-B：85 pp.

Li L J，Zhang L，Wang H，et al. 2007. Assessing the impact of climate variability and human activities on streamflow from the Wuding River basin in China. Hydrological Processes，21：3485-3491.

Liébault F，Piégay H. 2001. Assessment of channel changes due to long-term bedload supply decrease，Roubion River，France. Geomorphology，36（3-4）：167-186.

Long Y，Chien N. 1986. Erosion and transportation of sediment in the Yellow River basin. International Journal of Sediment Research，1（1）：1-38.

Lyu Y W，Zheng S，Tan G M，et al. 2019. Morphodynamic adjustments in the Yichang–Chenglingji Reach of the Middle Yangtze River since the operation of the Three Gorges Project. Catena，172：274-284.

Magilligan F J，Nislow K H. 2006. Changes in hydraulic regime by dams. Geomorphology，71（1-2）：61-78.

Ma Y，Huang H Q，Nanson G C，et al. 2012. Channel Adjustments in Response to the Operation of Large Dams：The Upper Reach of the Lower Yellow River. Geomorphology，147-148（147）：35-48.

McCarthy J J，Canziani O F，Leary NA，et al. 2001. Climate Change 2001：Impacts，Adaptation，and Vulnerability. Special Report of IPCC Working Group II. Cambridge University Press，Cambridge，UK.

Merritt D M，Whole E E. 2003. Downstream hydraulic geometry and channel adjustment during a flood along an ephemeral，arid-region drainage. Geomorphology，52：165-180.

Miall A D. 1977. A review of the braided river depositional environment. Earth Science Reviews，13：1-62.

Miao C Y，Ni J R，Borthwick A G L. 2010. Recent changes of water discharge and sediment load in the Yellow River basin，China. Progress in Physical Geography，34（4），541-561.

Miao C，Ni J，Borthwick A G L，et al. 2011. A preliminary estimate of human and natural contributions to the changes in water discharge and sediment load in the Yellow River. Global and Planetary Change，76：196-205.

Mohamoud Y M，Parmar R S. 2006. Estimation streamflow and associated hydraulic geometry，the mid–atalntic region，USA. Journal of the American Water Resources Association，755-768.

Mollard J D. 1973. Fluvial Processes and Sedimentation，paper presented at 9th Canading Hydrology Symposium.

Morisawa M E. 1968. Streams：Their dynamics and morphology. McGraw-Hill，New York.

Murray A B，Paola C. 1994. A cellular model of braided rivers. Nature，371：54-57.

Mu X，Zhang X，Shao H，et al. 2012. Dynamic changes of sediment discharge and the influencing factors in the Yellow River，China，for the recent 90 years. CLEAN–Soil，Air，Water，40（3）：303-309.

Nelson N C，Erwin S O，Schmidt JC. 2013. Spatial and temporal patterns in channel change on the Snake River downstream from Jackson Lake dam，Wyoming. Geomorphology，200（19）：132-142.

Ni J，Wang S，Wang G. 2000. River patterns and spatial and temporal transformation modes. International Journal of Sediment Research，15（4）：357-370.

Nilsson B. 1976. The influence of Man's activities in rivers on sediment transport. Nordic. Hydrology，7（3）：145-160.

Petts G E. 1984. Impounded rivers：perspectives for ecological management. Freshwater Science.

Petts G E，Gurnell A M. 2005. Dams and geomorphology：Research progress and future directions. Geomorphology，71（1）：27-47.

Phillips J D. 1990. The instability of hydraulic geometry. Water Resources Research，26：739-744.

Phillips J D. 2003. Toledo Bend reservoir and geomorphic response in the lower Sabine River. River Research and Applications，19（2）：137-159.

Pohl M. 2004. Channel bed mobility downstream from the Elwha dams. The Professional Geographer，56（3）：422-431.

Rhodes D D. 1987. The b–f–m diagram for downstream hydraulic geometry. Geografiska Annaler，

Series A，Physical Geography，69（1）：147-161.

Richards K S. 1985. The encyclopaedic dictionary of physical geography. Blackwell，Oxford，163-164.

Ran L，Wang S，Fan X. 2010. Channel change at Toudaoguai Station and its responses to the operation of upstream reservoirs in the upper Yellow River. Journal of Geographical Sciences，20（2），231-247.

Reinfelds I，Cohen T，Batten P，et al. 2004. Assessment of downstream trends in channel gradient，total and specific stream power：a GIS approach. Geomorphology，60（3-4）：403-416.

Rosgen D L. 1994. A classification of natural rivers，Catena，22：169-199.

Rossinskiy K I，Kuzmin I A. 1947. Some questions of the applied theory of river channel formation，Problems of River Yield Regulation，Academy of Science，Moscow，88-121.

Russell R J. 1954. Alluvial Morphology of Anatolian Rivers. Annals of the Association of American Geographers，44（44）：363-391.

Rust B R. 1978. A classification of alluvial channel systems. in A. D. Miall（ed.）：Fluvial sedimentology，Can. Soc. Petrol. Geol. Mem，187-198.

Schumm S A. 1969. River metamorphosis. Journal of the Hydraulics Division，95：255-274.

Schumm S A. 1981. Evolution and response of the fluvial system，sedimentological implications，Society of Economic Paleontologists and Mineralogists，Special Publication，19-29.

Schumm S A. 1985. Patterns of alluvial rivers. Annual Review of Earth and Planetary Sciences，13：5-27.

Schumm S A，Khan H R. 1972. Experimental study of channel patterns. Geological Society of America Bulletin，83：1755-1770.

Schumm S A.，Lichty R W. 1965. Time，space，and causality in geomorphology. American Journal of Science，263（2）：110-119.

Shi C，Zhang D. 2003，Processes and mechanisms of dynamic channel adjustment to delta progradation：The case of the mouth channel of the Yellow River，China. Earth Surface Processes and Landforms，28：609-624.

Shiklomanov I. 2001. World water resources at the beginning of the 21st century. International Hydorlogical Series of the United Nations Educational，Scientific and Cultural Organization

（UNESCO）. Cambridge University Press，Cambridge，UK.

Smith N D，Morozova G S，Pérez-Arlucea M，et al. 2016. Dam-induced and natural channel changes in the Saskatchewan River below the E.B. Campbell Dam，Canada. Geomorphology，269：186-202.

Su T，Wang S，Mei Y，et al. 2015. Comparison of channel geometry changes in Inner Mongolian reach of the Yellow River before and after joint operation of the upstream large reservoirs. Journal of Geographical Sciences，25（8）：930-942.

Twidale C R. 2004. River patterns and their meaning. Earth-Science Reviews，67（3-4）：159-218.

Tooth S，McCarthy T S. 2004. Anabranching in mixed bedrock-alluvial rivers：the example of the Orange River above Augrabies Falls，Northern Cape Province，South Africa，Geomorphology，57：235-262.

Vörösmarty C J，Green P，Salisbury J.，et al. 2000. Global water resources：vulnerability from climate change and population growth. Science，289：284-288.

Wang H，Yang S，Saito Y，et al. 2006a. Interannual and seasonal variation of the Huanghe（Yellow River） water discharge over the past 50 years：Connections to impacts from ENSO events and dams. Global and Planetary Change，50：212-225.

Walling D E，Fang D. 2003. Recent trends in the suspended sediment loads of the world's rivers. Global & Planetary Change，39（1-2）：111-126.

Walling D E. 2009. The impact of global change on erosion and sediment transport by rivers：current progress and future challenges. Unesco.

Wang S. 2005. Critical suspended sediment load for maintaining the balance of erosion and sedimentation of the Huanghe（Yellow） River delta. In：Chen，Z.，Saito，Y. and Goodbred，S. L. Jr（eds.)：Mega-deltas of Asia-Geological Evolution and Human Impact，China Ocean Press，Beijing，40-47.

Wang S，Hassan M A，Xie X. 2006. Relationship between suspended sediment load，channel geometry and land area increment in the Yellow River delta. Catena，65（3）：302-314.

Wang S，Li Y. 2011. Channel variations of the different channel pattern reaches in the lower Yellow River from 1950to 1999. Quaternary International，244：238-247.

Wang S，Wang Y，Ran L，et al. 2015. Climatic and anthropogenic impacts on runoff changes in the

Songhua River basin over the last 56 years（1955-2010），Northeastern China. Catena，127：258-269.

Wang S，Yan Y，Li Y. 2011. Spatial and temporal variations of suspended sediment deposition in the alluvial reach of the upper Yellow River from 1952 to 2007. Catena，92：30-37.

Wang S，Yan M，Yan Y，et al. 2012a. Contributions of climate change and human activities to the changes in runoff increment in different sections of the Yellow River. Quaternary International，282：66-77.

Wang S，Yan Y，Yan M，et al. 2012b. Quantitative estimation of the impact of precipitation and human activities on runoff change of the Huangfuchuan River basin. Journal of Geographical Sciences，22（5）：906-918.

Wang S，Wang Y，Ran L，et al. 2015. Climatic and anthropogenic impacts on runoff changes in the Songhua River basin over the last 56 years（1955-2010），Northeastern China. Catena，127：258-269.

Wang Z B，Wang Z Y，de Vriend H J. 2008. Impact of water diversion on the morphological development of the Lower Yellow River，International Journal of Sediment Research，23：13-27.

Wang Z Y，Qi P，Melching C S. 2010. Fluvial hydraulics of hyperconcentrated floods in Chinese rivers. Earth Surface Processes & Landforms，34（7）：981-993.

Wang Z Y，Wu B S，Wang G Q. 2007. Fluvial processes and morphological response in the Yellow and Weihe Rivers to closure and operation of Sanmenxia Dam. Geomorphology，91（1）：65-79.

Werritty A. 1997. Short-term changes in channel stability. Applied Fluvial Geomorphology for River Engineering and Management.

Williams G P. 1989. Sediment concentration versus water discharge during single hydrologic events in rivers. Journal of Hydrology，111：89-106.

Wohl E，Merritt D M. 2008. Reach–scale channel geometry of mountain streams. Geomorphology，93：168-185.

Wohl E，Wilcox A. 2005. Channel geometry of mountain streams in New Zealand Journal of Hydrology，300：252-266.

Wu B，Wang G，Xia J，et al. 2008. Response of bankfull discharge to discharge and sediment load in the Lower Yellow River，Geomorphology，100：366-376.

Wu C S，Yang S L，Lei Y. 2012. Quantifying the anthropogenic and climatic impacts on water discharge and sediment load in the Pearl River（Zhujiang），China（1954-2009）. Journal of Hydrology，452：190-204.

Wu K，Xie X Q，Liu E M. 1998. On the general situation，the changing regularities and the forecast of the absence of flow in the Huanghe river. Geographical Research，17（2）：125-130.

Xia J Q，Wu B S，Li W W. 2009. Comparison of different approaches to determine bankfull discharge in the Lower Yellow River. Journal of Sediment Research，（3）：20-29.

Xia J Q，Li X J，Li T，et al. 2014. Response of reach-scale bankfull channel geometry to the altered flow and sediment regime in the lower Yellow River. Geomorphology，2014，213（4）：255-265.

Xia X，Zhou J，Yang Z. 2002. Nitrogen contamination in the Yellow River Basin of China. Journal of Environmental Quality，31：917-925.

Xu G B，Zhang J L，Lian J J. 2005. Effect of water–sediment regulation of the Yellow River on the lower reach. Adv. Water Sci，16（4）：518-523.

Xu J. 1998. Response of river channel patterns to the spatially varying suspended sediment concentrations. Science in China（Series D），41（2）：179-186.

Xu J. 2011. Variation in annual runoff of the Wudinghe River as influenced by climate change and human activity. Quaternary International，244：230-237.

Xu J. 2002a. River Sedimentation and Channel Adjustment of the Lower Yellow River as Influenced by Low-Discharges and Seasonal Desiccations. Journal of Sediment Research，（1）：10-17.

Xu J. 2002b. River sedimentation and channel adjustment of the lower Yellow River as influenced by low discharges and seasonal channel dry-ups. Geomorphology，43（1）：151-164.

Xu J. 2004. Recent tendency of sediment reduction in the middle Yellow River and some countermeasures. Journal of Sediment Research，（2）：5-10.

Yang D W，Li C，Hu H P，et al. 2004. Analysis of water resources variability in the Yellow River of China during the last half century using historical data. Water Resources Research 40，W06502. doi：10.1029/2003wr002763.

Yang S L，Zhang J B，Xu J. 2007. Influence of the Three Gorges Dam on downstream delivery of sediment and its environmental implications，Yangtze River. Geophysical Research Letters，34（10）.

Yang Z，Milliman J D，Galler J，et al. 1998. Yellow River's water and sediment discharge decreasing steadily. EOS，79：589-592.

Zahar Y，Ghorbel A，Albergel J. 2008. Impacts of large dams on downstream flow conditions of rivers：Aggradation and reduction of the Medjerda channel capacity downstream of the Sidi Salem dam（Tunisia）. Journal of Hydrology，351（3-4）：318-330.

Zhang L，Dawes W R，Walker G R. 2001. Response of mean annual evapotranspiration to vegetation changes at catchment scale. Water Resources Research，37（3）：701-708.

Zheng S，Wu B S，Wang K R，et al. 2017. Evolution of the Yellow River delta，China：impacts of channel avulsion and progradation. Int. J. Sediment Res，32（1）：34-44.

Zhou M R，Xia J Q，Deng S S，et al. 2018. Channel adjustments in a gravel-sand bed reach owing to upstream damming. Global and Planetary Change，170：213-220.